中国安装工程关键技术系列丛书

机电工程数字化建造关键技术

中建安装集团有限公司　编写

中国建筑工业出版社

图书在版编目（CIP）数据

机电工程数字化建造关键技术／中建安装集团有限
公司编写. — 北京：中国建筑工业出版社，2021.10
（中国安装工程关键技术系列丛书）
ISBN 978-7-112-26491-9

Ⅰ. ①机… Ⅱ. ①中… Ⅲ. ①数字化-应用-机电工
程-设备安装 Ⅳ. ①TH

中国版本图书馆 CIP 数据核字（2021）第 170024 号

　　本书依托典型工程，从建筑机电全过程建造角度出发，针对机电工程标准化设计、模块化建造、智慧化管理和可视化运维四个板块的数字化建造关键技术进行提炼总结，形成机电工程数字化建造成套技术，为建筑机电企业数字化转型提供借鉴方案。

　　本书共分为 6 章，第 1 章为概述；第 2 章为数字化深化设计技术；第 3 章为模块化建造技术；第 4 章为智慧化管理技术；第 5 章为可视化运维技术；第 6 章为典型应用案例，重点介绍了中建安装完成的具有代表性的数字化建造工程实例。

责任编辑：张　磊
责任校对：张惠雯

中国安装工程关键技术系列丛书
机电工程数字化建造关键技术
中建安装集团有限公司　编写

*

中国建筑工业出版社出版、发行（北京海淀三里河路 9 号）
各地新华书店、建筑书店经销
北京鸿文瀚海文化传媒有限公司制版
天津图文方嘉印刷有限公司印刷

*

开本：880 毫米×1230 毫米　1/16　印张：24　字数：705 千字
2021 年 11 月第一版　　2021 年 11 月第一次印刷
定价：**288.00** 元
ISBN 978-7-112-26491-9
（38017）

把专业做到极致

以创新增添动力

靠品牌赢得未来

——摘自 2019 年 11 月 25 日中建集团党组书记、董事长周乃翔在中建安装调研会上的讲话

丛书编写委员会

主　任：田　强

副主任：周世林

委　员：相咸高　陈德峰　尹秀萍　刘福建　赵喜顺　车玉敏

　　　　秦培红　孙庆军　吴承贵　刘文建　项兴元

主　编：刘福建

副主编：陈建定　陈洪兴　朱忆宁　徐义明　吴聚龙　贺启明

　　　　徐艳红　王宏杰　陈　静

编　委：（以下按姓氏笔画排序）

　　　　王少华　王运杰　王高照　刘　景　刘长沙　刘咏梅

　　　　严文荣　李　乐　李德鹏　宋志红　陈永昌　周宝贵

　　　　秦凤祥　夏　凡　倪琪昌　黄云国　黄益平　梁　刚

　　　　樊现超

本书编写委员会

主　编：刘福建
副主编：贺启明　陈建定
编　委：（以下按姓氏笔画排序）

于　森　王　伟　王生慧　王张伟　王保林　王高照
王麟宁　邓　韬　毕　林　朱爱梅　刘　泽　刘　铎
刘　彬　刘　森　刘天齐　许占锋　孙庆军　李海滨
宋志红　吴钟鹏　张　飞　张云华　张启杰　张宝军
张筱菲　陈思聪　陈维亮　林　京　周天宇　高　鹏
崔琳杰　彭瑞恒　蔡焕钧　樊星奇

序

改革开放以来，我国建筑业迅猛发展，建造能力不断增强，产业规模不断扩大，为推进我国经济发展和城乡建设，改善人民群众生产生活条件，做出了历史性贡献。随着我国经济由高速增长阶段转向高质量发展阶段，建筑业作为传统行业，对投资拉动、规模增长的依赖度还比较大，与供给侧结构性改革要求的差距还不小，对瞬息万变的国际国内形势的适应能力还不强。在新形势下，如何寻找自身的发展"蓝海"，谋划自己的未来之路，实现工程建设行业的高质量发展，是摆在全行业面前重要而紧迫的课题。

"十三五"以来，中建安装在长期历史积淀的基础上，与时俱进，坚持走专业化、差异化发展之路，着力推进企业的品质建设、创新驱动和转型升级，将专业做到极致，以创新增添动力，靠品牌赢得未来，致力成为"行业领先、国际一流"的最具竞争力的专业化集团公司、成为支撑中建集团全产业链发展的一体化运营服务商。

坚持品质建设。立足于企业自身，持续加强工程品质建设，以提高供给质量标准为主攻方向，强化和突出建筑的"产品"属性，大力发扬工匠精神，打造匠心产品；坚持安全第一、质量至上、效益优先，勤练内功、夯实基础，强化项目精细化管理，提高企业管理效率，实现降本增效，增强企业市场竞争能力。

坚持创新驱动。创新是企业永续经营的一大法宝，建筑企业作为完全竞争性的市场主体，必须锐意进取，不断进行技术创新、管理创新、模式创新和机制创新，才能立于不败之地。紧抓新一轮科技革命和产业变革这一重大历史机遇，积极推进 BIM、大数据、云计算、物联网、人工智能等新一代信息技术与建筑业的融合发展，推进建筑工业化、数字化和智能化升级，加快建造方式转变，推动企业高质量发展。

坚持转型升级。从传统的按图施工的承建商向综合建设服务商转变，不仅要提供产品，更要做好服务，将安全性、功能性、舒适性及美观性的客户需求和个性化的用户体验贯穿在项目建造的全过程，通过自身角色定位的转型升级，紧跟市场步伐，增强企业可持续发展能力。

中建安装组织编纂出版《中国安装工程关键技术系列丛书》，对企业长期积淀的关键技术进行系统梳理与总结，进一步凝练提升和固化成果，推动企业持续提升科技创新水平，支撑企业转型升级和高质量发展。同时，也期望能以书为媒，抛砖引玉，促进安装行业的技术交流与进步。

本系列丛书是中建安装广大工程技术人员的智慧结晶，也是中建安装专业化发展的见证。祝贺本系列丛书顺利出版发行。

中建安装党委书记、董事长

2020 年 12 月

丛书前言

《国民经济行业分类与代码》GB/T 4754—2017 将建筑业划分为房屋建筑业、土木工程建筑业、建筑安装业、建筑装饰装修业等四大类别。安装行业覆盖石油、化工、冶金、电力、核电、建筑、交通、农业、林业等众多领域，主要承担各类管道、机械设备和装置的安装任务，直接为生产及生活提供必要的条件，是建设与生产的重要纽带，是赋予产品、生产设施、建筑等生命和灵魂的活动。在我国工业化、城镇化建设的快速发展进程中，安装行业在国民经济建设的各个领域发挥着积极的重要作用。

中建安装集团有限公司（简称中建安装）在长期的专业化、差异化发展过程中，始终坚持科技创新驱动发展，坚守"品质保障、价值创造"核心价值观，相继承建了 400 余项国内外重点工程，在建筑机电、石油化工、油气储备、市政水务、城市轨道交通、电子信息、特色装备制造等领域，形成了一系列具有专业特色的优势建造技术，打造了一大批"高、大、精、尖"优质工程，有力支撑了企业经营发展，也为安装行业的发展做出了应有贡献。

在"十三五"收官、"十四五"起航之际，中建安装秉持"将专业做到极致"的理念，依托自身特色优势领域，系统梳理总结典型工程及关键技术成果，组织编纂出版《中国安装工程关键技术系列丛书》，旨在促进企业科技成果的推广应用，进一步培育企业专业特色技术优势，同时为广大安装同行提供借鉴与参考，为安装行业技术交流和进步尽绵薄之力。

本系列丛书共分八册，包含《超高层建筑机电工程关键技术》、《大型公共建筑机电工程关键技术》、《石化装置一体化建造关键技术》、《大型储运工程关键技术》、《特色装备制造关键技术》、《城市轨道交通站后工程关键技术》、《水务环保工程关键技术》、《机电工程数字化建造关键技术》。

《超高层建筑机电工程关键技术》：以广州新电视塔、深圳平安金融中心、北京中信大厦（中国尊）、上海环球金融中心、长沙国际金融中心、青岛海天中心等 18 个典型工程为依托，从机电工程专业技术、垂直运输技术、竖井管道施工技术、减震降噪施工技术、机电系统调试技术、临永结合施工技术、绿色节能技术等七个方面，共编纂收录 57 项关键施工技术。

《大型公共建筑机电工程关键技术》：以深圳国际会展中心、西安丝路会议中心、江苏大剧院、常州现代传媒中心、苏州湾文化中心、南京牛首山佛顶宫、上海迪士尼等 24 个典型工程为依托，从专业施工技术、特色施工技术、调试技术、绿色节能技术等四个方面，共编纂收录 48 项关键施工技术。

《石化装置一体化建造关键技术》：从石化工艺及设计、大型设备起重运输、石化设备安装、管道安装、电气仪表及系统调试、检测分析、石化工程智能建造等七个方面，共编纂收录 65 项关键技术和 24 个典型工程。

《大型储运工程关键技术》：从大型储罐施工技术、低温储罐施工技术、球形储罐施工技术、特殊类别储运工程施工技术、储罐工程施工非标设备制作安装技术、储罐焊接施工技术、油品储运管道施工技术、油品码头设备安装施工技术、检验检测及热处理技术、储罐工程电气仪表调试技术等十个方面，共编纂收录 63 项关键技术和 39 个典型工程。

《特色装备制造关键技术》：从压力容器制造、风电塔筒制作、特殊钢结构制作等三个方面，共编纂收录 25 项关键技术和 58 个典型工程。

《城市轨道交通站后工程关键技术》：从轨道工程、牵引供电工程、接触网工程、通信工程、信号工程、车站机电工程、综合监控系统调试、特殊设备以及信息化管理平台等九个方面，编纂收录城市轨道交通站后工程的 44 项关键技术和 10 个典型工程。

《水务环保工程关键技术》：按照净水、生活污水处理、工业废水处理、流域水环境综合治理、污泥处置、生活垃圾处理等六类水务环保工程，从水工构筑物关键施工技术、管线工程关键施工技术、设备安装与调试关键技术、流域水环境综合治理关键技术、生活垃圾焚烧发电工程关键施工技术等五个方面，共编纂收录 51 项关键技术和 27 个典型工程。

《机电工程数字化建造关键技术》：从建筑机电工程的标准化设计、模块化建造、智慧化管理、可视化运维等方面，结合典型工程应用案例，系统梳理机电工程数字化建造关键技术。

在系列丛书编纂过程中得到中建安装领导的大力支持和诸多专家的帮助与指导，在此一并致谢。本次编纂力求内容充实、实用、指导性强，但安装工程建设内容量大面广，丛书内容无法全面覆盖；同时由于水平和时间有限，丛书不足之处在所难免，还望广大读者批评指正。

前　言

党的十九大报告指出，数字经济等新兴产业蓬勃发展，要加快建设创新型国家，为建设数字中国提供有力支撑。2021年政府工作报告中再次明确"加快数字化发展，打造数字经济新优势，协同推进数字产业化和产业数字化转型，加快数字社会建设步伐，提高数字政府建设水平，营造良好数字生态，建设数字中国。"发展数字经济、建设数字中国已成为国家战略，为各个行业的发展指明了方向。

伴随着数字化浪潮的到来，数字经济正全面影响着各行各业，数字化技术不断创新并广泛应用，越来越多的建筑企业意识到数字化转型是实现可持续发展的必然选择。数字化建造作为现代信息技术与现代建造技术深度融合的产物，能够有效地推动建设项目全过程、全要素、全参与方的数字化、在线化和智能化，已成为建筑企业转型升级的核心引擎。

基于此，中建安装集团有限公司（以下简称中建安装）结合机电专业特点及多年工程实践经验，编写《机电工程数字化建造关键技术》一书，该书依托典型工程，从建筑机电全过程建造角度出发，针对机电工程标准化设计、模块化建造、智慧化管理和可视化运维四个板块的数字化建造关键技术进行提炼总结，形成了机电工程数字化建造成套技术，为建筑机电企业数字化转型提供借鉴方案。

《机电工程数字化建造关键技术》共分6章，第1章为概述，介绍了数字化建造的发展历程、数字建造领域关键技术、发展趋势与展望；第2章为数字化深化设计技术，主要包括BIM协同设计技术、BIM族管理技术、BIM模型信息分类及编码技术、机电系统BIM快速建模技术、基于BIM的空间优化及管线综合排布技术、基于BIM的综合支吊架选型与计算技术、基于BIM的电缆综合排布技术、基于BIM的风力、水力负荷计算技术、机房模块化设计技术和标准层机电管线模块化设计技术；第3章为模块化建造技术，主要包括模块智能管理技术、工厂化制作技术、机房模块安装技术、标准层机电模块安装技术、机电与相邻专业一体化应用技术和基于BIM的物资云算量技术；第4章为智慧化管理技术，介绍了一体化综合管理平台及应用技术、应用场景功能；第5章为可视化运维技术，介绍了可视化运维技术概述、可视化运维技术与机电工程运维管理；第6章为典型应用案例，重点介绍了中建安装完成的具有代表性的数字化建造工程实例。

本书收录的机电工程数字化建造关键技术，融合了前沿的信息化技术及业界先进的经验成果，多项技术达到行业领先水平。本书是全体中建安装员工的智慧结晶，在此，对编写过程中给予帮助和建议的专家、学者及技术人员表示由衷的感谢！由于编者认知局限、水平有限，难免存在疏漏和偏差，请读者批评指正。

目　录

第 1 章

概　述

1.1 发展历程

具有现代意义的数字化建造的发展起步于 21 世纪初，此前，仅以建筑信息化技术在工程设计和施工阶段的应用为主。设计领域信息化自 20 世纪 60 年代至 21 世纪初，先后经历了计算机辅助结构分析、计算机辅助设计和绘图、信息技术辅助协同设计和设计管理等发展阶段；施工领域信息化自 20 世纪 90 年代至 21 世纪初，先后经历了计算机辅助部门应用、集成应用、局部信息化施工技术应用等阶段。总体来看，设计领域各阶段逐步递进、不断发展，而施工领域信息化发展还很局部化，并且仅应用在大型工程中。

随着信息技术的不断发展，数字化建造理念被提出并成为一种新的发展趋势，数字化建造技术逐步应用于建筑工程的设计、施工、运维各阶段，数字化建造的发展主要经历了以下阶段：

第一阶段（2010 年前），数字化建造概念逐步形成。数字化建造的核心理念在于创建工程信息模型（BIM），通过它记录工程实施过程中大部分数据。以 Autodesk 的 Revit、鲁班算量的 Lubancal 为典型代表的 BIM 建模工具，可以提供 3D 建模、3D 实体计算、基于有线网络的 3D 数据 Web 传输及图形识别等技术应用。

第二阶段（2010～2014 年），以点状应用为主，独立解决项目的基本管理问题。具体到机电工程领域，重点运用 BIM 技术辅助机电深化设计，包括管线综合设计、碰撞检测、三维交底、预制加工、工程量统计、施工模拟等方面的应用，有效地控制施工安排，及时准确地发现问题、减少返工，提升现场作业效率。

第三阶段（2015～2019 年），串联形成线状应用，可视化展示为其主要特点，数据化已形成基本路径，利用无线网络和 APP 进行基本的系统集成，达到提高管理水平的建设目标。主要应用点包括：

1. 施工过程可视化

创建建筑及机电模型，全方位呈现复杂构造节点，模拟施工过程，实现复杂构造节点建造过程的可视化。基于三维可视化功能，结合时间维度，形成 BIM 4D 进度管理模型，进行虚拟施工，直观快速地将施工计划与实际进展进行对比，及时调整、优化施工方案，实现施工过程的动态可视化管理。

2. 数据接口标准化

BIM 的全过程应用需要多款软件协同工作才能实现，软件与软件之间、上游和下游之间的 BIM 模型信息数据存在格式差异，通过数据标准化定义及系统集成，实现模型的传导和信息的共享。

3. 协同信息管理平台轻量化

协同信息管理平台基于轻量化技术实现移动端应用，满足一线技术人员的 BIM 信息实用需求，便于操作且不依赖各种专业软件，实现对机电施工项目图纸、BIM 模型、设备材料信息、施工文件资料等的统一管理。

第四阶段（2020 年后），向面状应用扩展，工程物联网技术不断发展，全面推进数字交付及数字化运维。

伴随 5G、物联网技术的快速发展，数字化建造设备智能化程度不断提高，平台集成能力不断增强。在建造过程中能够及时采集人、机、料、法、环等关键要素的动态信息，同时利用移动互联网和大数据、云计算技术、BIM 技术实现施工现场海量数据的实时上传、汇总、分析、展示，并植入大数据挖掘及 AI 技术，实现施工管理和服务从传统的单一、被动和低效的方式逐步转变为统一、主动和高效的智慧管理模式。通过强大的数据中台，将工程建设过程中产生的有效运维信息（模型、文档、数据、图片、音视频等）汇总导入运维平台，建立覆盖设计、施工、运维全周期的智慧管理体系。

1.2　数字建造领域关键技术

数字化建造技术涉及机电工程的全生命周期，主要涉及数字化深化设计技术、模块化建造技术、智慧化管理技术和可视化运维技术四个板块的关键技术，通过这些技术分别形成 BIM 协同设计云平台、机电模块化建造管理平台、一体化综合管理平台及智慧楼宇综合管理平台，最终集成构建成贯穿整个项目全生命周期的建造一体化平台。

1. 数字化深化设计技术

以计算机技术与互联网技术为代表的数字化设计技术，在提高建筑机电深化设计技术中发挥着不可替代的重要作用。基于数字化深化设计技术的 BIM 协同设计云平台以建筑信息组织标准为基础，是基于互联网模式的工程建设各参与方协同工作的平台，服务于工程建设项目的所有参与方。该平台贯穿整个 BIM 项目实施周期，为各参与方提供数据交互、设计协同、成果展示等功能，实现项目 BIM 协同设计管理、BIM 动态成本管控的同时，提高 BIM 深化设计人员的协同工作能力及工作效率。在项目实施准备与实施过程中，利用 BIM 协同设计云平台建立适合项目的深化设计标准、族库和精细化样板文件，由项目负责人统一进行 BIM 的深化设计、维护和管理，为项目深化设计工作的一致性和集成性提供保障，提高整个项目团队的工作质量和效率。BIM 族是 BIM 模型的基础，是决定 BIM 模型质量好坏的关键因素。机电专业系统繁多，创建 BIM 模型所需构件种类庞大，搭建集成化族库管理平台是机电 BIM 设计应用的基础和关键。通过对软件的标准化设置，建立统一的族库及统一的建模规则，实现 BIM 模型施工图正向设计，并且实现一键导出图标实物量清单，例如管线综合排布、基于 BIM 的支吊架布置和基于 BIM 的电缆综合排布等实际应用场景。通过对模型信息的标准化管理，形成统一的共享参数文件，统一 BIM 模型数据标准，有机统一地实现了 BIM 模型的设计、施工及运维全生命周期的落地应用。

2. 模块化建造技术

建筑信息模型（BIM）技术，为优化设计、认知工程和理解工程提供直观高效的方式。BIM 深化设计在机电系统集成的基础上，结合现场实际情况、运输情况及加工场情况等综合因素进行模块拆分。利用机电智能化模块管理平台，结合 BIM 云算量工具，实现机电部品部件深化设计、现场复核、图纸输出、工厂预制、模块运输、现场安装的全流程、全要素（人、机、料、法、环、进度、质量、成本等）智能动态管控。模块智能管理平台根据机电工程实际需求，结合 BIM 模型轻量化、云计算、物联网等新技术，搭建模块智能管理平台。由机电智能化模块管理平台衍生出的 BIM 协同设计云平台，利用云计算、大数据、集成 BIM 物资管控模块，将 BIM 模型与时间维度相结合，实时获取、汇总及分析项目成本信息，实现项目物资从物资需用量计划的提取到物资的招标采购，从物资的限额领料到余料退库的全流程动态消耗控制链条，实现物资的精细化管控，例如组合窗台一体化应用场景。

标准层机电模块化安装技术通过 BIM 技术的深度应用，对各专业机电管线进行模块化设计、场外工厂化预制及现场装配，实现各专业机电管线的集成施工，提升了整体观感效果，提高了施工效率。

3. 智慧化管理技术

项目现场管理的智慧化管理，是建立在高度信息化基础上的一种新型管理应用模式，是将物联网、云计算、大数据、智能设备等新型技术融合应用，是将科学技术与现场一线相连接，是提高生产效率、管理效率和决策能力的重要手段。建筑数据模型中的信息随着建筑全生命期各阶段（包含规划、设计、施工、运维等阶段）的展开，逐步被累积。这些累积信息能被后来的技术或管理人员共享，即可以直接通过计算机读取，不需要重新录入。将数字技术与机电施工现场的作业活动有机结合，构建工程物联网，全面、及时、准确地感知工程建设活动的相关要素信息，例如借助数字传感器、高精度数字化测量设备、高分辨率图像视频设备、三维激光扫描、工程雷达等技术手段，实现工地环境、作业人员、作业机械、工程材料、工程构件的泛在感知，形成透明工地。

依靠云计算、物联网、边缘计算等技术，根据项目现场业务管理的逻辑，实现建造业务的数字化和建造数据的业务化，建立贯穿项目生命周期的一体化综合管理平台。一体化综合管理平台围绕五层总体架构，实现平台层、应用层、展示层各项功能。一体化综合管理平台利用人机互动、子系统间联动两大核心技术，能够最大限度地发挥智慧建造平台的智能化优势，充分将平台各功能模块联动协调，让机器语言充当人的助手，增加数据的可读性，使得施工现场的管理更加"智慧化"，将"建筑大脑"引入建筑施工现场管理的科学分析和决策。

4. 可视化运维技术

可视化运维技术是将物联网、大数据、BIM、GIS、云计算、人工智能等多种新型技术进行有效融合，并通过可视化运维平台及各类信息化平台加以展示与应用的复合型技术。利用BIM提供的虚拟建造，可以完成施工现场管理、施工进度模拟、施工组织模拟、三维管线综合施工的预先演练。

物联网技术在机电工程运维阶段中的应用，体现在对机电子系统的运行状态监测、运行数据采集以及部分系统的运行控制与联动控制上。空间优化、管线综合排布是机电BIM应用的核心，也是BIM深度应用的基础，做好机电管线综合排布是机电BIM应用成功的关键。

机电系统作为建筑的"心脏和血管"，系统的运维管理需要高效、稳定的信息化管理系统，将运行状态、维修状况、客户需求信息有机融合、统一分析，提供直观、准确、多维度的辅助决策信息和控制手段。

机电运维管理系统作为客户重要的信息化管理工具，需要将工程设计阶段、施工阶段各类数据成果作为基础，通过系统的可靠性、兼容性和扩展性，实现"全要素、全方位、全流程"智慧化运维管理要求。机电运维管理系统可以积累海量数据，包括工程环境数据、产品数据、过程数据及生产要素数据。通过设定学习框架，以海量数据进行自我训练与深度学习，实现具有高度自主性的工程智能分析，支持工程智能决策。通过持续学习和改进，克服传统的经验决策和基于固定模型决策的不足，使系统运维更具洞察力和实效性。

1.3 发展趋势与展望

从建筑产业发展趋势来看，工程项目建设已朝着大型化、复杂化、多样化方向发展，建筑机电工程趋于复杂，结构功能需求多样，新型设备不断涌现，智能化要求不断提高，机电工程建造将越发依赖数字化建造技术。随着云计算、大数据、物联网、人工智能、5G、区块链和机器人等数字化技术的不断成熟，更加先进的数字化建造技术将对机电工程数字化建造创新、企业数字化转型及建筑行业发展产生更大的推动。

数字化建造技术的发展将呈现三大趋势：

趋势之一，数字化建造产业化平台将逐步形成。

数字化建造产业化平台贯穿项目全生命周期，提供从设计、模块化、施工、运维各阶段的标准化产品服务，并可按需进行定制，实现各规模管理层级的项目建造，实现产业链多要素及多参与方协同，聚合信息共享平台，实现建造过程信息化、数字化、在线化、智能化。

趋势之二，数字化建造技术将深入发展与融合。

人工智能技术在施工过程中的智慧进度、智慧安全、智慧质量、智慧劳务、智慧材料、智慧设备等管理方面深入应用。融合云计算和边缘计算的混合计算模式，实现云端学习，云边缘侧进行边缘计算、分析、预测服务。3D 打印、自动全站仪、自动焊接机器、智能物联网设备、各类机器人等硬件技术产品持续智慧化升级，并与物联网、移动互联网、人工智能、BIM、产业服务平台等软件技术互联互通，软硬结合的数字化建造技术将深入集成融合，服务机电工程全过程管理。

趋势之三，数据分析与辅助决策将全面应用。

通过大数据采集与感知、集成与清洗、存储与管理、分析与挖掘、大数据可视化、大数据标准与质量体系等技术，实现建筑业管理信息化。在数字化建造过程中实物产品与数字产品有机融合，积累大量数据，通过虚实交互、数据融合分析、决策迭代优化等手段，为设计、施工和运维过程中具体应用场景提供数据支撑及决策依据，大数据技术将全面应用到工程全生命周期。

数字化建造对建筑行业的发展带来两大变革：

变革之一，推进企业全面数字化转型。

畅通数字化交付途径，实现工程质量、安全、技术等各项管理要素的全生命周期数据向客户进行数字化交付，交付数据全透明、可追溯，全面降低企业运营风险，促进施工企业实现更完美的履约，打造更优质的工程，带动更广阔的市场。

驱动企业数字化转型，通过数字化建造技术的探索与应用，实现企业所有项目建造全过程、全要素、全方位数据的采集、存储，逐步构建覆盖机电工程设计、施工、运维全过程的管理体系，汇集企业数据资产，通过大数据、人工智能等先进技术进行分析，用数据驱动企业数字化转型，实现精益管控，提升企业核心竞争力。

变革之二，推进数字化产业与产业数字化的融合发展。

数字化服务逐步开放，以企业数字化转型的可行实践为基础，持续整合行业内优质数字化应用方案，将数字化建造所需的完整平台技术形成开放服务，面向社会提供机电工程数字化建造的平台服务，未来将有一批掌握数字化建造技术的施工企业逐步向数字化服务公司转型。

数字化产业与产业数字化逐步融合发展，通过现代信息技术的市场化应用，将整个产业数字化的数据和信息转化为生产要素，发展第三方数据及服务产业，形成机电行业的数字产业链和产业集群。依托数字化产业，优化完善机电行业平台服务，构建覆盖行业上下游的产业数字化生态体系，通过汇聚大量的行业相关方及行业数据，实现对行业全方位、全角度、全链条的数字化转型和价值再造。

最后，对于建筑行业来说，从少数企业的数字化，到数字化产业与产业数字化的互融共进，必将是一个长期渐进的过程，只有保持战略定力，坚持数字化建造领域的应用创新，持续积累数字化转型的能力经验，才能在未来长期的竞争中取得跨越式发展。可以期待，数字化建造将在建筑机电行业全面铺开，并助力数字中国的建设更加行稳致远。

第2章

数字化深化设计技术

以计算机技术与互联网技术为代表的数字化技术，在建筑机电深化设计中发挥着举足轻重的作用。企业立足管理标准化与数字建造需要，建立深化设计标准，自主研发 BIM 协同设计平台、BIM 族库平台、BIM 模块管理平台、BIM 建模优化插件，并以项目协同设计、参数化模型为基础，将建筑、结构、机电、装饰等多专业建筑信息集成在数字化模型中，利用数字化模型进行深化设计、工程数据分析、施工组织协调、进度成本控制等工作。

2.1 BIM 协同设计技术

自主研发的"安装易"BIM 协同设计云平台是基于互联网模式的工程建设各参与方协同工作的平台，服务于工程建设项目的所有参与方。该平台贯穿整个 BIM 项目实施周期，为各参与方提供数据交互、设计协同、成果展示等功能，实现项目 BIM 协同设计管理、基于 BIM 的动态成本管控的同时，保障了项目深化设计工作的一致性和集成性，提高了整个项目团队的协同工作能力及工作效率。

2.1.1 BIM 设计策划管理

BIM 协同设计云平台，具有深化设计任务分解、设计工作成果和工作流程的定义、设计人员的选择及角色权限定义、设计里程碑和任务计划的编制、文件目录结构及权限定义、设计规范选择、设计样板文件选择等功能。通过设计策划管理指导和管控项目的设计工作有序进行。

（1）针对项目的深化设计任务，利用 BIM 协同设计云平台，合理组织项目深化设计人员，分配深化设计任务，制定项目深化流程、图纸查阅权限及流转审批流程。在项目深化设计实施过程中，各专业实时更新项目资料，使深化设计人员及时收取准确的专业提资，提高项目深化设计的效率及质量。

（2）针对不同项目的深化设计方案及设计管理需要，设定与之适应的职级责任人员进行审核，应用BIM 协同设计云平台对项目成员按部门、职能进行划分，对不同部门和职能责任人员进行系统使用权限分配，实现整个项目设计工作的有序管理。人员权限管理示意见图 2.1-1。人员岗位权限明细见表 2.1-1。

图 2.1-1　人员权限管理示意图

人员岗位权限明细表　　　　　　　　　　　　　　　　　　　　　　表 2.1-1

岗位/权限	模型访问	模型修改	模型同步记录访问	模型问题记录访问	模型问题记录审批	图纸访问	项目进度报表填报	项目进度报表访问
项目经理	√		√	√	√	√		√
项目技术负责人	√	√	√	√	√	√		√

岗位/权限	模型访问	模型修改	模型同步记录访问	模型问题记录访问	模型问题记录审批	图纸访问	项目进度报表填报	项目进度报表访问
项目技术员	√	√	√	√	√	√		√
项目 BIM 负责人	√	√	√	√	√	√	√	√
项目 BIM 工程师	√	√	√	√	√	√		√
项目资料员	√					√		√
项目其他管理人员	√			√		√		√

2.1.2　集成 Revit 的跨区域多专业协同设计

BIM 协同设计云平台基于私有云开发，与 Revit 软件紧密集成，实现跨区域、多专业协同的项目设计工作，提供项目提资、项目进度及成果更新、链接关系管理、模型轻量化发布等功能。

（1）项目深化设计人员登录平台后，可以查看授权范围内的项目信息、任务、通知、批注、项目模型及相关文件，并使用平台中的样板和项目族库创建项目中心文件，避免因模型互传导致构件信息丢失等问题。项目协同管理示例见图 2.1-2。

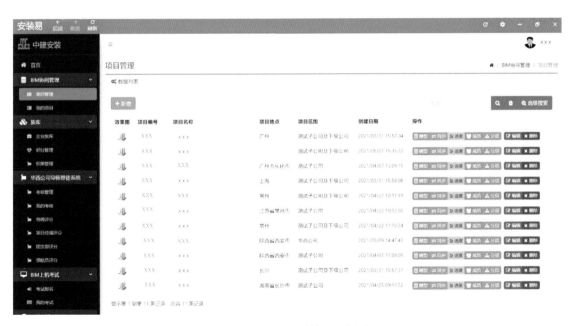

图 2.1-2　项目协同管理示例图

（2）平台服务器设置在云端，无须项目人员集中办公，只需在客户端登录账号，就可以进行日常工作，实现了项目人员跨部门、跨区域的高效信息互通和协同设计。

2.1.3　模型轻量化管理

BIM 协同设计云平台提供高效模型轻量化技术，在平台中一键进行轻量化转化，并把转换后的轻量化模型发布到云端，项目相关人员通过手机、平板、电脑随时随地查看和协作。轻量化模型同时具有二/三维视图联动、漫游、构件隐藏、模型批注等功能。模型轻量化管理示例见图 2.1-3。

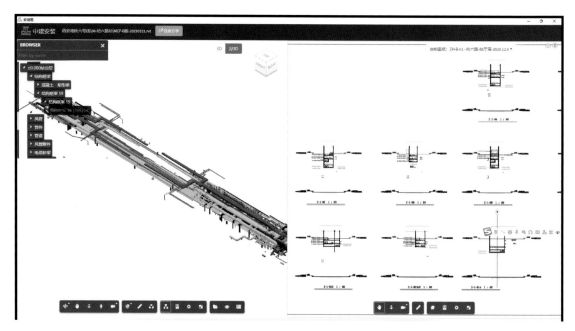

图 2.1-3　模型轻量化管理示例图

2.2　BIM 族管理技术

BIM 族是 BIM 模型的基础,是决定 BIM 模型质量的关键因素。机电专业系统繁多,创建 BIM 模型所需构件种类庞大,搭建集成化族库管理平台是机电 BIM 设计应用的基础和关键。基于 Revit 插件端、管理端和 Web 端,建立中建安装 BIM 族库管理平台,实现族库授权、审核、积分、加密等多端协同管理,保障族的快速、便捷共享,提高 BIM 建模的效率及质量。该平台现包含 51 个大类,3000 多个可变参数化族,平台界面示例见图 2.2-1。

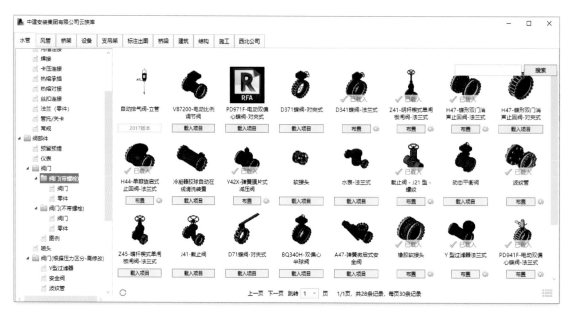

图 2.2-1　族库平台界面示例图

2.2.1 族资源的创建及积累

（1）通过创建、收集符合企业 BIM 标准的构件族、设备厂家阀部件族等，不断完善族库系统，为项目 BIM 深化设计打下坚实的基础。自建参变族示例见图 2.2-2，厂家设备族示例见图 2.2-3。

图 2.2-2 自建参变族示例图

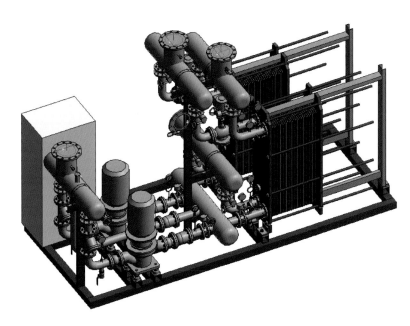

图 2.2-3 厂家设备族

（2）在过往族资源积累的基础上，结合新建项目自建族并吸纳合格供应商产品族，不断扩展族库，最终形成涵盖机电、建筑、结构等全专业的各类参变、自适应、符合要求的企业族库，为 BIM 高效率、高质量应用提供了保障。管件族示例见图 2.2-4，阀门族示例见图 2.2-5，设备族示例见图 2.2-6，支吊架族示例见图 2.2-7。

（3）族库管理员可通过族库平台管理端对上传的族进行审核，进一步保证族库平台族的规范性。族的审核及管理示例见图 2.2-8。

2.2.2 族的授权及加密管理

BIM 族库管理平台针对不同节点、不同用户设置不同的权限，用户仅能根据相应权限进行族的使用。族库平台授权管理示例见图 2.2-9。

在族的上传及下载过程中，族文件全流程加密传输。在族的使用过程中，族属性进一步加密，确保族的安全性。族属性加密示例见图 2.2-10。

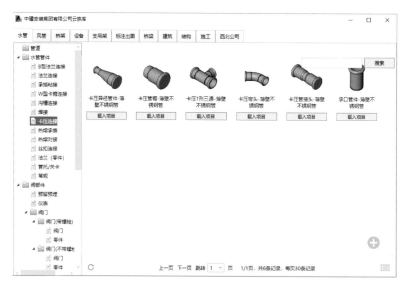

图 2.2-4　管件族示例图

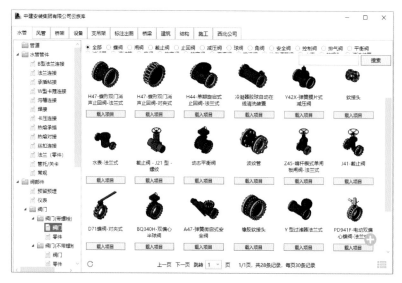

图 2.2-5　阀门族示例图

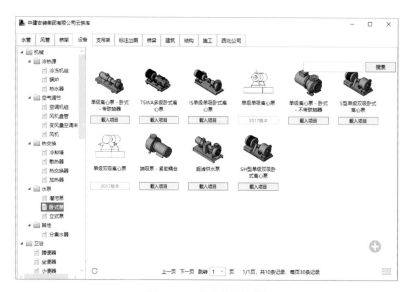

图 2.2-6　设备族示例图

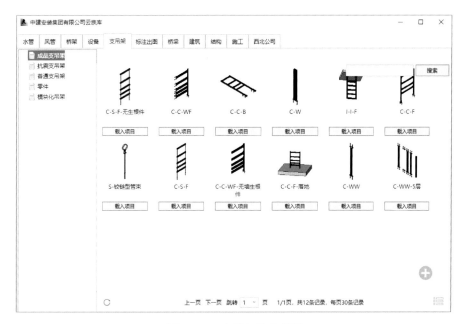

图 2.2-7　支吊架族示例图

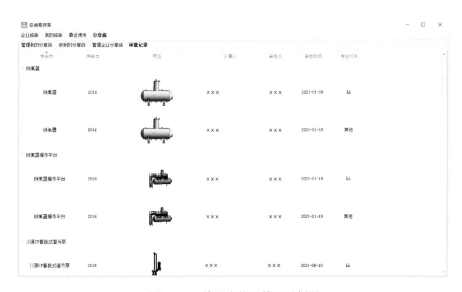

图 2.2-8　族的审核及管理示例图

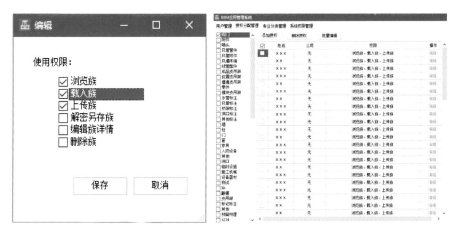

图 2.2-9　族库平台授权管理示例图

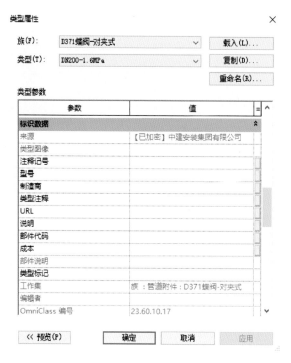

图 2.2-10　族属性加密示例图

2.2.3　族的共享及积分管理

通过企业族库平台，各 BIM 工程师可将自己创建或收集的族上传至服务器进行共享。管理员对共享族进行审核，确保共享族的质量，将符合要求的族纳入族库中，不断扩展族库，以满足不同项目 BIM模型的需求。族的上传示例见图 2.2-11，族库的共享示例见图 2.2-12。

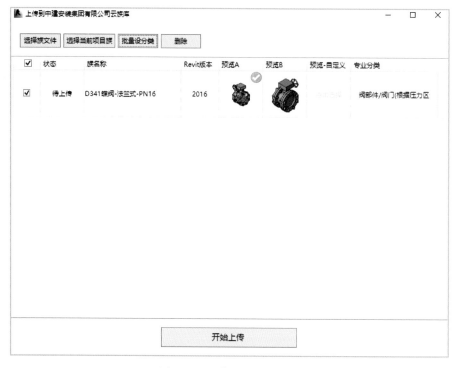

图 2.2-11　族的上传示例图

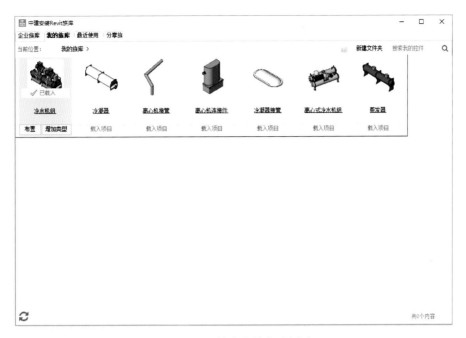

图 2.2-12　族库的共享示例图

　　管理员根据族的质量积分标准设置不同的积分。用户在上传、分享及下载使用族时，平台自动给予相应的积分，从而建立族的积分奖励制度，进一步提高 BIM 工程师建族的积极性。族的积分设置示例见图 2.2-13。

上传积分	下载积分	共享积分	合计
85	58	100	243
95	93.5	52	240.5
0	19	100	119
0	6	100	106
5	90.5	0	95.5
40	35.5	4	79.5
0	0	77	77
0	75	0	75
15	30.5	10	55.5
0	54	0	54
0	51.5	0	51.5
45	0	3	48
0	45	0	45
0	32.5	0	32.5
0	32.5	0	32.5

图 2.2-13　族的积分设置示例图

2.3　BIM 模型信息分类及编码技术

基于 BIM 技术的机电数字化建造，以机电构件为基本管理单元，贯穿于 BIM 模型设计、模块划分、加工预制及装配安装四个阶段。由于机电设备、管线种类复杂多样，为保证模块数据在建造流程传递过程中的完整性和准确性，针对机电构件进行专门分类和信息编码，建立机电构件分类方案和信息编码方案。

2.3.1　信息分类与编码原则

根据《建筑信息模型分类和编码标准》GB/T 51269—2017 以及已有信息分类和编码体系，结合基于 BIM 技术的模块化建造需要，基于《建筑信息模型分类和编码标准》GB/T 51269—2017 对机电构件信息进行整理、汇总和分类。同时，参考不同标准的编码原则、方法，提出"位置信息＋构件信息"的构件信息编码方式，并以此为基础完成机电构件信息编码体系，保证机电模型创建的统一性及标识的唯一性。通过编码对模型机电构件进行识别、跟踪和管理，实现对以模型机电构件为基本单元的信息提取和交互。

1. 编码的原则

BIM 模型的信息分类与编码原则主要包括：

（1）唯一性原则：保证编码对象与编码之间唯一对应。

（2）系统性原则：编码对象按合理的顺序进行排列，既反映它们之间的区别，又反映彼此之间的联系。

（3）可延性原则：分类编码体系要具有足够的新增编码对象的延伸空间。

（4）简明性原则：编码尽可能简明，即便于手工操作减少差错率，又能减少计算机处理和存储空间，可描述编码对象的主特征，不必描述所有的特征。

（5）兼容性原则：编码体系与传统习惯的信息体系相容。

（6）信息的分类和编码方法应符合现行国家标准《信息分类和编码的基本原则与方法》GB/T 7027 的规定。

（7）扩展分类和编码时，标准中已规定的类目和编码应保持不变。

（8）表内扩展的最高层级代码应在 90~99 取值进行编码。

2. 编码的结构

根据编码原则编制《基于 BIM 技术的机电安装工程模块化建造项目信息分类及编码标准》（企业级）。信息编码采用线性分层码，以构件定位为起始点，自上而下逐级展开，直至编码至构件顺序号。编码结构包括三级位置信息代码和五级属性信息代码。其中，位置信息代码与属性信息代码之间采用"-"连接，其余层级之间采用"·"连接。编码结构示例见图 2.3-1。

图 2.3-1　编码结构示例图

层级代号从前向后分别用 1~8 表示，各层级代表内容及表示方式见表 2.3-1。

建筑信息分类及编码标准特征分析表　　　　　　　　表 2.3-1

层级	层级名称	代指内容	代码形式
1	一级位置信息代码	楼栋信息	采用 3 位数字表示,首位数字(1~9)表示楼栋,次位及末位数字(01~99)表示楼栋顺序号
2	二级位置信息代码	楼层信息	采用 3 位数字表示,首位数字(1~9)表示楼层,次位及末位数字(01~99)表示楼层顺序号
3	三级位置信息代码	设备机房信息	采用 4 位数字表示,首位及次位数字(11~39)表示设备间类型,次次位及末位数字(01~99)表示设备间顺序号,非设备机房区域以 0000 表示
4	一级属性信息代码	专业领域信息	采用 3 位数字表示,首位数字(1~9)表示专业领域,次位及末位数字(01~09)表示分项系统
5	二级属性信息代码	机电模块分类信息	采用 3 位数字表示,首位数字(1~9)表示模块分类,次位及末位数字(01~99)表示模块细部分类,非模块部分均以 000 表示
6	三级属性信息代码	构件分类信息	采用 3 位数字表示,首位数字(1~9)表示系统分类,次位及末位数字(01~99)表示分类
7	四级属性信息代码	构件材质信息	采用 3 位数字表示,具体细分为设备、阀门、仪表、管段及管件
8	五级属性信息代码	构件顺序号信息	采用 2 位数字表示顺序号

2.3.2　信息的自动编码

以《基于 BIM 技术的机电安装工程模块化建造项目信息分类及编码标准》为基础，基于 Revit 软件，二次开发了机电模块信息编码插件，对机电构件和模块进行编码。编码完成后，构件编码作为构件属性，在不同使用方和平台间实现共享。信息编码插件界面示例见图 2.3-2。

图 2.3-2　信息编码插件界面示例图

对构件进行编码，以蝶阀和三通为例。蝶阀编码示例见图 2.3-3，三通编码示例见图 2.3-4，模块编码示例见图 2.3-5。

2.3.3　信息编码应用

某会展中心项目 2 号冷冻站信息编码应用部分结果见表 2.3-2。通过将信息自动编码，能够快速、准确地将 BIM 模型与实物相对应。构件代码信息贯穿于 BIM 模型创建、模块拆分、工厂化预制及装配式安装过程，为 BIM 技术应用创造了良好的信息化环境基础。

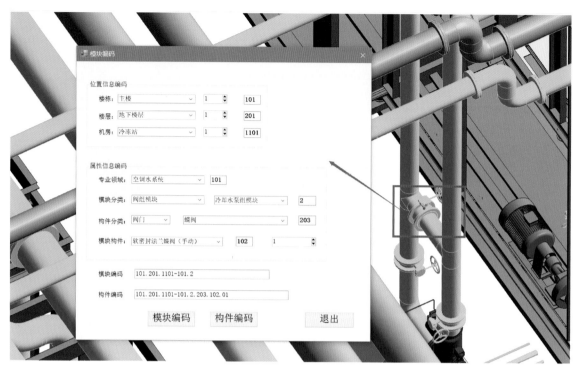

图 2.3-3　蝶阀编码示例图

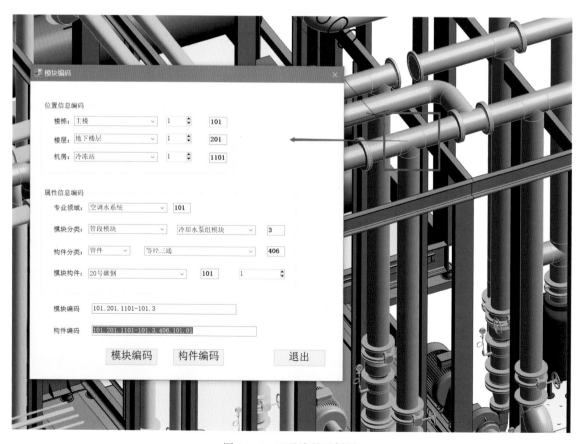

图 2.3-4　三通编码示例图

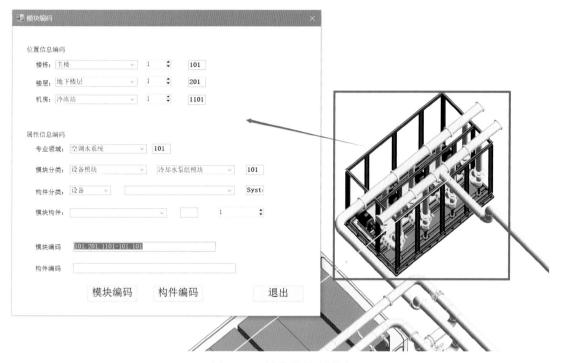

图 2.3-5　模块编码示例图

冷冻站冷却水泵组模块部分构件分类和编码说明表　　　　表 2.3-2

编码	类目描述
301・202・1102-101・101	空调水系统冷却水泵组模块
301・202・1102-101・101・102・203・01	1号冷却水泵
301・202・1102-101・101・201・101・01	明杆弹性座封闸阀
301・202・1102-101・101・203・102・01	1号法兰蝶阀(手动)
301・202・1102-101・101・203・102・02	2号法兰蝶阀(手动)
301・202・1102-101・101・203・103・01	1号法兰蝶阀(电动)
301・202・1102-101・101・203・103・02	2号法兰蝶阀(电动)
301・202・1102-101・101・204・103・02	静音式止回阀
301・202・1102-101・101・205・101・01	Y形过滤器
301・202・1102-101・101・206・101・01	可曲挠橡胶软接头
301・202・1102-101・101・301・101・01	1号就地压力表
301・202・1102-101・101・301・101・02	2号就地压力表
301・202・1102-101・101・402・101・01	1号90°弯头(短半径)
301・202・1102-101・101・402・101・02	2号90°弯头(短半径)
301・202・1102-101・101・404・101・01	同心异径管
301・202・1102-101・101・405・101・01	偏心异径管
301・202・1102-101・101・407・101・01	1号异径三通
301・202・1102-101・101・407・101・02	2号异径三通
301・202・1102-101・101・502・101・01	1号短管
301・202・1102-101・101・502・101・02	2号短管
……	……

2.4 机电系统 BIM 快速建模技术

BIM 技术在机电工程中发挥着不可替代的作用，当前的 BIM 软件无法满足大体量机电 BIM 模型快速建模的需求。因此利用 BIM 协同设计云平台制定 BIM 建模标准、创建精细化 BIM 样板、自主开发 BIM 插件，以实现快速标准化的 BIM 建模，提高整个项目团队的工作质量和效率。

2.4.1 建立 BIM 应用标准

BIM 应用标准是指导和规范 BIM 技术应用的关键，企业应根据项目需求编制 BIM 应用标准，标准应针对不同阶段的具体工作流程及实施要点，需包含 BIM 标准规定（文件目录、命名、BIM 建模标准）、BIM 数据编码标准及 BIM 数据交付标准等。同时标准可参考《建筑信息模型设计交付标准》GB/T 51301—2018、《建筑信息模型施工应用标准》GBT 51235—2017、《建筑工程设计信息模型制图标准》JGJ/T 448—2018 等编制。企业 BIM 实施标准示例见图 2.4-1。

图 2.4-1 企业 BIM 实施标准示例图

2.4.2 精细化的 BIM 样板储备

机电系统 BIM 样板非常关键，完善、精细化的样板不但可以节约 BIM 工程师大量重复设置的时间及精力，还可以规范和统一各 BIM 工程师的建模标准，提高建模的效率及质量。BIM 样板中管道设置示例见图 2.4-2，BIM 样板中系统添加及颜色定义示例见图 2.4-3。

图 2.4-2 BIM 样板中管道设置示例图

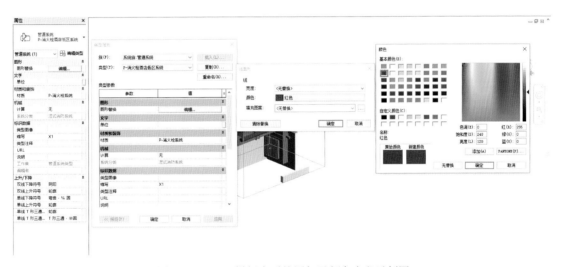

图 2.4-3 BIM 样板中系统添加及颜色定义示例图

2.4.3 BIM 插件的开发及应用

在 BIM 建模过程中会有较多的重复性工作，利用 BIM 插件可对原 BIM 软件的一些操作进行优化及补充，简化 BIM 操作，有效提升了机电系统建模的效率。

1. 一键翻模工具

一键翻模工具可自动识别机电管道、桥架、风管及梁、板、柱、墙等施工图纸，从而实现各类模型的一键自动绘制。喷淋系统一键翻模示例见图 2.4-4，结构梁、柱、墙一键翻模示例见图 2.4-5。

2. 机电系统管理工具

机电系统管理工具可实现一键添加机电各类系统，并自动完成系统颜色、过滤器、视图样板的设置。机电系统创建工具示例见图 2.4-6。

用户创建的系统将自动存储在云端，其他用户可直接从云端调用该系统属性，被调用的系统还将自动记录使用次数并根据使用次数进行排序，从而实现机电系统创建的云共享，有效统一了机电模型中系统的定义，提升了系统创建的效率，机电系统云共享工具示例见图 2.4-7。

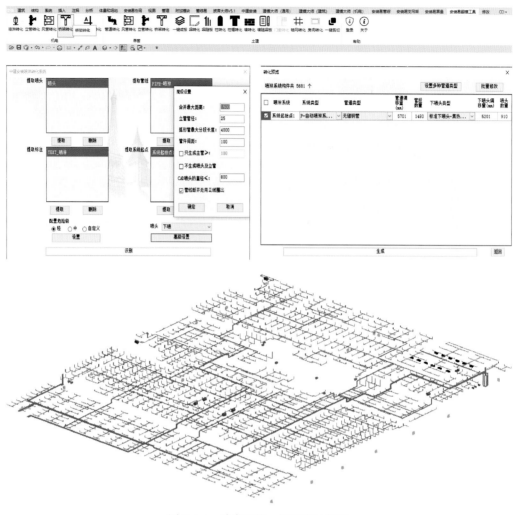

图 2.4-4　喷淋系统一键翻模示例图

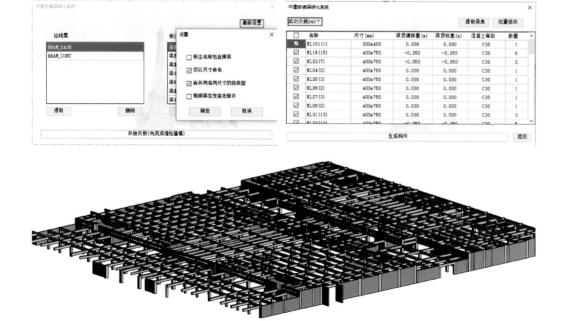

图 2.4-5　结构梁、柱、墙一键翻模示例图

系统管理

创建新系统　创建过滤器　视图样板分配过滤器　导入颜色配置　导出颜色配置

专业	管线系统/类型	缩写	RGB色块	线型	线宽	系统分类	修改	删除
给排水	P-重力污水系统	W	RGB 105 105 061	虚线	默认	卫生设备	修改	删除
给排水	P-压力污水系统	YW	RGB 125 125 061	实线	默认	卫生设备	修改	删除
给排水	P-重力雨水系统	YP	RGB 000 000 200	虚线	默认	卫生设备	修改	删除
给排水	P-虹吸雨水系统	YH	RGB 000 050 250	实线	默认	卫生设备	修改	删除
给排水	P-通气系统	T	RGB 000 255	实线	默认	通风孔	修改	删除
未定义管道	M-空调冷凝水系统	N	RGB 070 105 110	实线	默认	其他	修改	删除
给排水	P-生活热水供水系统	DHS	RGB 255 051 128	实线	默认	循环供水	修改	删除
给排水	P-生活热水回水系统	DHR	RGB 255 071 148	实线	默认	循环回水	修改	删除
给排水	P-重力废水系统	F	RGB 253 177 064	虚线	默认	卫生设备	修改	删除
给排水	P-气体灭火系统	QM	RGB 255 128 255	实线	默认	干式消防系统	修改	删除
未定义管道	M-空调热水供水系统	HS	RGB 255 128 030	实线	默认	循环供水	修改	删除
未定义管道	M-空调热水回水系统	HR	RGB 255 148 050	虚线	默认	循环回水	修改	删除
未定义管道	M-冷媒系统	R		实线	默认	循环供水	修改	删除
未定义管道	M-采暖供水系统	NS	RGB 200 050 125	实线	默认	循环供水	修改	删除
未定义管道	M-采暖回水系统	NR	RGB 200 050 125	虚线	默认	循环供水	修改	删除
给排水	P-自动喷淋系统(支管)	P	RGB 255 000 255	实线	默认	湿式消防系统	修改	删除
给排水	P-预作用喷淋系统	YZ	RGB 255 050 255	实线	默认	其他消防系统	修改	删除
给排水	P-生活给水系统	J	RGB 064 128 128	实线	默认	家用冷水	修改	删除
未定义管道	M-空调冷冻水回水系统	CR		虚线	默认	循环回水	修改	删除
给排水	P-车库冲洗系统	Y-J	RGB 064 128 128	实线	默认	家用冷水	修改	删除
给排水	P-高压细水灭火系统	XHW	RGB 000 000 255	实线	默认	湿式消防系统	修改	删除
暖通风	M-排风系统	EA	RGB 000 000 255	实线	默认	排风	修改	删除
暖通风	M-正压送风系统	SP	RGB 033 200 200	实线	默认	送风	修改	删除
暖通风	M-排烟系统	SE	RGB 128 064 064	实线	默认	排烟	修改	删除
暖通风	M-空调送风系统	SA	RGB 255 000 000	实线	默认	送风	修改	删除

图 2.4-6　机电系统创建工具示例图

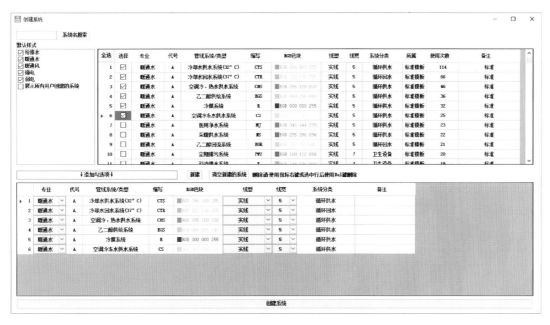

图 2.4-7　机电系统云共享工具示例图

3. 快捷工具

针对管线模型修改及标注过程中效率低的部分，也专项开发了一键翻弯、一键对齐、一键连接、一键登高、一键标注等 30 多项快捷工具，快捷工具示例见图 2.4-8。

图 2.4-8 快捷工具示例图

2.5 基于 BIM 的空间优化及管线综合排布技术

空间优化、管线综合排布是机电 BIM 应用的核心，也是 BIM 深度应用的基础，做好机电管线综合排布是机电 BIM 应用成功的关键。本节重点介绍机电管线综合排布的基本原则、重点难点及解决方案。

2.5.1 机电管线综合排布基本原则

机电管线综合排布基本原则主要包括设计、施工标准的符合性、管线排布合理性以及经济性、美观性等原则，详见表 2.5-1。

管线综合排布基本原则表 表 2.5-1

序号	原则	具体内容
1	满足设计意图/标准要求/保证使用功能	①管线的深化及综合以不违背设计意图，并以符合国家标准要求为首要原则进行； ②机电管线综合应保证建筑本身及系统的使用功能要求，满足业主对建筑空间的要求； ③应建立包括业主、设计、土建、装修各专业在内的深化设计沟通协调机制
2	主干管线合理布置	①机电管线的布置应该在满足使用功能、路径合理、方便施工和便于检修的原则下，合理布置，系统主管线一般布置在公共区域（例如走廊）； ②公共区域管线布置时，原则上风管设置在中间，桥架和水管分列风管两侧。如果桥架和水管在同一垂直位置，桥架应在水管上方布置； ③当公共区域无法布置主管线时，风管、焊接水管等无漏点且不需要检修的管线优先移出公共区域，桥架、有漏点且房间内无分支的水管原则上布置在公共区域
3	机电布置一般原则	①管线交叉时，以"有压让无压，小管让大管，施工难度小的让施工难度大的"原则避让； ②合理布置主管位置，特别注意主管线开支管和接末端设备的位置和方式，例如风管有下开风口时，风管原则上设置在最下层； ③各专业管线综合布置时应充分考虑后期施工和维护要求，例如桥架电缆敷设、管道保温、吊装设备检修等
4	调试、检测和维修	充分考虑机电系统调试、设备检测和维修等技术要求和空间要求，合理确定各种机电设备、管线、阀门、开关和检修口等的位置和距离，避免软、硬碰撞
5	保证结构安全	机电管线穿过一次结构、设置设备基础、设置重型管线支吊架时，需要充分与结构设计师沟通，绝对保障机电及结构安全
6	经济性原则	项目合约及报价情况各异，在管线综合时须考虑布置方案的经济性，最大限度地为项目创造经济效益
7	美观性原则	机电管线综合布置时，机电设备安装应整齐有序，无吊顶区域和机房空间内，各类阀件、仪表应成排、同向整齐布置，所有机电末端应布置均匀、美观

2.5.2　机电综合管线排布重点难点及解决方案

机电综合管线排布重点难点主要分为吊顶区域、非吊顶区域及机房区域，详见表 2.5-2 所示。

机电综合管线排布重点难点表　　　　　表 2.5-2

序号	部位	重点及难点	解决方案
1	吊顶区域	① 管线综合布置； ② 无压管道与设备安装位置协调； ③ 大型灯具(设备)支吊架与吊顶龙骨位置； ④ 检修口设置	① 优化无压管道的走向，积极与装修单位进行沟通，为无压管道与安装设备预留足够的空间； ② 将需要单独设置支架的大型灯具(设备)提前告知设计及相关施工单位，以便进行预留； ③ 在检修口满足设备维修需要的前提下尽量满足装修美观要求
2	非吊顶区域	① 管线综合布置； ② 观感要求； ③ 长距离输送管线的变形控制； ④ 伸缩缝部位管线安装	① 管线密集的区域，设置公共支架； ② 各类管线标识进行统一规划设计； ③ 绘制伸缩缝处管线安装大样图； ④ 按照设计参数计算管道变形量，确定设置伸缩节伸缩量，伸缩节两端设置固定及滑动支架，固定支架需进行专门设计和试验
3	设备机房	① 设备、管线综合布置； ② 维修空间预留； ③ 噪声控制； ④ 设备运输路线规划； ⑤ 观感要求	① 向生产厂家了解各设备维修所需空间位置及尺寸； ② 委托专业厂家对设备机房噪声控制方案进行深化设计； ③ 绘制设备运输路线图，提出建筑、结构等专业配合要求； ④ 绘制三维效果展示图及安装大样图，各专业管线进行统一规划

2.5.3　综合管线排布及空间优化效果

（1）综合管线排布优化展示，走廊 BIM 三维模型及剖面示例见图 2.5-1，制冷机房 BIM 模型示例见图 2.5-2、图 2.5-3。

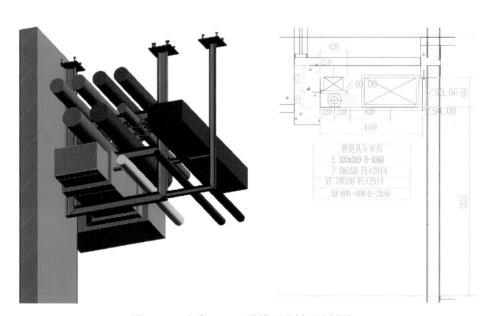

图 2.5-1　走廊 BIM 三维模型及剖面示例图

（2）空间优化展示。管井三维模型图及平面图示例见图 2.5-4，制冷机房 BIM 三维模型示例见图 2.5-5，制冷机房 BIM 平面图示例见图 2.5-6。

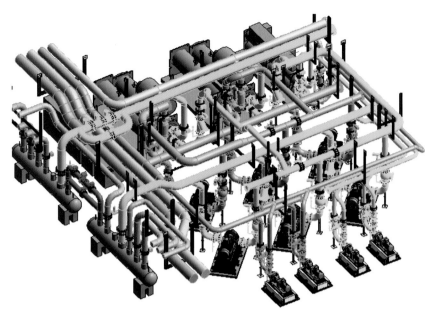

图 2.5-2 制冷机房 BIM 模型示例图（一）

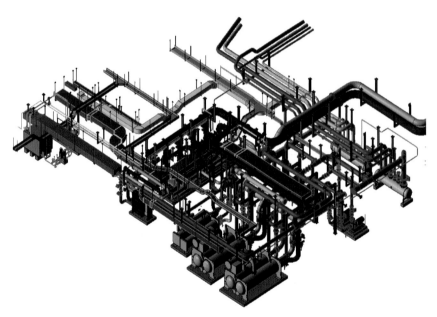

图 2.5-3 制冷机房 BIM 模型示例图（二）

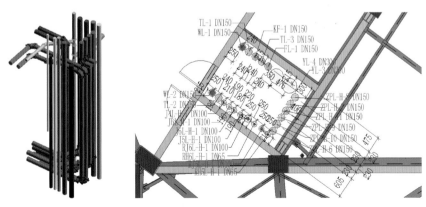

图 2.5-4 管井三维模型及平面图示例图

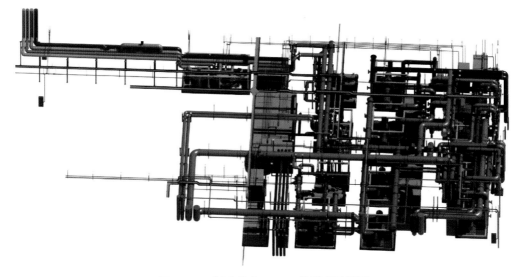

图 2.5-5　制冷机房 BIM 三维模型示例图

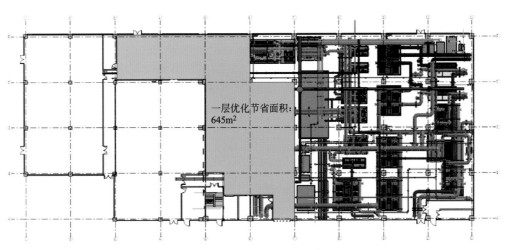

一层优化节省面积：
645m²

图 2.5-6　制冷机房 BIM 平面图示例图

2.6　基于 BIM 的综合支吊架选型与计算技术

机电管线综合支吊架形式复杂多样、数量庞大，并且选型合理性对安全极为重要，基于 BIM 技术的支吊架布置插件，实现支吊架的一键布置、载荷计算、选型、出图、工程量统计等功能，极大地提高了支吊架选型的准确性及效率。

2.6.1　支吊架布置计算软件的应用

1. 支吊架的自动布置

根据标准、图集及各专业支吊架布置要求，按照不同管线规格设置支吊架间距、支吊架型号以及综合支吊架计算选型相关参数，各专业支吊架设置及综合支吊架相关参数设置见图 2.6-1。

布置支吊架时可框选所要布置的支吊架管线，并根据需求灵活选择相应支吊架形式进行布置，软件可自动识别结构模型中的墙、板、梁等信息，直接调用 BIM 族库平台中的支吊架族，软件自动完成支

图 2.6-1　各专业支吊架设置及综合支吊架相关参数设置

吊架模型创建及支吊架生根选型。支吊架族示例见图 2.6-2，支吊架类型选择界面示例见图 2.6-3，支吊架布置效果示例见图 2.6-4。

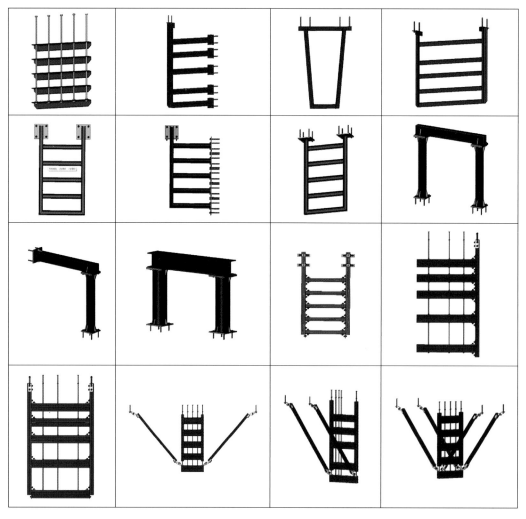

图 2.6-2　各类支吊架参数化族

图 2.6-3　支吊架类型选择界面示例图

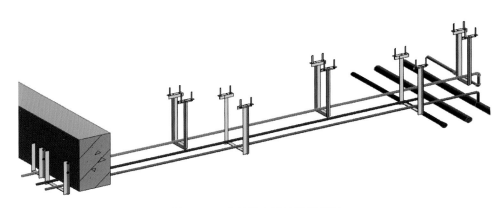

图 2.6-4　支吊架布置效果示例图

2. 支吊架受力计算

完成支吊架布置后，通过支吊架计算插件对布置的支吊架进行受力计算，支吊架计算插件可自动获取并计算模型中管线的荷载信息，并完成支吊架横担、立柱或拉杆、膨胀螺栓、端板（生根板）、焊缝五部分计算。根据计算结果，自动完成型钢及螺栓的选型及支吊架模型的更新。支吊架布置选型计算流程示例见图 2.6-5，支吊架计算软件界面示例见图 2.6-6。

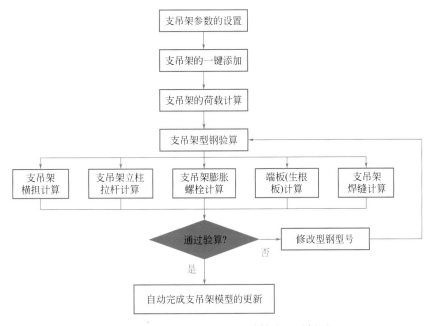

图 2.6-5　支吊架布置选型计算流程示例图

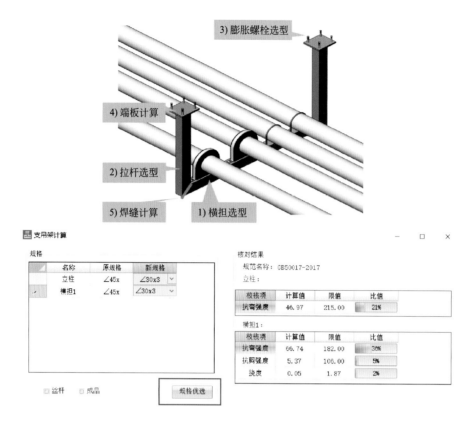

图 2.6-6　支吊架计算软件界面示例图

3. 计算书的自动编制

插件可自动导出相应支吊架的力学校核计算书，提交设计单位审核、确认。支吊架力学校核计算书示例见图 2.6-7。

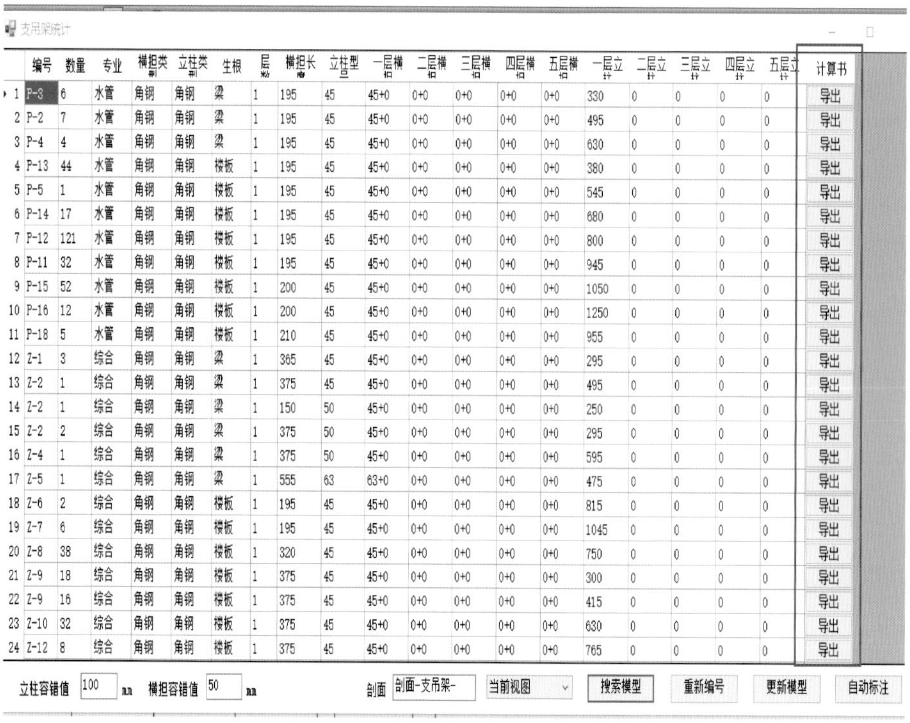

	编号	数量	专业	横担类型	立柱类型	生根	层数	横担长度	立柱型号	一层横担	二层横担	三层横担	四层横担	五层横担	一层立柱	二层立柱	三层立柱	四层立柱	五层立柱	计算书
1	P-3	6	水管	角钢	角钢	梁	1	195	45	45+0	0+0	0+0	0+0	0+0	330	0	0	0	0	导出
2	P-2	7	水管	角钢	角钢	梁	1	195	45	45+0	0+0	0+0	0+0	0+0	495	0	0	0	0	导出
3	P-4	4	水管	角钢	角钢	梁	1	195	45	45+0	0+0	0+0	0+0	0+0	630	0	0	0	0	导出
4	P-13	44	水管	角钢	角钢	梁	1	195	45	45+0	0+0	0+0	0+0	0+0	380	0	0	0	0	导出
5	P-5	1	水管	角钢	角钢	楼板	1	195	45	45+0	0+0	0+0	0+0	0+0	545	0	0	0	0	导出
6	P-14	17	水管	角钢	角钢	楼板	1	195	45	45+0	0+0	0+0	0+0	0+0	680	0	0	0	0	导出
7	P-12	121	水管	角钢	角钢	楼板	1	195	45	45+0	0+0	0+0	0+0	0+0	800	0	0	0	0	导出
8	P-11	32	水管	角钢	角钢	楼板	1	195	45	45+0	0+0	0+0	0+0	0+0	945	0	0	0	0	导出
9	P-15	52	水管	角钢	角钢	楼板	1	200	45	45+0	0+0	0+0	0+0	0+0	1050	0	0	0	0	导出
10	P-16	12	水管	角钢	角钢	楼板	1	200	45	45+0	0+0	0+0	0+0	0+0	1250	0	0	0	0	导出
11	P-18	5	水管	角钢	角钢	楼板	1	210	45	45+0	0+0	0+0	0+0	0+0	955	0	0	0	0	导出
12	Z-1	3	综合	角钢	角钢	梁	1	365	45	45+0	0+0	0+0	0+0	0+0	295	0	0	0	0	导出
13	Z-2	1	综合	角钢	角钢	梁	1	375	45	45+0	0+0	0+0	0+0	0+0	495	0	0	0	0	导出
14	Z-2	1	综合	角钢	角钢	梁	1	150	50	45+0	0+0	0+0	0+0	0+0	250	0	0	0	0	导出
15	Z-2	2	综合	角钢	角钢	梁	1	375	50	45+0	0+0	0+0	0+0	0+0	295	0	0	0	0	导出
16	Z-4	1	综合	角钢	角钢	梁	1	375	50	45+0	0+0	0+0	0+0	0+0	595	0	0	0	0	导出
17	Z-5	1	综合	角钢	角钢	梁	1	555	63	63+0	0+0	0+0	0+0	0+0	475	0	0	0	0	导出
18	Z-6	2	综合	角钢	角钢	楼板	1	195	45	45+0	0+0	0+0	0+0	0+0	815	0	0	0	0	导出
19	Z-7	6	综合	角钢	角钢	楼板	1	195	45	45+0	0+0	0+0	0+0	0+0	1045	0	0	0	0	导出
20	Z-8	38	综合	角钢	角钢	楼板	1	320	45	45+0	0+0	0+0	0+0	0+0	750	0	0	0	0	导出
21	Z-9	18	综合	角钢	角钢	楼板	1	375	45	45+0	0+0	0+0	0+0	0+0	300	0	0	0	0	导出
22	Z-9	16	综合	角钢	角钢	楼板	1	375	45	45+0	0+0	0+0	0+0	0+0	415	0	0	0	0	导出
23	Z-10	32	综合	角钢	角钢	楼板	1	375	45	45+0	0+0	0+0	0+0	0+0	630	0	0	0	0	导出
24	Z-12	8	综合	角钢	角钢	楼板	1	375	45	45+0	0+0	0+0	0+0	0+0	765	0	0	0	0	导出

立柱容错值 100 mm　横担容错值 50 mm　　剖面 剖面-支吊架- 当前视图 搜索模型 重新编号 更新模型 自动标注

图 2.6-7　支吊架力学校核计算书示例图

2.6.2　支吊架一键编码及加工详图的自动绘制

1. 支吊架平面图绘制

一键编号功能可对模型中的支吊架型号、尺寸进行分析，确定支吊架种类，并自动完成编号。然后通过一键标注功能，可一键完成支吊架平面图中的定位标注及型号标记，极大地提高了支吊架平面图的绘制效率。支吊架平面定位示例见图 2.6-8。

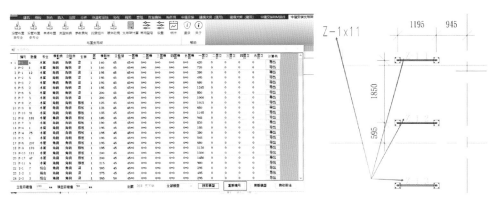

图 2.6-8　支吊架平面定位示例图

2. 支吊架大样图绘制

通过支吊架大样图绘制命令，可以一键生成所有支吊架不同类型的剖面图，并自动完成支吊架型钢的标记及尺寸定位标注。支吊架大样示例见图 2.6-9。

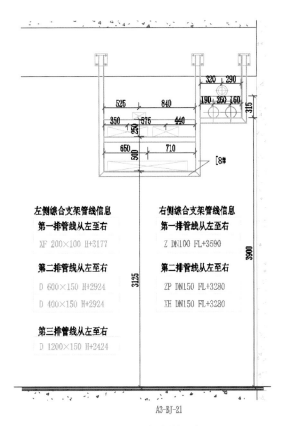

图 2.6-9　支吊架大样示例图

2.6.3　支吊架工程量统计

利用支吊架布置计算软件进行支吊架工程量的一键提取，完成支吊架工程量统计，并可导出 Excel 表，提交采购部门。支吊架工程量统计示例见图 2.6-10。

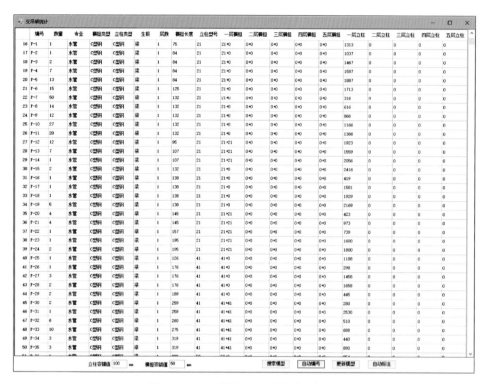

图 2.6-10　支吊架工程量统计示例图

2.7　基于 BIM 的电缆综合排布技术

电缆是机电系统重要的组成部分，具有施工难度大、造价高等特点。基于 BIM 技术的电缆精细化排布及综合排布技术，通过电缆建模及精细化排布，出具电缆优化排布施工图，从而降低成本，提高施工质量。

2.7.1　BIM 模型准备

（1）根据电缆厂家提供的电缆外径信息，在 BIM 模型中设置电缆管段。电缆管段设置示例见图 2.7-1。

（2）制定电缆颜色样板，并在 BIM 模型中添加过滤器，制定电缆视图样板。电缆视图样板设置示例见图 2.7-2。

2.7.2　电缆模型自动生成

利用插件进行电缆布置，输入电缆型号、规格、回路编号等信息，通过选择首末端配电箱柜，软件自动调用族库平台内的电缆及母线配件族，自动查询最优桥架路径并生成电缆，极大地提高了电缆建模效率。电缆系统自动识别示例见图 2.7-3，电缆模型自动生成示例见图 2.7-4。

图 2.7-1　电缆管段设置示例图

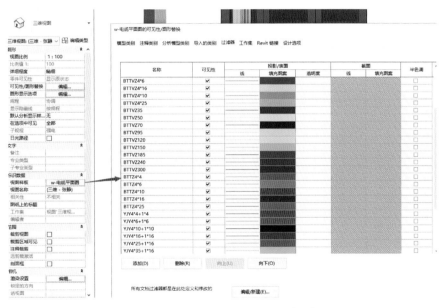

图 2.7-2　电缆试图样板设置示例图

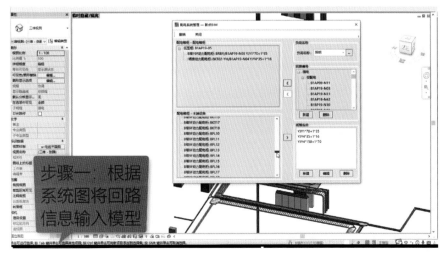

图 2.7-3　电缆系统自动识别示例图

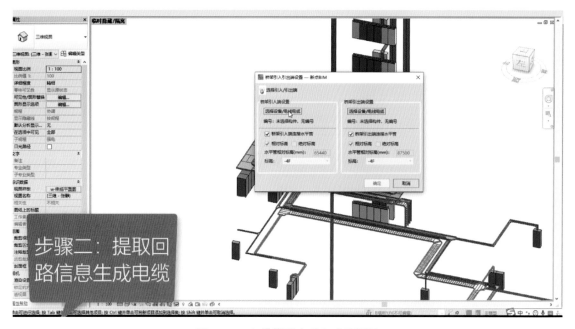

图 2.7-4　电缆模型自动生成示例图

2.7.3　电缆模型优化排布

电缆施工模拟及优化排布：通过对桥架内电缆进行施工模拟，从实际施工角度进一步优化桥架规格，确保电缆有充足的施工空间，并且敷设顺序合理。电缆综合排布模型示例见图 2.7-5。

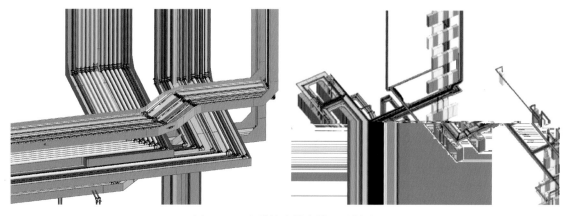

图 2.7-5　电缆综合排布模型示例图

2.7.4　电缆排布图绘制

通过电缆标注插件进行桥架平面图及各断面桥架内电缆剖面图的绘制，以便指导现场施工。电缆平面、剖面示例见图 2.7-6。

2.7.5　电缆工程量统计

电缆算量插件可通过提取配电箱柜编号、电缆型号、回路编号等信息，并根据设定的电缆预留长度、企业定额损耗等自动进行统计计算，生成电缆工程量清单。电缆工程量清单示例见图 2.7-7。

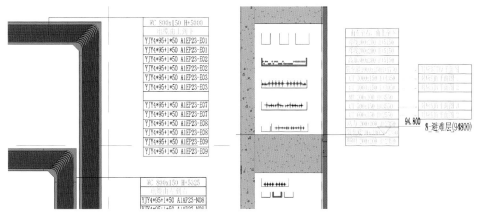

图 2.7-6　电缆平面、剖面示例图

首端低压柜编号	电缆回路	电缆型号	配电柜编号	电缆总长度	电缆实际总长度
B1AP09-05	B1AP09-N08	YJY4*95+1*50	BDT19-1	89.81	92.43
B1AP09-05	B1AP09-N08	YJY4*95+1*50	BDT19-1	90.13	92.75
B1AP09-05	B1AP09-N09	YJY4*95+1*50	BDT19-2	90.99	93.62
B1AP09-05	B1AP09-N09	YJY4*95+1*50	BDT19-2	91.32	93.95
B1AP09-10	B1AP09-N41	YJY4*95+1*50	BPMTG1	145.89	149.07
B1EP09-02	B1EP09-E01	YJY4*95+1*50	BDT19-1	95.06	97.73
B1EP09-02	B1EP09-E01	YJY4*95+1*50	BDT19-1	94.74	97.40
B1EP09-02	B1EP09-E02	YJY4*95+1*50	BDT19-2	94.95	97.62
B1EP09-02	B1EP09-E02	YJY4*95+1*50	BDT19-2	94.61	97.27
B1BP09-03	B1BP09-N06	YJY4*70+1*35	BCFTG1	134.43	137.49
B1BP09-03	B1BP09-N03	YJY4*70+1*35	BFJ09	43.78	45.93
B1AP09-05	B1AP09-N11	YJY4*70+1*35	BDT01-BG	80.75	83.27
B1EP09-02	B1EP09-E04	YJY4*70+1*35	BDT01-BG	64.88	67.25
B1AP09-04	B1AP09-N04	YJY4*50+1*25	BKTTG1	142.87	146.02
B1AP09-04	B1AP09-N03	YJY4*50+1*25	BKSB09-1	34.44	36.50
B1BP09-03	B1BP09-N05	YJY4*35+1*16	BKTTG2	138.88	141.99
B1BP09-04	B1BP09-N13	YJY4*35+1*16	BPMTG2	138.85	141.96
B1BP09-03	B1BP09-N04	YJY4*25+1*16	BKT02-BG	75.43	77.90
B1BP09-04	B1BP09-N12	YJY4*25+1*16	BPMB01-BG	68.07	70.47
B1AP09-10	B1AP09-N40	YJY4*25+1*16	BPMA01-BG	84.54	87.10
B1BP09-03	B1BP09-N09	YJY4*16+1*16	BPM09	26.32	28.30
B1AP09-08	B1AP09-N30	YJY4*16+1*16	BZAD09	26.9	28.89
B1AP09-10	B1AP09-N36	YJY4*16+1*16	BPM09	27.95	29.96
B1EP09-05	B1EP09-E23	YJY4*16+1*16	BZAD09	31.75	33.78
B1AP09-10	B1AP09-N39	YJY4*150+1*70	BPM10	41.29	43.42
B1AP09-06	B1AP09-N15	BTTVZ70	BXF14	56.07	58.35
B1AP09-06	B1AP09-N15	BTTVZ70	BXF14	56.08	58.36
B1AP09-06	B1AP09-N15	BTTVZ70	BXF14	55.93	58.21
B1AP09-06	B1AP09-N15	BTTVZ70	BXF14	55.93	58.21
B1AP09-06	B1AP09-N18	BTTVZ70	BBDS09	25.34	27.31
B1AP09-06	B1AP09-N18	BTTVZ70	BBDS09	25.29	27.26

备注
1、电缆首末端预留量为配电箱半周长（长+高）；其中高度预留量已包含在模型内，故此时考虑预留量只需增加配电箱的长度；
2、（电缆总长度+预留量）*定额电缆损耗=电缆实际总长度

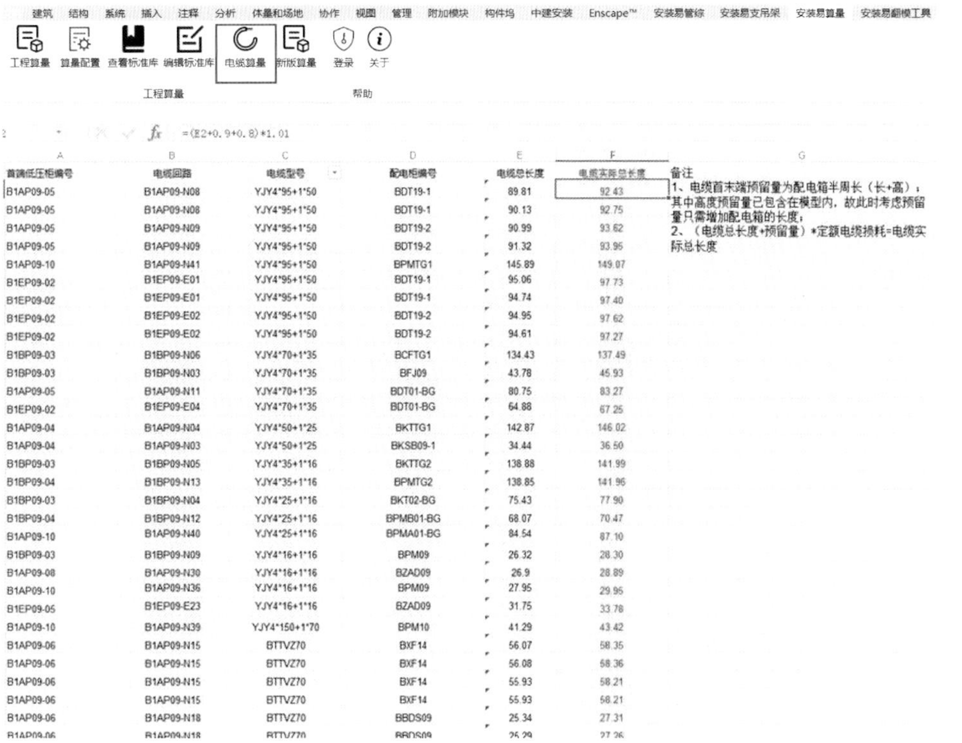

图 2.7-7　电缆工程量清单示例图

2.8　基于 BIM 的风力、水力负荷计算技术

在机电系统管综优化后，为保证原设计系统的准确性，基于 BIM 的风力、水力负荷计算软件，直接提取 BIM 模型中的相关计算参数，获取符合标准的局部阻力系数等参数，实现系统快速、准确地自动校核计算，并可根据计算结果进行模型更新，极大地提高了复核计算的准确性及效率。

2.8.1　水系统水力校核计算

1. 模型核查、整理和完善

水系统水力计算前，需进行 BIM 模型完善及参数设置，检查并确保系统完整且无断点，并消除所

有的开放端，例如将排气阀、泄水阀去掉，将连接排气阀的三通改成弯头等。消除系统开放端示例见图 2.8-1。

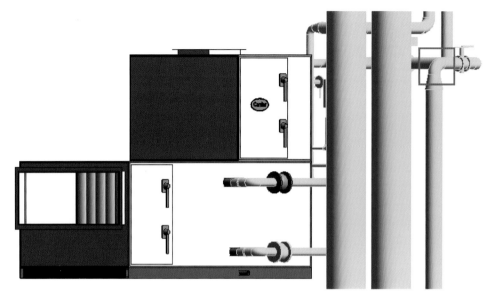

图 2.8-1　消除系统开放端示例图

选取族库平台中的厂家设备族，校核设备"流量""压降"等参数。设备参数校核修改示例见图 2.8-2。

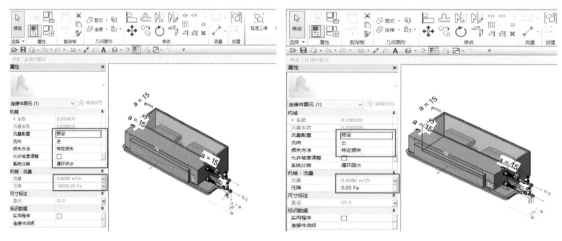

图 2.8-2　设备参数校核修改示例图

2. 校核计算

系统模型完善后，通过机电系统水力计算软件一键提取模型计算参数，然后根据标准及项目情况检查并调整局阻系数，完成水系统的校核计算，计算完成后导出 Excel 计算书。校核计算示例见图 2.8-3，计算书示例见图 2.8-4。

2.8.2　风系统水力校核计算

1. 模型核查、整理和完善

风系统水力计算前，需保证所要计算的系统完整无误。风系统计算模型应包括空调机组、静压箱、消声器、管道、管件、阀门及风口等系统的所有构件，并且系统模型应保证全部连接无断点。风系统模

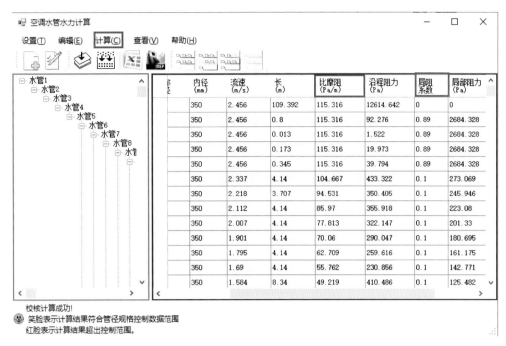

图 2.8-3　校核计算示例图

水系统水力计算书

一、计算依据
本计算方法理论依据是陆耀庆编著的《供暖通风设计手册》和电子工业部第十设计研究院主编的《空气调节设计手册》。

二、计算公式
a.管段压力损失 = 沿程阻力损失 + 局部阻力损失 即：$\Delta P = \Delta Pm + \Delta Pj$。
b.沿程阻力损失 $\Delta Pm = \Delta pm \times L$。
c.局部阻力损失 $\Delta Pj = 0.5 \times \zeta \times \rho \times V^2$。
d.摩擦阻力系数采用柯列勃洛克-怀特公式计算。

三、计算结果
1、CHS 196
a.CHS 196水力计算表

CHS 196

编号	流量(m³/h)	内径(mm)	流速(m/s)	长(m)	比摩阻(Pa/m)	沿程阻力(Pa)	局阻系数	局部阻力(Pa)	总阻力(Pa)
878	36.58	100	1.29	8.41	151.71	1275.28	1.50	1255.35	2530.63
879	36.58	100	1.29	1.27	151.71	192.66	0.63	8527.25	8719.91

b.CHS 196最不利分支
CHS 196最不利分支为【1-2-3-4-5-6-7-8-9-10-11-12-13-14-15-16-17-18-19-20-21-22-23-24-25-434-435-436-437-438-43
458-459-460-461-462-463-464-465-466-468-469-470-471-472-473-474-475-476-477-478-479-480-481-482-483-484
503-504-505-506-507-508-509-510-511-512-617-618-619-620-621-622-623-624】,最不利阻力损失为：68447 Pa

CHS 196分支分析表

分支名称	分支管段	分支阻力损失(P)	分支不平衡率(%)
分支1	1-2-3-4-5-6-7-8-9-10-11-12-1	51271.01	5.66%
分支2	1-2-3-4-5-6-7-8-9-10-11-12-1	39515.64	27.29%
分支3	1-2-3-4-5-6-7-8-9-10-11-12-1	51078.87	6.02%

图 2.8-4　计算书示例图

型整理示例见图 2.8-5。

2. 参数校核

　　根据设计图纸，对模型中添加的族库平台中的厂家设备族参数进行校核。同时检查插件中局阻系数等是否合理并可根据项目实际情况进行调整。风口风量参数校核图及局阻系数检查、调整示例见图 2.8-6。

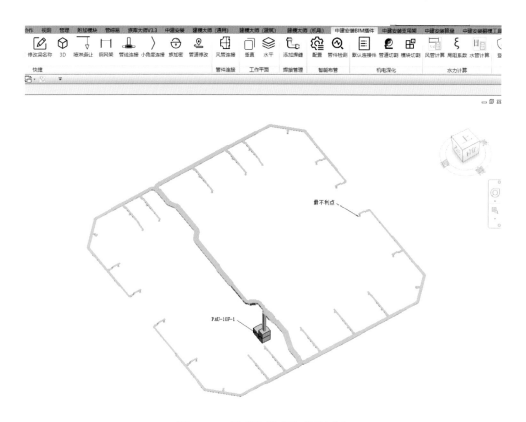

图 2.8-5　风系统模型整理示例图

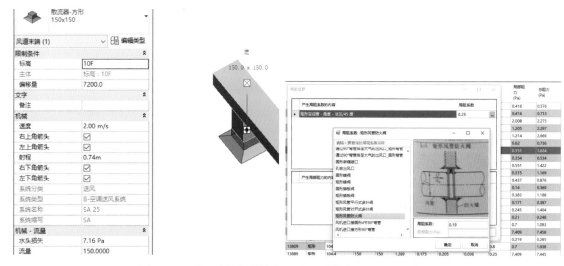

图 2.8-6　风口风量参数校核及局阻系数检查、调整示例图

3. 模型计算参数的提取

根据标准及项目情况设置计算参数，并通过软件一键提取风系统模型计算参数信息。参数设置对话框示例见图 2.8-7，模型计算参数示例见图 2.8-8。

4. 校核计算

进行校核平衡复算并一键导出计算书，以便报设计院审核。校核计算示例见图 2.8-9，校核计算书示例见图 2.8-10。

图 2.8-7　参数设置对话框示例图

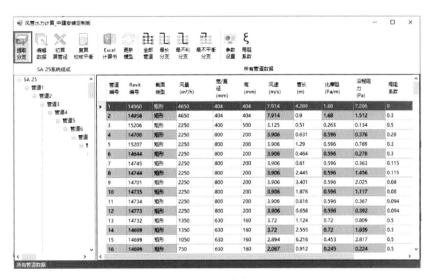

图 2.8-8　模型计算参数示例图

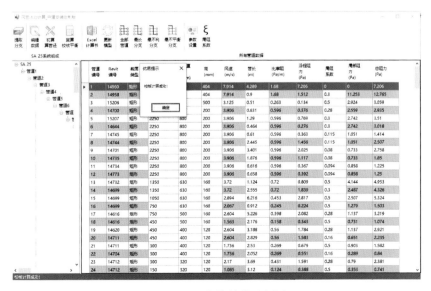

图 2.8-9　校核计算示例图

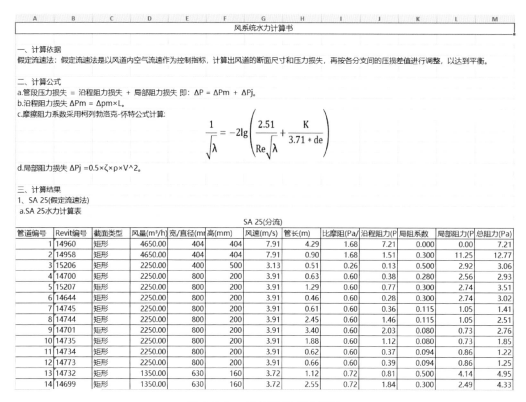

图 2.8-10　校核计算书示例图

2.9　机房模块化设计技术

机房模块化设计是指通过对机房管线进行 BIM 深化设计，结合标准管件、管道标准图集及厂家提供阀门、设备参数创建模型，出具现场施工装配图、安装图，进行模块化工厂预制。通过模块化设计，实现机房模块预制加工、现场准确装配。

2.9.1　机电模块化设计流程

机电模块化设计流程示例见图 2.9-1。

图 2.9-1　机电模块化设计流程示例图

2.9.2　BIM 模型创建

（1）针对模块化装配对 BIM 模型精度要求高的需求，调用高精度、参数化的族，根据项目设备、阀部件选型后厂家提供的产品族快速、准确地进行族参数调整，有效地提升建模效率及质量。参数化族示例见图 2.9-2。

（2）为保证模型精度，创建模型时还须考虑管件、管道连接法兰实际焊接承插深度，并考虑法兰与

平面法兰 - 板式平焊 - 钢制(独立使用) 16N	
管件 (1)	编辑类型
机械 - 流量	
压降	
尺寸标注	
孔距	292.5
密封圈外径	558.0
密封面厚度	1.0
插入深度	40.0
法兰内径	462.0
管道外径	457.0
螺杆长度	85.0
螺栓型号	27.0
记号尺寸	**114.0**
公称半径	225.0
公称直径	450.0
法兰厚度	42.0
法兰外径	640.0
尺寸	DN450×DN450

图 2.9-2　参数化族示例图

法兰之间垫片的厚度，保证法兰面与法兰面的总长度不变。对于含有软连接的位置，还须考虑软连接的压缩量等。

（3）运用 3D 扫描仪扫描并建立现场结构与建筑模型，扫描完成后使用点云软件观察和处理扫描数据，并将点云模型导入到 BIM 模型中，将 BIM 模型与点云模型进行对比并修正 BIM 模型，保证 BIM 模型与现场保持一致，从而减少测量误差。机房点云模型示例见图 2.9-3，某会展中心能源中心机房 BIM 模型示例见图 2.9-4。

图 2.9-3　机房点云模型示例图

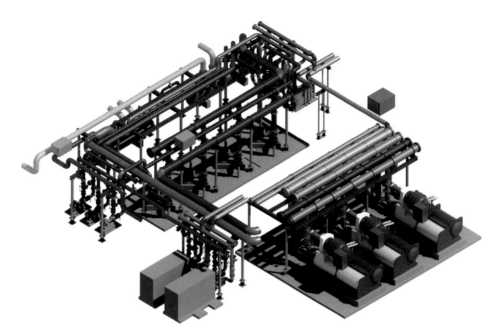

图 2.9-4　某会展中心能源中心机房 BIM 模型示例图

2.9.3　深化设计

1. 机房方案深化

BIM 深化设计是机房模块化设计的关键环节。该环节通过综合考虑标准要求、机房设备布置、机房管线排布、支吊架设置、操作和检修空间、人员通道、基础布置、排水沟位置、整体净高、整体观感效果等影响因素，确保深化设计、模块拆分、运输、吊装方案等合理且具有可实施性。以某项目制冷机房深化设计为例，根据原设计方案进行 BIM 深化设计，具体优化内容如下：

（1）原设计制冷机房内空调冷热水系统集水器位于机房西侧墙边，距离冷冻水循环泵组 1m，集水器进出水管多，在此位置的管道布置凌乱且无检修空间。

优化方案：将空调冷热水系统集水器调整至空调水泵房南侧，预留二期泵组及管道安装空间。冷冻水循环泵组及集水器接管整齐美观，检修空间满足要求。

（2）原设计 3 台空调冷冻水循环泵组位于空调水泵房南侧，泵组占用空间大，导致机房整体排布不合理。

优化方案：将空调水泵房冷冻水循环泵组移至冷冻机房南侧安装，与冷冻机房内冷却水循环泵成排布置，保证机房效果。

（3）原设计制冷机房内离心式冷水机组东西方向摆放，一期设备接管口位于机房西侧，距墙 1.5m。二期设备接口位于机房东侧，距墙 1m。无法满足检修空间需求且施工难度大。

优化方案：综合考虑一、二期设备及配管，预留二期设备及配管安装空间。将一、二期离心式冷水机组均水平旋转 180°。机组接管口均位于机房内走廊两侧，安装、检修方便，管道排布整齐美观。

（4）根据机房设备排布优化，对相应管线进行了合理化排布及优化。为保证模块集成度高，将空调水泵机房泵组桥架深化至泵组框架上方安装，便于成套组装。制冷泵房 BIM 深化设计方案示例见图 2.9-5，制冷机房 BIM 深化方案示例见图 2.9-6。

2. 机房二次深化

确定机房深化方案后，对机房内设备及管线布局进行二次深化，确保深化设计模型准确，减少误差。二次深化主要包括焊口组装厚度、垫片及橡胶软接头的压缩量等参数调整、设备及管线排布优化调

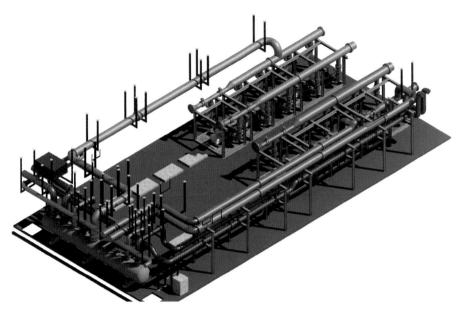

图 2.9-5　制冷泵房 BIM 深化设计方案示例图

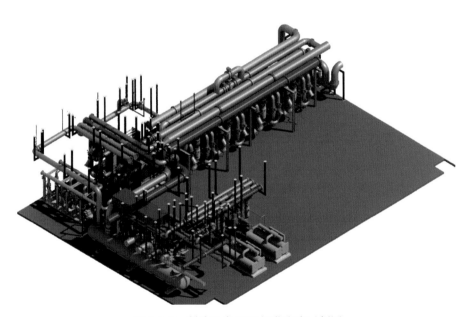

图 2.9-6　制冷机房 BIM 深化方案示例图

整等。某酒店能源中心机房二次深化模型示例见图 2.9-7。

2.9.4　支吊架计算及选型

（1）利用 BIM 综合支吊架选型与计算技术，自动进行支吊架荷载计算，根据稳定性和强度要求给出支吊架的规格型号，并进行支架编码，输出支架料表及预制详图。支吊架立面见图 2.9-8。

（2）主要构件力学选型计算：对平台型钢、减振器、型钢框架等，采用专业软件进行力学模拟计算，确定其选型。型钢受力计算示例见图 2.9-9。

2.9.5　机房模块切割

机房管线模块切割时，需结合现场实际情况，综合考虑模块场外及场内运输、吊装、支吊架设置、模块装配等因素，尽量减少管道拆分或管段接口，提高模块装配水平。

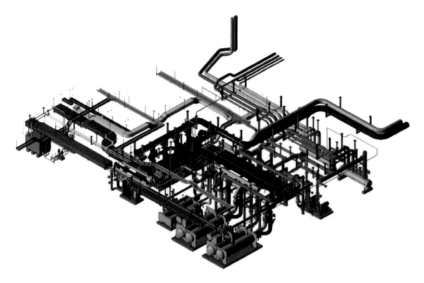

图 2.9-7　某酒店能源中心机房二次深化模型示例图

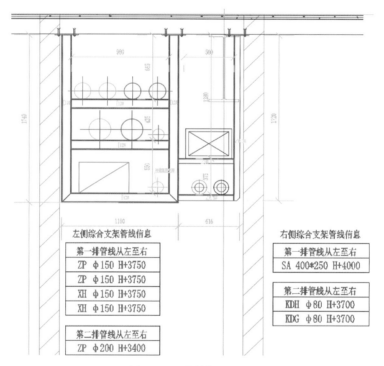

左侧综合支架管线信息

第一排管线从左至右
ZP φ150 H+3750
ZP φ150 H+3750
XH φ150 H+3750
XH φ150 H+3750

第二排管线从左至右
ZP φ200 H+3400

右侧综合支架管线信息

第一排管线从左至右
SA 400*250 H+4000

第二排管线从左至右
KDH φ80 H+3700
KDG φ80 H+3700

图 2.9-8　支吊架立面图

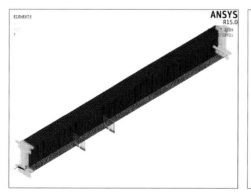
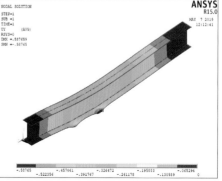

图 2.9-9　型钢受力计算图

通过智能化定尺切割软件工具完成管线定尺切割、编号，生成模块定尺下料单，由加工厂根据下料单进行工厂化制作。智能化定尺切割软件工具能够自动关联剩余管线数据库，在管线切割之前优先调用数据库内剩余管线以降低材料损耗，具有实时更新及自动编码等特点。管线定尺切割工具示例见图 2.9-10，管线定尺切割见图 2.9-11、图 2.9-12。

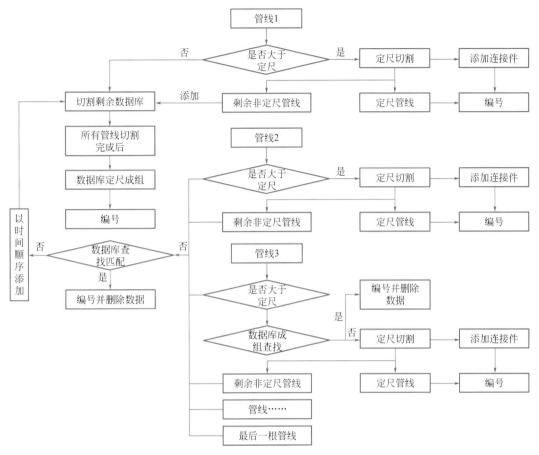

图 2.9-10　管线切割工具示例图

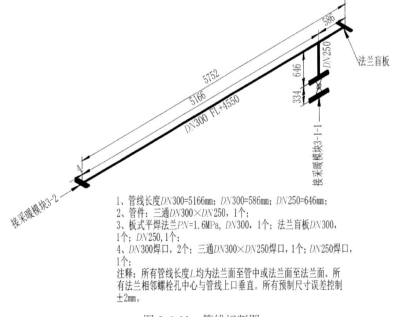

图 2.9-11　管线切割图

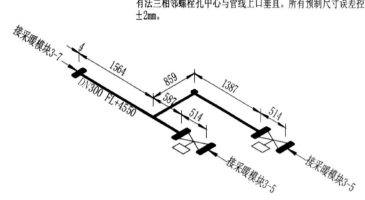

1、管线长度DN300=1564mm；DN300=587mm；DN300=859mm；DN300=1387mm；
2、管件：正三通DN300，1个；90度弯头（1.0D）DN300，1个；
3、板式平焊法兰PN=1.6MPa，DN300，3个；
4、DN300焊口5个；正三通DN300焊口，1个；
注释：所有管线长度L均为法兰面至管中或法兰面至法兰面。所有法兰相邻螺栓孔中心与管线上口垂直。所有预制尺寸误差控制±2mm。

图 2.9-12　管线定尺切割图

2.9.6　预制加工图

模块切割完成后，采用简单直观、内容详细、出图高效的化工单线图模式进行预制加工图的绘制。在此基础上针对常规 BIM 软件出单线图时标记、标注比较烦琐等情况，开发单线图出图辅助工具，简化单线图标记、标注工序，提高出图效率、精度及质量。机房模块加工示例见图 2.9-13、图 2.9-14。

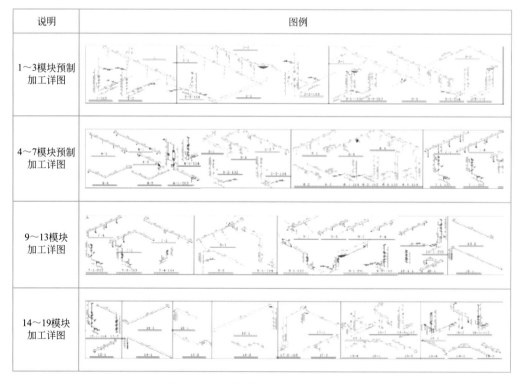

说明	图例
1~3模块预制加工详图	
4~7模块预制加工详图	
9~13模块加工详图	
14~19模块加工详图	

图 2.9-13　机房模块加工示例图（一）

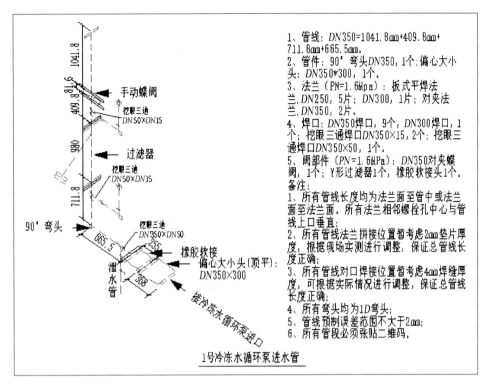

图 2.9-14　机房模块加工示例图（二）

2.10　标准层机电管线模块化设计技术

机电管线模块化设计是指通过 BIM 技术进行各专业机电管线建模、深化，并进行合理的管线拆分及支吊架设计形成机电管线模块，进行工厂化预制、装配、现场吊装就位，其内容包括机电管线 BIM 设计、机电管线模块化拆分、管段支架选型计算等。标准层机电管线模块化实施流程示例见图 2.10-1。

2.10.1　机电管线综合排布

在机电管线综合排布过程中，综合排布与预制加工结合，综合考虑现场预留、预埋、安装、现场操作空间、维修空间等施工要求，满足工厂预制加工深度要求。机电管线综合排布示例见图 2.10-2。

2.10.2　机电管线模块拆分

1. 机电管线模块拆分原则

根据总平面图完成机电管线模块拆分，并绘制分段平面图及剖面图，分段图应包括管道制作图及联合支架制作图，分段图宜按层内、层间装配顺序制作并且包含系统名称、规格型号及定位尺寸等关键信息。机电模块拆分时应重点考虑段间接口连接的便捷性及接口方式的合理性。分段平面图及剖面示例见图 2.10-3。

2. 管段支架设置原则

管段支架设置应便于运输，其装配段可顺利进入安装区域；支架间距应满足机电管线最小间距要

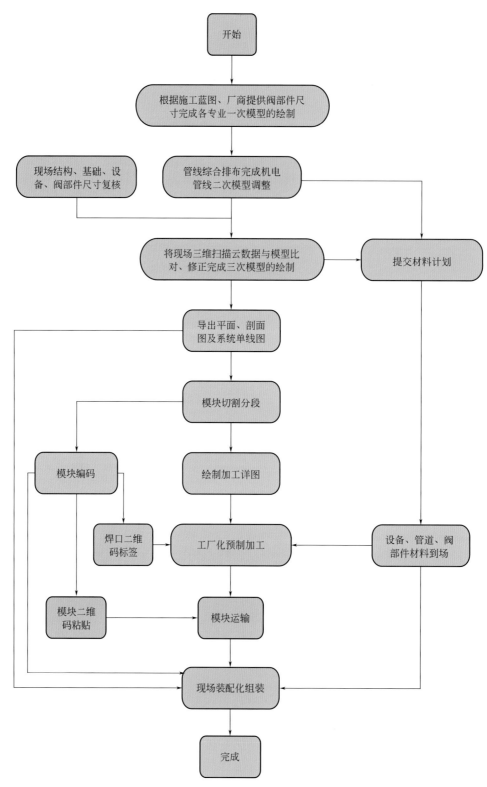

图 2.10-1 标准层机电管线模块化实施流程

求；管段支架设置应便于现场吊装，就位后可快速固定；管段支架应设长条形栓孔，通过连接丝杆调节高度、水平度等，实现管段支架微调功能；合理设置运输吊装吊点和现场安装吊点，吊点受力均匀，以保证装配段不变形；管线固定形式可靠，避免发生位移。管段支架模块示例见图 2.10-4。

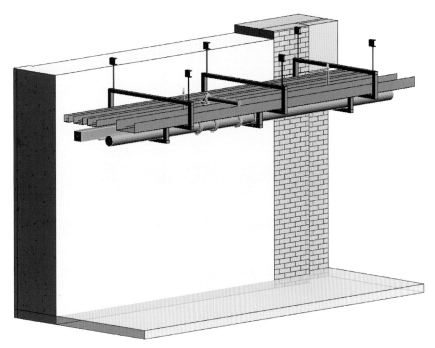

图 2.10-2 机电管线综合排布示例图

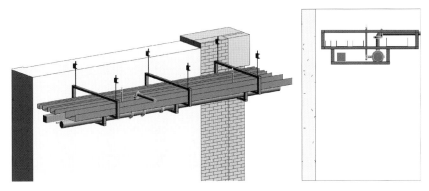

图 2.10-3 分段平面图及剖面图示例图

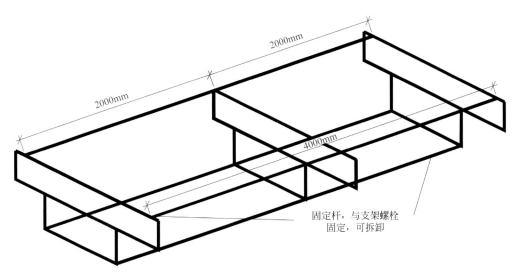

图 2.10-4 管段支架模块示例图

2.10.3　管段支架选型计算

根据管段运行负荷，对管段支架进行选型计算，确定支架型材规格。管段支架计算书示例见图 2.10-5。

A2-B2-06

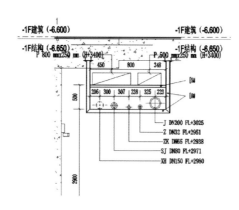

第 1 层横担

一、梁的静力计算概况

　　1、单跨梁形式：简支梁

　　2、荷载受力形式：均布荷载

　　3、计算模型基本参数：长　横担间距 L =1.6m　　支架间距 D=3.9m

风管 800x250	单位重量 29.79 kg/m
风管 500x250	单位重量 21.57　kg/m
总重量	133.54　kg

　　4、均布力：标准值 qk=0.82 KN

　　　　　　　设计值 qd=qk*γG =1.64 KN

二、选择受荷截面

　　1、截面类型：　槽钢 [5

　　2、截面特性：　Ix=26cm⁴　Wx=10.4cm³　Sx=6.4cm³　G=5.4kg/m　tw= 4.5mm

三、相关参数

　　1、材质：Q235

　　2、x 轴塑性发展系数 γ x：1.05

　　3、梁的挠度控制[v]：L / 200

四、内力计算结果

　　1、支座反力　　　RA = qd * L / 2 =1.31 KN

　　2、支座反力　　　RB = RA =1.31 KN

　　3、最大弯矩　　　Mmax = qd * L * L / 8 =0.52 KN.M

五、强度及刚度验算结果

　　1、弯曲正应力 σ max = Mmax / (γ x * Wx)=47.94 N/mm2

　　2、A 处剪应力 τ A = RA * Sx / (Ix * tw)=7.16 N/mm2

　　3、B 处剪应力 τ B = RB * Sx / (Ix * tw)=7.16 N/mm2

　　4、最大挠度　fmax = 5 * qd* L ^ 4 / 384 *1 / (E * I)= 1.28 mm

　　5、相对挠度　v = fmax / L =1/1252

弯曲正应力　　　σ max= 47.94 N/mm2 ＜　抗弯设计值　f：200 N/mm2　　ok!

支座最大剪应力 τ max= 7.16 N/mm2 ＜　抗剪设计值　fv：116 N/mm2　　　ok!

3

图 2.10-5　管段支架计算书示例图

第 3 章

模块化建造技术

本章主要介绍在 BIM 深化设计、机电系统集成的基础上，结合现场实际情况、运输情况及加工场情况等综合因素进行模块拆分，把传统建造方式中的大量现场作业工作转移到工厂进行，在工厂加工制作好机电部品部件（例如机房泵组模块、支吊架、标准层预制管段、组合窗台、组合灯盘等），运输到施工现场，通过可靠的连接方式在现场装配安装。利用模块智能管理平台，结合 BIM 云算量工具，实现机电部品部件深化设计、现场复核、图纸输出、工厂预制、模块运输、现场安装的全流程、全要素（人、机、料、法、环、进度、质量、成本等）智能动态管控。具体实施流程示例见图 3-1。

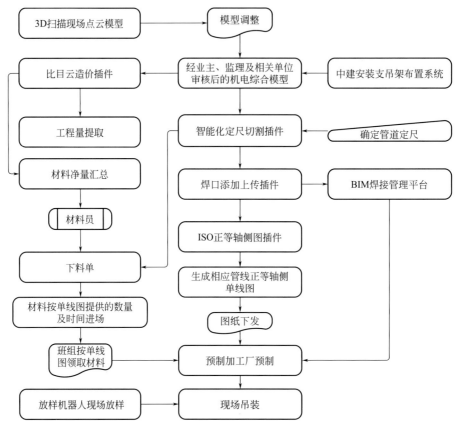

图 3-1　模块化建造流程示例图

3.1 模块智能管理技术

模块智能管理平台根据机电工程实际需求，利用 BIM 三维模型的可视化特点，结合 BIM 模型轻量化、云计算、物联网等新技术，搭建模块智能管理平台。通过 Web 端、移动端 APP 等多端协同，实现模块构件设计、加工制造及装配施工全过程的动态管理，使参与各方在管理过程中增强共享深度、提高管理效率、密切协同配合。

3.1.1 平台运作流程及主要功能

机电模块智能管理平台以 BIM 轻量化技术为基础，以时间进度为主线，对机电模块设计、制造、运输、安装等进行有效管理。

通过平台的设计管理、工厂管理及装配管理实现对构件设计、加工制造及装配施工的管理。模块化构件携带的信息及文件通过平台权限设定，在各参与方之间按既定规则进行流转。平台管理运作流程示意图见图 3.1-1。

平台主要功能包括权限管理、设计管理、工厂管理、装配管理四大板块。通过平台权限管理功能，管理包括构件设计方、加工制造方、装配施工方等各参与方组织机构和角色人员的职责和权限。通过技术手段将模块化构件模型携带的信息自动挂接各板块功能，保障各子功能信息准确、响应迅速、运行流畅。平台功能树形图见图 3.1-2。

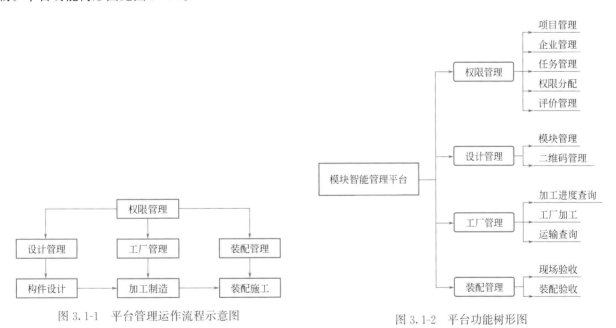

图 3.1-1 平台管理运作流程示意图

图 3.1-2 平台功能树形图

3.1.2 平台管理模式

常见的 BIM 管理平台有两种 BIM 模型管理模式，这两种管理模式代表 BIM 技术应用于工程建造阶段的两种思路。

（1）从实现功能的技术手段上分析，第一种管理模式是将 BIM 模型作为业务数据的三维展示手段，第二种管理模式是将 BIM 模型携带数据应用于业务功能中，实现 BIM 模型数据在业务功能中的数据共享，从而使用 BIM 数据驱动业务功能。三维展示示意图见图 3.1-3，数据共享挂接示意图见图 3.1-4。

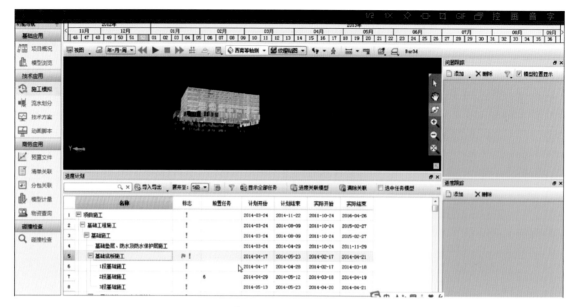

图 3.1-3　第一种管理模式三维展示示意图

图 3.1-4　第二种管理模式数据共享挂接示意图

（2）从使用功能的使用者体验上分析，第一种管理模式的使用者需手动关联 BIM 模型构件和进度控制等工程信息，一定程度上增加了使用者的工作量，根据调研使用者的实际使用反馈，功能落地程度不够理想。第二种管理模式改变了第一种管理模式的缺点，使用者可以根据自身需要直接在添加模型时获取构件携带信息，并进行进度控制等工程信息的规划。本平台采用第二种管理模式。手动关联构件示意图见图 3.1-5，自动关联构建示意图见图 3.1-6。

3.1.3　模块智能管理平台特点

模块智能管理平台是以 BIM 模型为载体的三维可视化管理系统，结合移动端 APP，关联自设计至装配全过程的组织、进度、图纸、资料等业务数据，为项目实施提供可视化的管理支撑，具备以下特点：

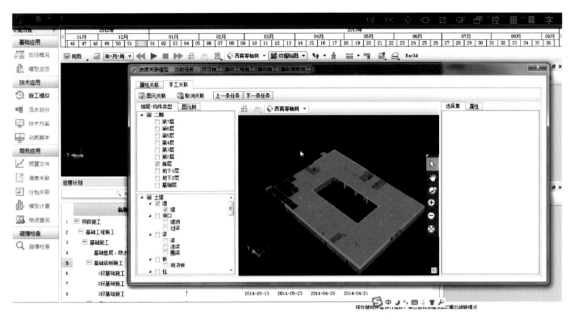

图 3.1-5　第一种管理模式手动关联构件示意图

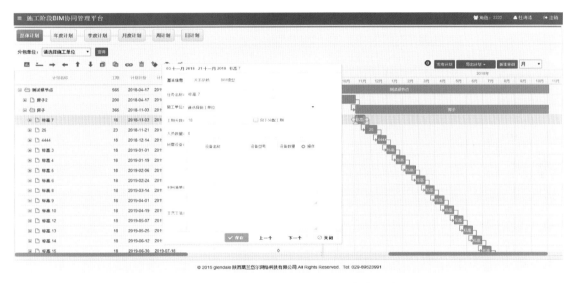

图 3.1-6　第二种管理模式自动关联构件示意图

（1）Web 系统支持主流浏览器使用，结合移动端 APP 可支持离线使用，解决工程现场网络情况恶劣的现状。

（2）业务流程简单灵活，业务参数丰富可调，业务权限按需配置，满足总承包单位、设计单位、施工单位、制造厂等多方管理需要。

（3）支持多项目管理，功能涵盖三维可视化、进度管理、资料管理等。

（4）针对平台的功能性及非功能性要求，保障系统的可靠性、稳定性、易用性及安全性。使平台能够在并发请求下迅速响应，在使用流畅的同时保证系统安全性能。

（5）数据同步下载、本地缓存管理，离线操作上线后自动提交，问题状态查询。

（6）施工任务选择，进度数据填写，提交对应权限的信息、照片、视频。

移动端 APP 使用界面示意见图 3.1-7。

图 3.1-7　移动端 APP 使用界面示意图

3.1.4　机电模块建造流程的平台化管理

机电模块智能管理平台是基于 B/S 结构的 BIM 应用。平台搭建首先需要建立服务器软件环境，客户端支持 Chrome、Firefox 等浏览器，建议采用 Chrome 或 Chrome 内核的浏览器。

平台服务器端软硬件需求：

CPU：Intel Xeon E5-2620；

内存：32G 或以上；

OS：Windows Server 2012、Windows7 以上（支持 IIS、.NET Framework）；

数据库：SQLServer 2012；

BIM 软件：根据实际模型文件版本，需要在服务器端安装对应版本的 Revit 软件。

客户端软硬件需求：

CPU：Intel I5 及以上；

内存：16G 或以上；

硬盘：1TB SATA 或 SSD；

显卡：独立显卡，显存 4G 以上；

网卡：百兆；

OS：Windows7 64 位或以上；

浏览器：支持 WebGL 技术，首选 Chrome。

服务器部署有两种方式：

独立部署：轻量化 BIM 引擎与 BIM 应用系统分别部署到不同的服务器；

集中部署：轻量化 BIM 引擎与 BIM 应用系统部署在同一台服务器。

服务器软件安装流程：

安装及配置 IIS5→安装引擎管理平台→安装 BIM 建模软件→数据库安装→还原数据库→安装轻量化转码服务。

服务器如需连接到互联网对外提供服务，需要安装和配置相关的安全防护软件，以保证服务器的安全。

客户端访问方式：

在 Chrome 浏览器地址栏中输入服务器的 IP 地址即可访问。模块智能管理平台总体预览见图 3.1-8。

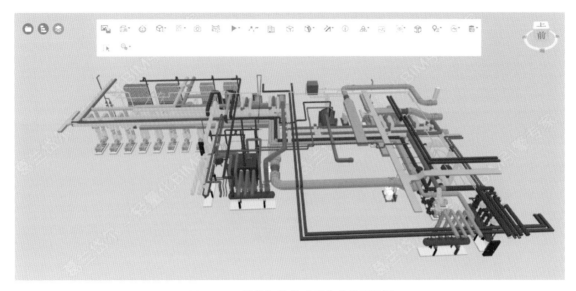

图 3.1-8　模块智能管理平台总体预览图

3.1.5　管理平台功能

管理平台框架见图 3.1-9。

平台框架示意图：

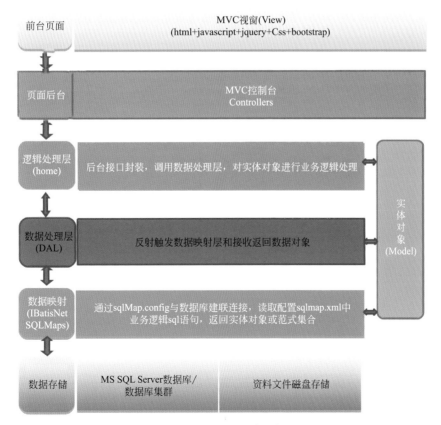

图 3.1-9　管理平台框架

管理平台整体功能见图 3.1-10。

图 3.1-10　管理平台功能树

3.1.6　管理平台应用流程

管理平台登录界面见图 3.1-11。

图 3.1-11 管理平台登录界面

管理平台功能模块 1 见图 3.1-12。

图 3.1-12 管理平台功能模块 1

管理平台功能模块 2 见图 3.1-13。

图 3.1-13 管理平台功能模块 2

创建模型结构树，用于组织和管理整个项目的模型组织架构。创建模型结构树 1 见图 3.1-14，创建模型结构树 2 见图 3.1-15。

图 3.1-14　创建模型结构树 1

图 3.1-15　创建模型结构树 2

　　BIM 设计人员设计完成后，在设计管理功能中点击模型分部分项，上传模型及模块。模型上传 1 见图 3.1-16，模型上传 2 见图 3.1-17。

图 3.1-16　模型上传 1

　　模型上传完成后，在 BIM 平台功能模块中，选择左侧 BIM 沙盘总览，即可浏览整个项目模型。BIM 沙盘总览见图 3.1-18。

图 3.1-17 模型上传 2

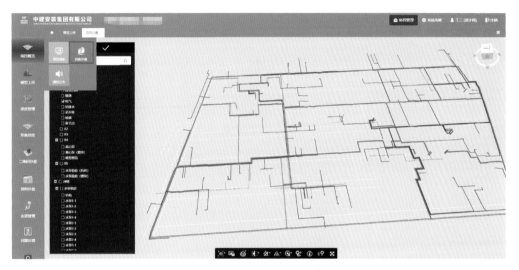

图 3.1-18 BIM 沙盘总览

模型操作界面见图 3.1-19。

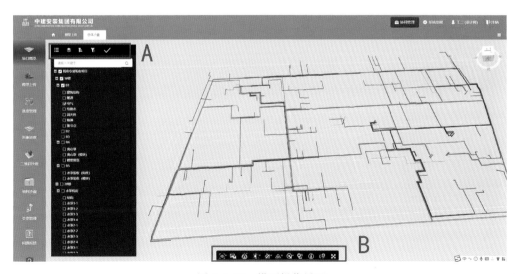

图 3.1-19 模型操作界面

界面中 A、B 为两个功能区，下方为模型显示操作区，见表 3.1-1。

功能区详情表   表 3.1-1

按钮区域	序号	功能	详情描述
A 区按钮功能	1	列表展开	展开或折叠结构树页面
	2	模型列表	加载的模型列表，打开状态下加载该模型，关闭则移除该模型
	3	模型结构树	按照模型的专业类别加载模型
	4	楼层显示列表	按照楼层结构加载模型
B 区按钮功能	5	模式切换	分为三种模式： 查看模式：只能对模型进行旋转、平移、缩放动作； 设置旋转中心点模式：点击该功能后，可在模型任意位置设置旋转中心点； 管理模式：可用于管理操作模型
	6	保存图片	将当前画布上展示的模型保存为图片
	7	初始状态	点击该功能回到初始视角
	8	剖切模型	模型剖切功能可从三轴六面对模型进行剖切查看
	9	模型测量	包含距离测量、角度测量、平面面积测量、表面积测量、体积测量
	10	模型爆炸	以模型中心点为基准点炸开模型
	11	选择模式	可选择点选模型模式及框选模型模式
	12	漫游模式	以设置好的漫游路径进行漫游
	13	业务数据	选择模型后，点击后可查看模型基本信息、类型属性以及扩展属性
	14	编辑视图	用于自定义模型不同视角的标签，可保存定义的视点
	15	全屏	点击后可将模型浏览界面进行全屏浏览

主要功能界面见图 3.1-20～图 3.1-24。

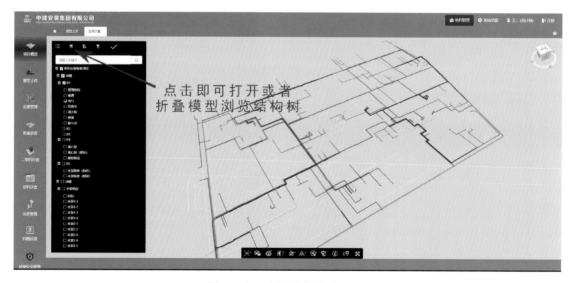

图 3.1-20 主要功能界面（一）

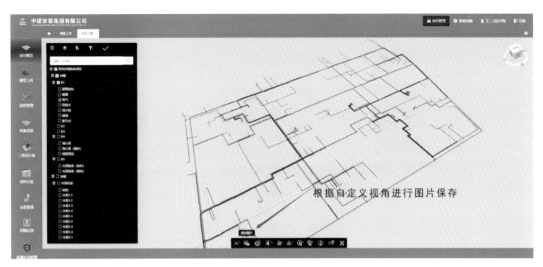

图 3.1-21　主要功能界面（二）

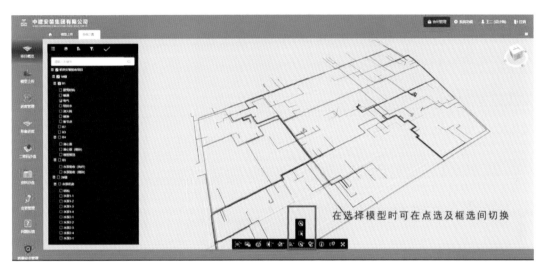

图 3.1-22　主要功能界面（三）

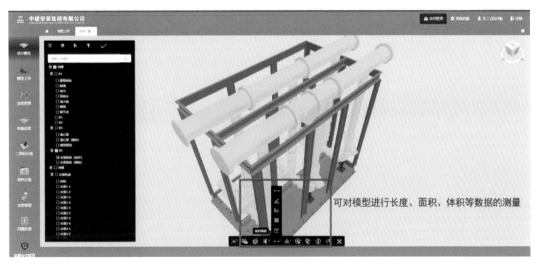

图 3.1-23　主要功能界面（四）

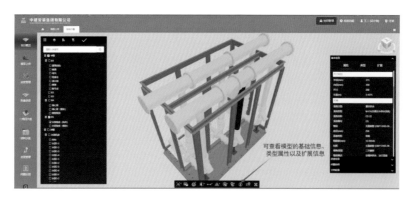

图 3.1-24 主要功能界面（五）

3.2 工厂化制作技术

工厂化制作技术通过使用自动化机械加工设备，依靠模块智能管理平台，以工厂的质量控制为标准，实现管道模块下料、坡口加工、焊口组对、管道焊接等机械化自动加工，有效解决现场施工受限等问题，提高工效，减少劳动力投入，改善施工人员操作环境，实现绿色智能建造，全面提升建筑质量、效益和品质。

3.2.1 工厂化预制流程

模块工厂化预制流程示例见图 3.2-1。

图 3.2-1 模块工厂化预制流程示例图

3.2.2 生产准备

根据项目所在位置及加工厂的功能定位，选择合适的加工厂位置。加工厂的布置以满足加工需求为宜。装配式加工厂平面布置示例见图 3.2-2，装配式加工厂厂房示例见图 3.2-3。

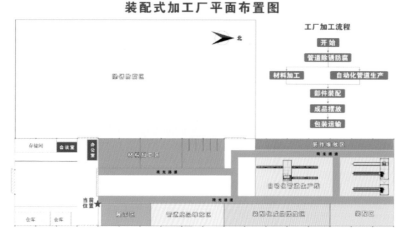

图 3.2-2 装配式加工厂平面布置示例图

图 3.2-3　装配式加工厂厂房示例图

　　装配式加工厂厂房内设有 1 台管道数控切割带锯床、1 台管道数控端面坡口机、1 台管道预制快速组对器、2 台移动式管道焊接工作站。管道自动生产线工作站示例见图 3.2-4，管道自动生产线内部示例见图 3.2-5。

图 3.2-4　管道自动生产线工作站示例图

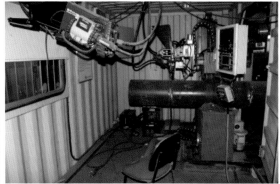

图 3.2-5　管道自动生产线内部示例图

3.2.3　管道二维码制作

　　依据预制加工详图制作管段专属二维码标识，实现管道加工、运输、组装、验收等各环节的全过程管理。管段预制加工详图示例见图 3.2-6，管段二维码示例见图 3.2-7。

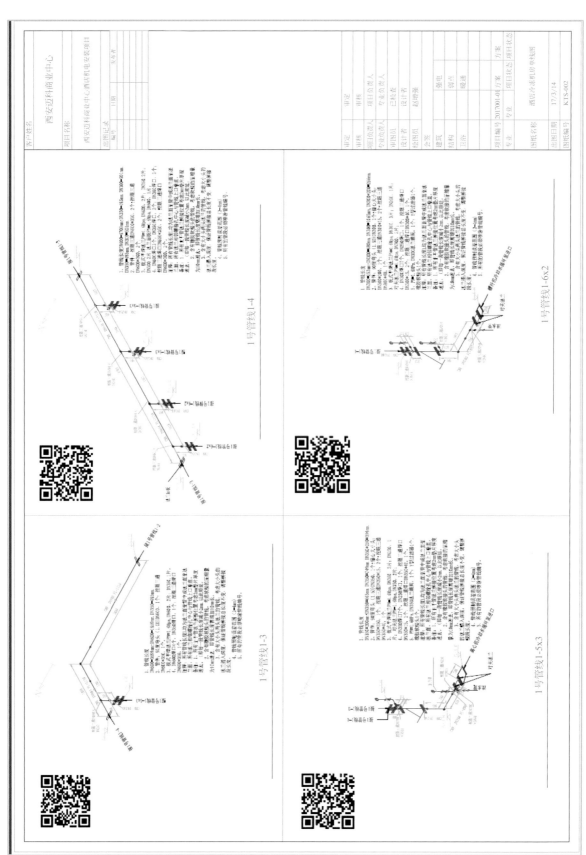

图 3.2-6 管段预制加工详图示例图

图 3.2-7　管段二维码示例图

3.2.4　物资管理

（1）在 BIM 协同设计平台上，利用 BIM 云算量工具分批、分层统计管材、管件、阀门等材料物资计划，并生成物资采购订单，下发至预制加工工厂。

（2）材料到达加工厂后，按标准要求对进场材料进行检验验收。

（3）现场所有材料验收合格后，先进入材料堆放区做好材料标识工作。

（4）配置成品货架，专门用于法兰、弯头等小型管件的存储摆放，并放置材料标识牌。成品管道摆放区示例见图 3.2-8，管件、弯头摆放区示例见图 3.2-9。

图 3.2-8　成品管道摆放区示例图　　　　　图 3.2-9　管件、弯头摆放区示例图

3.2.5　管道下料及坡口加工

依据预制加工单线图纸，将管道切割成所需的尺寸，管道切割采用管道数控切割带锯床，管道坡口采用管道数控端面坡口机。管道数控切割带锯床示例见图 3.2-10，管道数控端面坡口机示例见图 3.2-11。

图 3.2-10　管道数控切割带锯床示例图　　　　图 3.2-11　管道数控端面坡口机示例图

3.2.6　管道开孔

依据预制加工单线图纸，用自动开孔机在管壁上开孔用于管道组对焊接。管道开孔示例见图 3.2-12。

图 3.2-12　管道开孔示例图

3.2.7　管道焊接

管道开孔完成后，利用管道自动生产线工作站进行管道组对、自动焊接。

（1）焊口组对采用管道预制快速组对器，能满足管管、管弯头、管法兰、管三通的机械快速组对。

（2）管道焊接宜采用移动式管道焊接工作站，建议配备 2 台自动焊机，1 台管道预制自动焊机分为氩弧＋气保焊＋细丝埋弧 3 个枪头，可实现氩弧焊/气保焊打底、氩弧焊/气保/埋弧焊填充盖面焊接；1 台悬臂式管道自动焊机，焊接主机可在配套轨道上电动行走，实现焊缝的自动冷丝 TIG/MIG/MAG 焊接。打底焊接采用 MIG 焊打底技术，采用国产普通焊接电源即可实现管道自动打底焊接，2 台自动焊机日焊接量可达 600 寸口，相当于 15 名普通焊工的工作量，大大提高了管道焊接效率、提升了管道焊接品质。管道预制快速组对器示例见图 3.2-13，移动式管道焊接工作站弯头焊接示例见图 3.2-14。

（3）对于复杂管线或自动化设备无法加工的管道焊接进行手工焊接。

3.2.8　预制管段标记存放

预制成品有专门的区域进行存放，存放时按照分段、分组排列，每天完成的管线都运输到存放区域，由专人进行登记、标识管理，信息包括管线号、管线所在图纸编号、预制焊口号、焊工编号、焊接日期等信息，以便日生产量统计和过程质量控制。成品/半成品存放示例见图 3.2-15。

图 3.2-13　预制快速组对器示例图

图 3.2-14　移动式管道焊接工作站弯头焊接示例图

图 3.2-15　成品/半成品存放示例图

3.2.9　型钢框架加工

根据型钢框架加工图对型钢进行切割，焊接组装成型钢框架。型钢框架加工示例见图 3.2-16。

图 3.2-16　型钢框架加工示例图

3.2.10　惯性平台加工

根据加工图将槽钢焊接组装成惯性平台框架。槽钢直角连接处采用 45°对焊，增加接触面积，不易变形。惯性平台框架内敷设双层钢筋，在水泵固定点位处预埋地脚螺栓，框架制作完成后进行灌浆。惯性平台表面需进行处理，使其表面平整。惯性平台加工示例见图 3.2-17。

图 3.2-17　惯性平台加工示例图

3.2.11　模块预组装

管段、型钢框架、惯性平台等加工完成后，进行模块预组装，检验加工精度，保障现场装配质量。模块预组装流程如下：

（1）减振器安装：安装前，先确定减振器的型号和规格是否正确。

（2）水泵安装：水泵安装前，检查水泵安装基础的尺寸、位置和标高，将水泵按照图中位置就位，调整水泵水平度，安装基准的选择和水平度的允许偏差必须符合水泵技术文件的规定。

水泵及惯性平台安装示例见图 3.2-18。

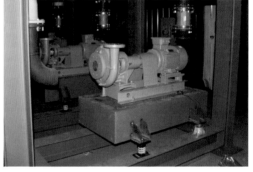

图 3.2-18　水泵及惯性平台安装示意图

（3）按照模块拼装图，将预制好的管段及阀部件进行拼装，并将拼装好的模块安装至型钢框架上。管段预制组装示例见图 3.2-19，水泵组模块整体组装示例见图 3.2-20。

图 3.2-19　管段预制组装示例图　　　　　图 3.2-20　水泵组模块整体组装示例图

3.2.12 压力试验

出厂前进行水压试验，试压前用堵头、盲板等将预制管段进行封堵，预留进水口和排气孔位置，按照设计图纸、标准要求确定试验压力及时间。

3.2.13 验收及二维码标记

机房预制模块加工完成后，按照《预制组合立管技术规范》GB 50682—2011、制作装配图及制作说明书要求进行出厂验收，验收合格后及时填写模块质量验收记录表，并粘贴永久性二维码标签。模块验收及二维码标识粘贴示例见图 3.2-21。

图 3.2-21 模块验收及二维码标识粘贴示例图

3.2.14 试吊装

模块装配完成后必须进行试吊装，吊点位于支架四角。对模块进行平移和倾斜试验，模块无变形和位移为合格。模块试吊装示例见图 3.2-22。

图 3.2-22 模块试吊装示例图

3.2.15　包装运输

预制好的管段或模块，根据楼层、机房等不同区域，分类打包运输至施工现场，并根据实际装车数量编制部品部件送货清单。预制模块运输示例见图 3.2-23。

图 3.2-23　预制模块运输示例图

3.3　机房模块安装技术

3.3.1　放样机器人应用

预制模块在现场装配时需准确定位，以便减少施工误差造成的模块装配偏差，运用放样机器人进行现场放样保证支吊架及模块等的准确定位，可以有效降低施工误差。放样机器人示例见图 3.3-1，工作流程示例见图 3.3-2。

图 3.3-1　放样机器人示例图　　　　　　图 3.3-2　工作流程示例图

（1）将预制加工 BIM 模型导入放样机器人手簿中，通过手簿进行模型操作。手簿操作示例见图 3.3-3。

（2）从 BIM 模型中捕捉支吊架位置，创建放样点。创建放样点示例见图 3.3-4。

（3）完成放样点创建后，导出放样点。导出放样点文件示例见图 3.3-5。

（4）在手簿中导入模型以及已经创建好的放样点文件。导入模型及放样点文件示例见图 3.3-6。

（5）进行设备连接及调平。设备连接及调平示例见图 3.3-7。

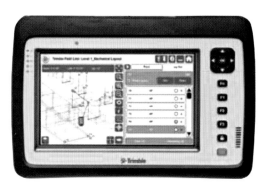

图 3.3-3　手簿操作示例图

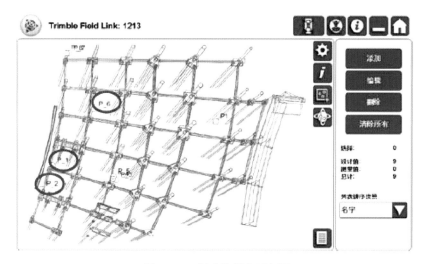

图 3.3-4　创建放样点示例图

图 3.3-5　导出放样点文件示例图

（6）进行仪器设站，仪器设站是测量和放样工作的基础，放样机器人支持任意点设站、已知点设站和无数据设站等方式，可根据现场情况自由选择设站方式。手簿设站操作界面示例见图 3.3-8。

（7）测量及棱镜参数编辑：完成设站后，在手簿上选择目标点，点击"瞄准"则放样机器人自动转动，照准目标位置，在目标处显示高亮的激光点，工人在激光点处标记即可完成放样操作。手簿放样设置示例见图 3.3-9。

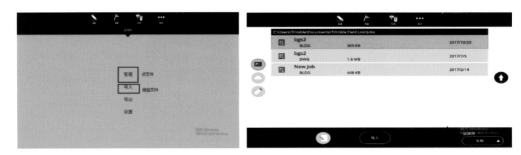

图 3.3-6　导入模型及放样点文件示例图

图 3.3-7　设备连接及调平示例图

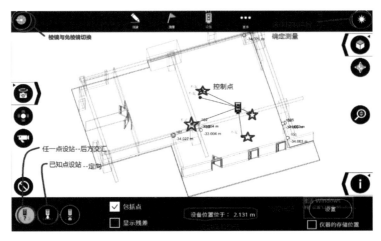

图 3.3-8　手簿设站操作界面示例图

图 3.3-9　手簿放样设置示例图

放样机器人在装配式施工中的应用有效地减少了装配偏差，提高了装配式施工的精度及质量。

3.3.2　机房模块化安装技术

通过机房模块化设计技术、工厂化制作技术，将预制加工好的管段模块和泵组模块等运输至现场，运用机房模块化安装技术进行现场安装，有效节约工期，提升施工质量。

模块化安装技术实施流程：施工交底→基准控制→装配化模块运输、吊装→组对、检查→系统检验→交工验收。

1. 施工交底

安装作业前，对所有参与机房模块化安装的施工人员进行三维可视化施工技术交底及安全技术交底。施工交底示例见图 3.3-10。

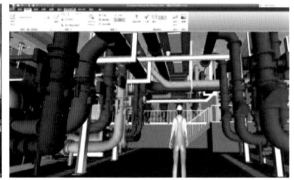

图 3.3-10　施工交底示例图

2. 装配基准控制

（1）基点设置：

在机房设置基点，为整个管段的定位作保证。基准点设置示例见图 3.3-11。

图 3.3-11　基准点设置示例图

（2）模块安装放线：

根据设置的机房基点，在地面上将水泵模块定位线、管道模块定位线按图纸尺寸进行标识，并将管道编号及对应顺序号喷涂在地面上，确保安装位置准确。

3. 模块运输

依据模拟安装的施工顺序进行编号，由预制厂出具装车顺序清单，按现场装配先后顺序进行装车运输至现场，按照现场布置标识牌进行堆放。

4. 模块吊装就位

根据机房模块安装顺序，模块分批运输至现场，采用吊车、叉车等吊装运输工具将模块运输至机房内，按基础定位线调整就位。模块吊装、运输就位示例见图 3.3-12。

图 3.3-12　模块吊装、运输就位示例图

5. 安装实施

施工人员根据模块管线标签识别二维码，确认模块的信息内容，依次按照施工编号、模块区域及 BIM 装配图进行管段安装，现场安装采用电动葫芦、升降车和电动扳手等工机具。管段二维码标签示例见图 3.3-13。

图 3.3-13　管段二维码标签示例图

6. 装配偏差控制

在现场装配施工阶段，采用预留调节段、调节垫片、可调节支架等措施，解决因测量及加工等造成的现场装配偏差问题。

3.4　标准层机电模块安装技术

标准层机电模块安装技术通过 BIM 技术的深度应用，对各专业机电管线进行模块化设计、场外工厂化预制及现场装配，实现各专业机电管线的集成施工，提升整体观感效果，提高施工效率。

标准层机电模块安装技术主要内容包括模块楼层吊运、模块楼层安装、整体试验、接口补修等内容。

模块通过现场塔式起重机及楼层卸料平台吊运至安装楼层，按照 BIM 设计平面图及模块编码进行管线模块安装。安装步骤主要包括测量放线、支架锚点安装、模块倒运及安装、抗震支吊架安装、整体试验、保温及防腐等工作。

（1）测量放线：根据 BIM 图纸确定始端到终端，利用放样机器人进行吊点放样，用记号笔进行标记。

（2）支架锚点安装：根据支架承受的荷载选择支架锚点形式，并按标准规定进行必要的拉拔试验。

（3）模块倒运：按照 BIM 管线平面图中模块编号，确定每个模块安装位置与方向，使用搬运车从卸料平台倒运至指定安装地点。模块倒运示例见图 3.4-1。

图 3.4-1　模块倒运示例图

（4）模块安装：借助顶/提升设备整体顶/提升模块至安装高度，利用可调性支架调节模块高度，合格后用双螺母锁定。模块提升示例见图 3.4-2。

图 3.4-2　模块提升示例图

（5）抗震支吊架安装：管线模块安装完成后，根据抗震支吊架平面图安装抗震支吊架。抗震支吊架安装示例见图 3.4-3。

（6）整体试验：模块安装完成后，按标准规定进行管道试验。

（7）防腐修补及保温：管道试验合格后，进行防腐修补及保温等工作。

图 3.4-3　抗震支吊架安装示例图

3.5　机电与相邻专业一体化应用技术

在以超高层及大型公共建筑等为代表的机电工程中，机电系统作为实现建筑功能的核心关键要素，其排布方案与建筑、装饰等相邻专业紧密关联。在机电系统深化设计与施工准备过程中，应用 BIM 技术构建精准的建筑—机电—装饰模型，以三维、动态模式展现建筑—机电—装饰立体布局和关联关系，选择确定机电系统、建筑—机电—装饰一体化的优化方案。在建筑区隔布局的基础上，确保机电系统功能按照设计意图完美复现的同时，高效使用建筑空间，保证装饰造型与风格按最优方案实现。同时最大限度地实现机电设备/设施、建筑—机电—装饰的一体化制造、安装施工与运行维护。

本节以中建安装在机电工程实施过程中的组合窗台一体化和组合灯盘一体化应用为例，作为引玉之砖，对机电与建筑、装饰等相邻专业一体化技术进行阐述。

3.5.1　组合窗台一体化技术

以往工程采用的窗边风机盘管均为单体风机，为满足暗藏效果，窗台板占用面积较大，造成使用面积减少。在施工阶段，机电单位施工风机盘管，装饰单位施工窗台板，其施工工序错综复杂，责任主体不统一，影响机电及装修单位的施工进度。将机电与装饰界面合二为一，使现场施工交叉、复杂、时长等复杂因素变得简单，符合建筑模块化潮流。

某超高层机电工程中，使用窗边风机盘管 3000 多台，窗边空间狭窄，架空地板支架错综复杂，原设计窗台系统有效主体厚度 500mm（图 3.5-1）。针对以上情况，对管线排布进行调整，由原设计 500mm 优化到 300mm，并采用 190mm 超薄型风机盘管机组，节省空间，增加使用面积。

组合窗台一体化设计优化方案为：

（1）优化风机盘管选型，控制风机盘管厚度。

（2）优化风机盘管供回水管路走向，由单侧接管改为两侧接管。

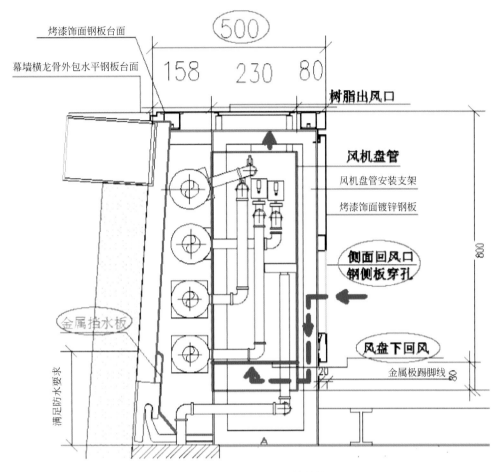

图 3.5-1　原设计风机盘管结构图

（3）优化回风口布局及形式，由侧回改为下回。

（4）优化冷凝水管走向及布置。

优化后窗台一体化结构及模型见图 3.5-2。

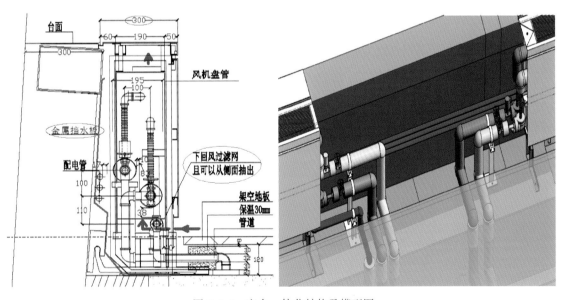

图 3.5-2　窗台一体化结构及模型图

窗台与风机盘管采用一体化施工，责任主体明确，可以减少施工配合，提高工作效率，达到节省工期的效果。窗台一体化系统模块结构见图 3.5-3，现场安装效果见图 3.5-4。

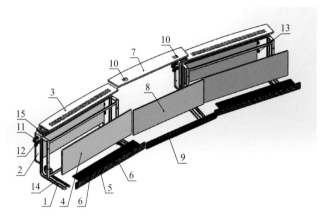

1. 装饰板支架(材质：镀锌板A3)
2. 风机盘管本体
3. 出风口面板(材质：电解钢板喷塑ST12)
4. 前装饰板(材质：电解钢板喷塑ST12)
5. 回风面板(材质：电解钢板喷塑ST12)
6. 过滤网(材质：铝网+锦纶网)
7. 带锁面板(材质：电解钢板喷塑ST12)
8. 中间段前面板(材质：电解钢板喷塑ST12)
9. 中间段回风面板(材质：电解钢板喷塑ST12)
10. 带锁控制器
11. 风盘出水管(材质：黄铜)
12. 风盘进水管(材质：黄铜)
13. 风盘凝水管(材质：不锈钢)
14. 风盘支架(材质：镀锌板A3)
15. 风盘出口软连接(材质：PE阻燃防冷桥保温板)

图 3.5-3　窗台一体化系统模块结构图

图 3.5-4　现场安装效果图

3.5.2　组合灯盘一体化技术

工程内部有大量区域的装修吊顶上需要安装照明灯具、空调送风口、回风口、喷淋、应急照明、扬声器、监控摄像机、各种传感器等机电末端设备。这些末端设备的排布与装修配合的工作量巨大，按照常规施工方法，存在大量的交叉作业，施工效率较低。尤其是在超高层建筑中，存在大量标准层，如果有一种简单的方法能解决上述交叉问题，在超高层建筑顶棚机电末端施工中将节省大量工期。一体式灯盘集成末端设备示意见图 3.5-5，一体式组合灯盘实物见图 3.5-6。

1. 组合灯盘一体化设计

（1）应用一体化组合式灯盘技术，将机电末端设备合理排布、综合设置到一个组合式灯盘上。

（2）两侧为面板灯放置区域，中间为风口和消防装置放置区域，其中风口位于中心位置，消防装置分布于风口两侧。

（3）为方便整体安装和维护，面框和面板灯、风口、消防装置的配合采用快速拆装结构。

（4）具备防止因灯体发热而导致出风口冷凝结露的结构设计。

（5）产品整体厚度小于 50mm，节约顶棚吊顶内部空间，避免装、拆时与管道发生干涉等情况。

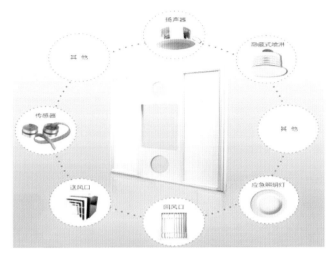

图 3.5-5　一体式灯盘集成末端设备示意图

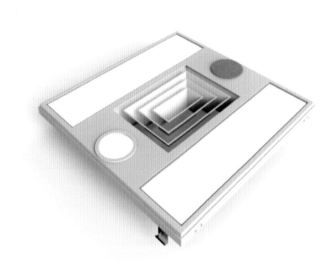

图 3.5-6　一体式组合灯盘实物图

（6）防坠安全保护。

（7）面框表面采用静电粉末喷涂，环保、耐腐蚀，绝缘效果好。

（8）消防喷头、烟感、温感等的布置要满足《自动喷水灭火系统施工及验收规范》GB 50261—2017 和《火灾自动报警系统施工及验收标准》GB 50166—2019 的相关间距要求。一体化组合式灯盘安装位置应充分考虑设置在上面的喷头、烟感、温感等与障碍物间距需满足标准要求，若灯盘与墙、梁柱等的距离不能满足喷头距上述障碍物间距时，喷头应分开设置。烟感、温感等探测器不能与风口共用一个灯盘。一体化组合灯盘设计见图 3.5-7。

2. 组合灯盘一体化安装

天花板综合布置要充分考虑各个末端点位布置的位置和间距要求，必须满足各自专业的标准要求，确定点位的最优组合方案，画出综合天花板布置图，根据图纸先施工吊顶内各系统的主干管线，再施工水平管线支管并准确定位，风管及电管线末端采用软管与末端设备连接，追位安装方便。

灯盘现场安装首先根据综合天花板布置图，将面板框固定在吊顶龙骨上，面板框安装固定完成后，依次进行喷淋、风口、扬声器等独立功能模块的安装及接线工作，各功能模块安装过程互不影响，整个施工作业过程实现安装模块化、作业流水化。与传统施工作业相比，减少了交叉作业施工内容，减少了

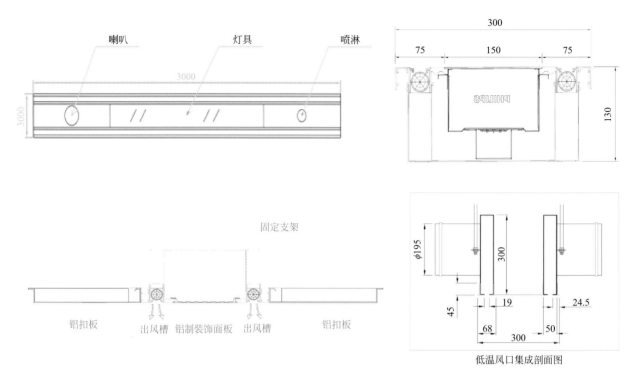

图 3.5-7　一体化组合灯盘设计图

末端设备追位及调直的工作量，只要确保安装在吊顶龙骨上的面板灯与施工图纸上的面板灯编号一一对应，最后由装修单位进行一次龙骨调整即可保证机电专业的末端设备达到整齐统一的要求。一体式组合灯盘整体应用实景见图 3.5-8。

图 3.5-8　一体式组合灯盘整体应用实景图

3.6　基于 BIM 的物资云算量技术

在 BIM 协同设计云平台上，集成 BIM 物资管控模块，利用云计算及大数据，将 BIM 模型与时间维度相结合，实时获取、汇总及分析项目成本信息，实现项目物资从物资需用量计划提取到物资招标采购、从物资限额领料到余料退库的全流程动态消耗控制链条，实现物资的精细化管控。

3.6.1　BIM 云算量应用

根据各项目特点及需求，利用 BIM 协同设计云平台的云算量功能，自主编辑项目算量公式及规则，满足项目各阶段工程量提取的需求，快速、准确、灵活地完成所需区域、系统的机电工程量提取。BIM协同设计云平台云算量界面见图 3.6-1。

图 3.6-1　BIM 协同设计云平台云算量界面

1. 基础参数设置

在项目 BIM 建模及信息构建过程中，根据项目设计条件及 BIM 信息管理策划书要求，在计算规则条件设置中，可根据不同系统、不同管线规格尺寸进行风管壁厚、风管保温厚度、水管保温厚度等基础信息参数的设定和编辑，还可以自定义规则。风管壁厚、保温厚度设置界面见图 3.6-2。

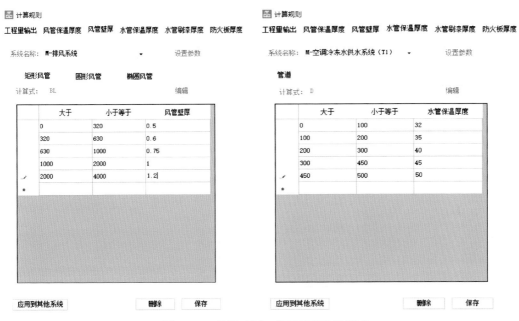

图 3.6-2　风管壁厚、保温厚度设置界面

2. 工程量输出设置

根据所要计算的工程量内容进行工程量输出设置，自主设定所要计算的工程量类别，并通过公式编辑功能添加工程量计算规则表达式，灵活、快速、准确地实现管道延长米、管道保温管壳、管道保温板材、管道刷漆量等的工程量统计。工程量输出设置见图 3.6-3。

3. 数据导出

在模型中通过点选、框选等多种方式灵活、快速地选定拟提取工程量的区间范围、物料种类、基准规格等，一键实现工程量提取。工程量数据自动以 Excel 统计表格式导出，并根据需要上传云端流转、共享。工程量提取结果见图 3.6-4。

3.6.2　物资采购效益分析系统应用

1. 标书清单导入

根据项目管理需要，通过标书清单、合同清单命令，实现标书清单、合同清单一键导入。标书清单

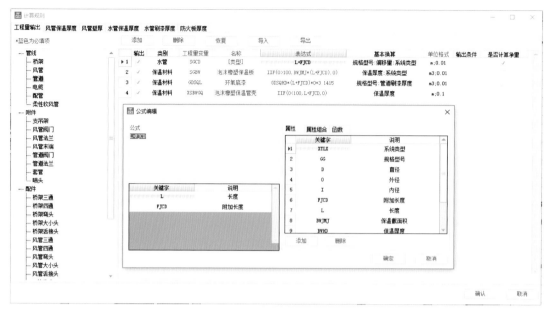

图 3.6-3　工程量输出设置

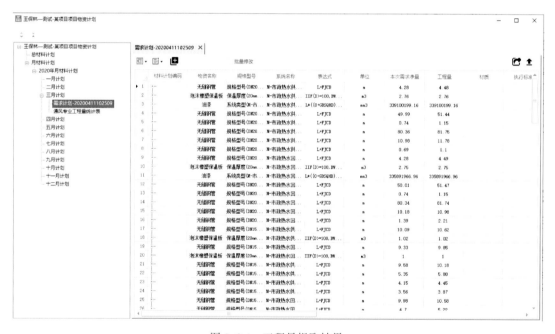

图 3.6-4　工程量提取结果

导入见图 3.6-5，合同清单导入见图 3.6-6。

图 3.6-5　标书清单导入

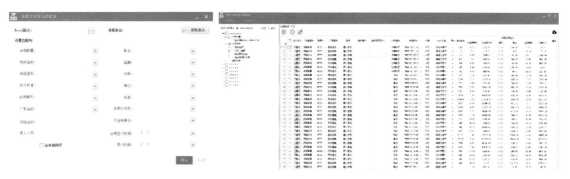

图 3.6-6　合同清单导入

2. 物资采购效益分析

将从模型提取的工程量与清单自动匹配关联，通过物资采购效益分析系统可以快速、准确、实时地进行效益分析并纠偏，从而进行成本管控，实现效益最大化。物资采购效益分析系统见图 3.6-7。

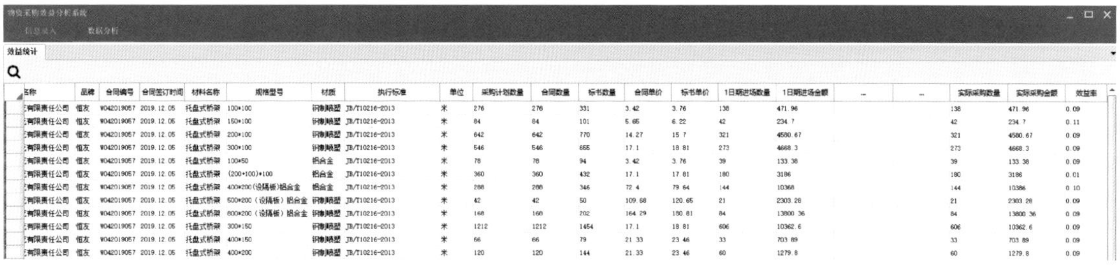

图 3.6-7　物资采购效益分析系统

通过 BIM 云算量工具及物资采购效益分析系统的应用，有效提高了工程量统计的精度及质量，并实现基于 BIM 的成本管控，起到提质增效的作用。

3.6.3　全过程动态管控

在项目初期阶段，利用 BIM 技术进行建模、管综排布，及时发现设计缺陷及图纸错误。利用其可视化、前瞻性等特点对项目重点难点区域进行优化方案比选，提前解决施工过程中可能存在的问题，避免返工。利用开发的 BIM 算量插件进行总工程量以及各区域的工程量统计，为项目施工进度计划提供有力的数据支撑。项目根据直观、可靠的 BIM 数据，合理安排人力、机械设备、材料及施工场地规划，大幅度提高施工效率，对项目进度、成本进行有效管控。

在项目施工过程中，根据施工进度计划，将项目各个施工区域内的工程量提取到 BIM 云数据库中。项目各部门人员随时调用 BIM 云数据库中的工程量信息，针对某一施工区域内容，物资部门调用该区域的物资需求计划。施工管理人员调取该区域的工程量计划，与现场已完成的工程量进行对比，分析出现场是否存在材料管理不善、材料损耗是否满足企业要求。在此数据的基础上，实现对业主方的月进度结算以及劳务分包的月进度结算。商务部门调用此数据进行月产值分析、劳务队伍工效比分析，实现对项目的整体管控、工期预警、人均产值预警。

竣工结算阶段，BIM 模型已经包含项目竣工所需的全部工程信息，可直接作为项目竣工结算的依据。利用 BIM 算量的便捷性、高效性，准确完成竣工工程量的统计汇总，准确、清晰地提供项目实际工程信息。

第 **4** 章

智慧化管理技术

在机电数字化建造过程中，现场管理决定施工阶段建造的品质，决定客户经济效益的高与低。现场管理的智慧化应用，是建立在高度信息化基础上的一种新型管理应用模式，是将物联网、云计算、大数据、智能设备等新型技术融合应用，是将科学技术与现场一线相连接，是提高生产效率、管理效率和决策能力的重要手段。

本章以实现"全方位、全要素、全流程"现场管理为目标，通过现场管理信息化建设的核心——一体化综合管理平台的介绍，实例说明智慧化管理的实现功能和技术要点。

4.1 一体化综合管理平台及应用技术

一体化综合管理平台是以云计算、物联网、边缘计算等技术为支撑，根据项目现场业务管理的逻辑，以中台能力建设为核心，通过融合设计阶段、制造阶段的数据成果，结合现场管理的信息化应用，实现建造业务的数字化和建造数据的业务化，贯穿项目全生命周期的一体化平台。在此基础上，实现在差异化特色专业领域项目上的数字化和智慧化，逐渐建立并形成数据资产，降低企业的第三方采购成本，提升管理水平和工程质量。

4.1.1 管理平台简介

一体化综合管理平台围绕五层总体架构（图 4.1-1），实现感知层、资源层、平台层、应用层、展示层各项功能。

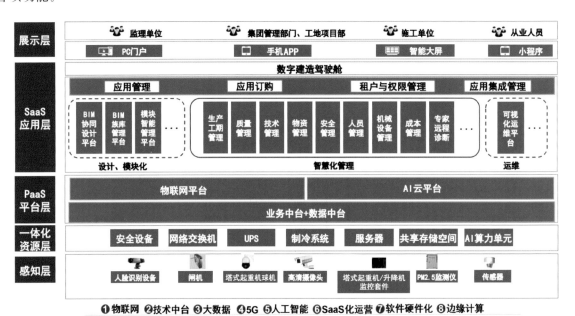

图 4.1-1 综合管理平台总构架

平台层为上层应用提供应用服务支撑和运营的功能，包括但不限于数据接入/存储/处理、设备管理、应用服务、算法管理、地理信息系统（GIS）服务、建筑信息模型（BIM）服务、集成服务以及与外部交互的开放接口。

应用层实现工程的生产与周期管理、人员管理、质量管理、技术管理、安全管理、机械设备管理、物资管理等各业务功能模块的集成运行与展示。

展示层面向参建单位和项目管理者，提供显示屏、个人计算机（PC）、移动端（包含手机、平板电脑）多种展现手段。

同时针对一体化资源层和感知层，平台通过数据对接方式，形成平台与平台间、平台与系统间的信息交互，满足总体构架的整体功能。

管理平台主要分为以下两部分：

1. 智慧云中心

（1）实现对计算、存储、网络资源的自主可控和统一管理，依托物联网平台实现对终端设备的统一接入和管理，依托边缘计算实现终端设备的智慧化。

（2）构建数据中台和业务中台。内容包括但不局限于统一用户、统一消息、统一日志、统一门户等功能模块，实现业务系统集成的标准化和数据集成的标准化。

（3）构建数字建造驾驶舱。在数据中台和业务中台的基础上，实现不同管理部门和参建方在不同应用场景下对项目真实、实时的业务数据需求和业务需求。适配不同终端（大屏、手机、PC等）查看工程实时动态、共享建设管理数据，为科学决策提供数据支撑。

2. 业务管理系统

通过智慧云中心的业务中台功能，根据现场实际需要，在统一技术标准下，面向企业多层管理、交叉管理的需要，集成云筑网、广联达科技股份有限公司、中建君联（广州）软件科技有限公司等厂商部分优秀业务模块，组合搭建了全过程业务管理系统，主要包括生产与工期管理系统、质量管理系统、技术管理系统、物资管理系统、安全管理系统、人员管理系统、机械设备管理系统、成本管理系统、专家远程诊断系统等系统模块。

4.1.2　应用技术

1. 云计算架构

一体化综合管理平台在一体化资源层、平台层、应用层、展示层采用统一的云计算架构，满足智能化管理的以下要点：

（1）安全性

具备良好的抵抗外部各种冲击的能力和灾难恢复能力，以保证系统的正常运行以及信息的安全、保密、完整。

（2）灵活性和扩展性

能够灵活地适应数据源的变化，并随着使用者的需求、系统规模、时间推移等发生变化，功能的增强、增加不会引起总体架构上的变动。

（3）可靠性

保证故障发生时能够提供有效的失效转移或快速恢复等性能。

（4）开放性

现有的数据采集系统、数据传输系统、业务系统等相互之间能够进行顺畅的数据交换，并且提供完全符合业界标准的、主流的接口。

（5）集成性和实用性

充分利用现有资源，合理配置系统软硬件，对组织架构和业务流程的变动具备低敏感性和优秀的支持性能，当组织机构或业务流程发生变动时，变更手段应简单易行。

（6）可维护性和易用性

支持提供灵活、易用、友好的操作界面，支持定制过程简单易用。

2. 微服务架构

微服务架构将单一应用程序划分成一组小的服务，服务之间互相协调、互相配合，为用户提供最终服务组合。每个服务运行在其独立的进程中，服务与服务间采用轻量级的通信机制互相沟通。每个服务都围绕具体业务进行构建，并且能够被独立交付和持续演进。

在平台层的业务中台搭建上，围绕提高工程项目管理能力，面向施工项目建造全过程，分别满足项目管理层和公司层管理项目的需求，业务中台通过构建信息管理、专业应用两层微服务架构，面向工程现场管理、工程交付管理、工程施工管理、综合办公服务四大应用场景微服务集合及微服务模块

（图 4.1-2），提供灵活的业务组合，满足现场及管理部门的定制化功能需求。

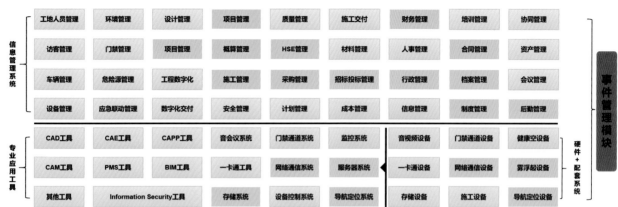

图 4.1-2 微服务模块结构

3. 图形融合集成

（1）GIS 轻量化

通过汇聚与转换多种格式的地理空间数据为标准的统一轻量化的数据模型单元部署管理器（UDM）格式，以实现对 GIS 空间数据的快速访问与统一化标准调用。GIS 轻量化流程见图 4.1-3。

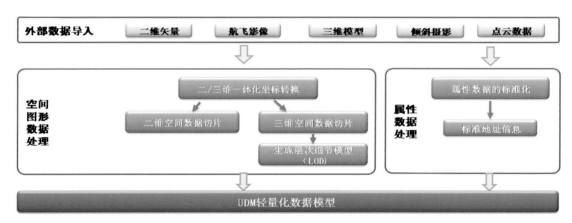

图 4.1-3 GIS 轻量化

（2）BIM 轻量化

依托 BIM 的建筑对象工业基础类（IFC）标准格式，对不同来源的 BIM 模型进行标准化处理；借助层次细分（LOD）模型技术实现原始 BIM 模型在不同层级的快速渲染需求；网格切片技术将大块三维数据进行切分，实现数据的按需加载，提高 BIM 数据的加载速度。BIM 轻量化流程见图 4.1-4。

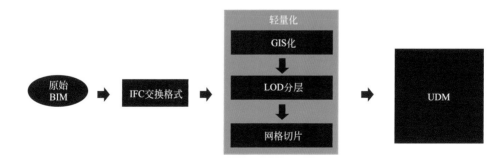

图 4.1-4 BIM 轻量化

4. 空间数据库

空间数据库之功能数据库（FDB）支持 JAVA 数据库连接（JDBC）/开放式数据库连接（ODBC）驱动访问，完全兼容结构化查询语言（SQL）标准，支持时空数据同其他业务数据一体化处理，兼容 OGC 空间计算函数；支持符合开放地理信息空间联盟（OGC）标准的 WKT 和 WKB 格式数据输入与输出。

空间数据库具有丰富的时间和空间处理查询函数；支持点（point）、线（linestring）、多边形（polygon）、多点（multipoint）、多线（multilinestring）、多多边形（multi polygon）和集合对象集（geometrycollection）等几何类型存储。

空间数据库的底层存储建立在高性能存储之上，提供企业级 7×24h 的可靠性。空间数据融合流程见图 4.1-5。

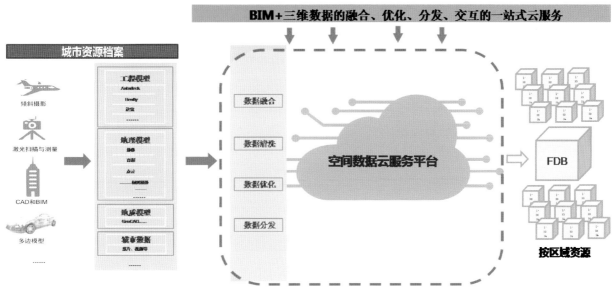

图 4.1-5　空间数据融合流程

5. 数据中台

数据中台是一个用技术连接大数据计算存储能力，用业务连接数据应用场景能力的平台。数据在数据中台中按照标准模型（图 4.1-6）进行标准加工处理后，提供标准的数据服务接口将数据与应用场景连接起来，服务多种场景。数据中台一般包括数据模型和数据资产管理、数据服务开放、上层的数据类应用和标签管理等。围绕"规划、治理、整合、共享"四步，将企业海量的、多维的数据资产盘点、整合、分析，确保整个企业数据的一致性和可复用性，为前台提供数据资产、数据定制创新、数据监测与数据分析等服务，最终实现数据资产的价值最大化。

6. 基于人脸识别的人员管理技术

基于深度学习技术以及图形处理器（GPU ）为核心的异构并行计算架构，提供人脸布控及动态比对预警、人员轨迹追踪查询、人员身份鉴别查询等应用功能。智能人脸识别和检索管理平台总体架构是以人脸大数据为依托的多层体系架构，具有以下功能：

（1）支持多种接入源，系统支持直接接入摄像机、视频平台。

（2）支持实时视频流、图片混合接入。

（3）入库速度快，人脸图片入库速度可以达到 100 张/s。

（4）注册成功率高，人脸注册成功率人于 99%。

（5）高安全，重要操作例如删人脸库需要密码验证，验证通过后方可操作。

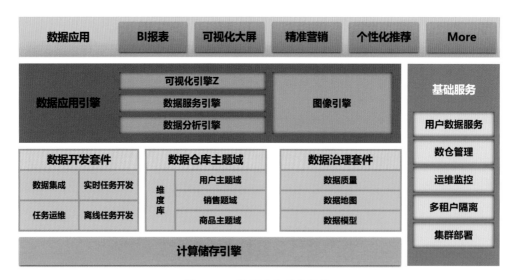

图 4.1-6　数据中台系统架构

（6）高准确率人脸识别能力，基于深度学习，千万级数据中学习高度抽象的人脸模型。

（7）灵活布控，支持按时间、地点、人员库和众多属性的灵活布控任务设置。

（8）支持多级架构部署，系统支持单级或多级部署。

（9）开发性，提供 SDK 与第三方对接。

4.1.3　功能特点

管理平台的核心理念是人机交互。实现人机互动、子系统间联动两大核心技术，能够最大限度地发挥智慧建造平台的智能化优势，充分将平台各功能模块联动协调，让机器语言充当人的助手，增加数据的可读性，使得施工现场的管理更加"智慧化"，将"建筑大脑"引入建筑施工现场管理的科学分析和决策中。

1. 大数据支持

智慧管理各业务系统的关键数据保证准确性，实现实时交互以及实时同步，对各子系统的数据进行集成，进行统一管理，实现以下功能：

（1）提供数据导入以及其他开放式服务接口，例如全球广域网服务（Web Service），方便数据集中管理，同时要保持数据的有效同步。

（2）对集中收集的数据进行统一管理、过滤及授权。

（3）实现数据集中，结合 Web Service 数据的集中。

（4）形成数据采集、数据融合、数据交换共享以及数据质量管理的完整数据中心体系，健全跨网域的信息交互机制，深化安全机制下与其他运营部门的信息交换，实现数据共享、信息协同与交换共用。

（5）接收各安防子系统及物联网向平台推送的数据资源，进行统一接入、数据清洗、集成汇聚，并且满足各工地日常安防管理工作。

（6）智慧建造信息化建设可视化运维平台运营数据，包括用户数据、操作日志、系统配置数据、系统自动运营数据等。

2. 数据分析

用适当的统计分析方法对收集的大量数据进行分析，提取有用信息并形成结论。数据分析可帮助工地运营作出判断，以便作出适当的决策。

3. 可视化管理

可视化调度功能主要是为了满足日常管理需求，便于信息查找、快速调度、可视化便捷管理。

支持查询地址定位，支持对重要区域、楼层、监控点、报警点、门禁点、对讲点、设备 ID 等其他安防设备的拼音首字母综合快速搜索。支持智能检索结果分类显示。

4. 基于人机交互式的智慧化管理

以任务/事件流模式作为系统平台的管理方式，使系统更多地参与管理，增加人机互动模式。各子系统信息互联互通，以事件触发子系统间联动管理，管理平台可以通过多个子系统联动辅助施工现场的管理人员对施工过程进行管理。

5. 移动端应用

移动端作为目前重要的管理工具，通过适当的技术及机制设置，可以提高工作效率，提升智慧建造管理响应速度。

管理平台通过提前设置的报警机制或者产生的人工报警，实时推送到移动端应用，让相关管理人员及时了解工地信息并及时作出响应。移动端应用平台界面见图 4.1-7。

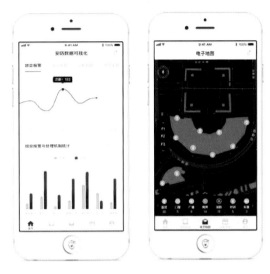

图 4.1-7　移动端应用

4.2　生产与工期管理

1. 施工准备

（1）开工审核管理：主要实现对是否具备开工条件进行检查和确认，主要包含以下内容：施工组织设计、专业施工组织设计、施工技术方案已批准；劳动力已按计划进场；机械设备已进场并布置就绪；管理人员已全部到位；开工所需的施工图纸已到位，并已会审、交底；开工所需的材料、设备已进场；开工前的各种手续已办妥，见图 4.2-1。

业务编号	test01		项目	一期
项目	xxx项目		计划开工时间	2021-06-10
致	客户公司		合同	业主测试合同
状态	已通过		创建人	xxx
创建时间	2021-05-25 12:25:16			
劳动力已按计划进场			✓	
机电设备已进场，并布置就绪			✓	
管理人员已全部到位			✓	
开工所需的材料已进场			✓	
开工前的各种手续已办妥(见附件)			✓	

图 4.2-1　工程设计管理

（2）专业施工组织设计导入与查询：是用来指导施工项目全过程各项活动的技术、经济和组织的综合性文件，是施工技术与施工项目管理有机结合的产物，它能保证工程开工后施工活动有序、高效、科学、合理地进行，见图 4.2-2。

业务编号	SGDW-0010		项目	xxx项目
事由	新建专业施工组织设计		合同	业主测试合同
致	客户-监理公司		状态	已通过
创建人	xxx		创建时间	2021-05-25 12:25:16

文档附件

| 文档编号 | 文档名称 | 文档地址 |
| sg1 | xxx名称 | https://www.xxx.com/index.php?tn=monline_3_dg |

图 4.2-2　专业施工组织设计

（3）施工方案报审：系统提供施工方案编制、信息录入、导入导出、查询统计功能，并实现施工方案的流程审核，可根据条件自动判断流转路线以及提供相应催办提醒等，见图 4.2-3。

施工方案报审

新建方案报审

第1-2条，共2条数据

业务编号	事由	方案类型	项目	创建人	创建时间	状态	
FABS-01-001	新建方案报审	机电工程	xxx项目	xxx	2021-05-30 20:01:32	已通过	👁➕🖨
FABS-01-002	新建方案报审	机电工程	xxx项目	xxx	2021-05-28 17:07:12	登记	👁✏🗑➕➡

图 4.2-3　施工方案报审

2. 工期管理

根据工期计划生成生产任务，与分部分项工程量挂钩，由管理人员负责把控进度，关联劳务分包，统计每日分包工作完成量，实现进度精细化控制。

（1）资料导入：

① 将工期计划导入系统，实现任务分配，监控进度计划的实施，同相关方共享进度，比较计划与进度之间的差异。

② 将工程量清单导入系统，进行月度计量，生成月度完成表；对比计划完成量清单，展示合同完成情况。

③ 将 BIM 模型导入系统，关联工期进度计划，实时展示工期计划完成情况。

④ 将项目分部分项划分表格导入导出。

⑤ 实现开工报验、质量检查等文档的处理与汇总，完成过程文档的编制。见图 4.2-4。

（2）进度计划管理：

① 进度计划：进度计划通过总进度计划、年度计划、月度计划和检验各计划的到达情况，控制项目工作进展和确保实现总目标。系统可实现对进度计划的编制、执行、升版等过程管理，见图 4.2-5。

② 年度计划：在总进度计划的基础上，编制工程年度各分项工程的进度计划。系统可以满足年度计划和总进度计划的联动管理模式，也支持独立管理模式，见图 4.2-6。

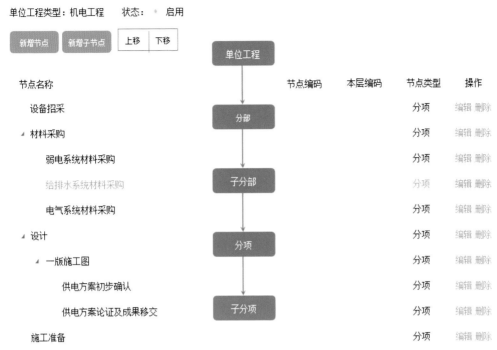

单位工程类型：机电工程　　状态：　启用

节点名称	节点编码	本层编码	节点类型	操作
设备招采			分项	编辑 删除
材料采购			分项	编辑 删除
弱电系统材料采购			分项	编辑 删除
给排水系统材料采购			分项	编辑 删除
电气系统材料采购			分项	编辑 删除
设计			分项	编辑 删除
一版施工图			分项	编辑 删除
供电方案初步确认			分项	编辑 删除
供电方案论证及成果移交			分项	编辑 删除
施工准备			分项	编辑 删除

图 4.2-4　工期管理系统流程

第 1-3 条，共 3 条数据

计划编码	计划名称	最新版	项目	创建时间	状态	计划调整申请状态	验收审批状态	
LCB1	机电计划A版	否	xxx项目	2021-05-18 14:20:34	已通过	已终止	登记	👁 👤+ 🖨
LCB1 01	机电计划B版	否	xxx项目	2021-05-15 11:13:58	已通过	登记	登记	👁 ✏ 🗑 👤+ ➡
LCB1 02	机电计划C版	是	xxx项目	2021-05-14 12:31:45	已通过	登记	登记	👁 ✏ 🗑 👤+ ➡

图 4.2-5　里程碑计划

任务编码	任务内容	责任单位	工作标准	计划开始时间	计划完成时间
01	制冷机房移交	责任单位	工作标准	2021-04-16	2021-10-15
02 备案移交		责任单位	工作标准	2021-03-20	2021-07-08
03	高低压配电室移交	责任单位	工作标准	2021-04-10	2021-06-15

图 4.2-6　一般网络计划

③ 月度计划：在年度计划的基础上，编制月度计划，见图 4.2-7。

④ 计划调整申请：计划调整是计划管理的基本过程，系统可实现计划调整申请的发起、审核、生效等管理过程，见图 4.2-8。

任务编码	任务内容	责任单位	工作标准	计划开始时间	计划完成时间
⊟ 01 工程验收		责任单位		2021-04-16	2021-10-15
⊟ 01 工程验收01		责任单位		2021-04-18	2021-10-18
01	防雷验收	责任单位		2021-04-20	2021-10-21
02	节能验收	责任单位		2021-04-24	2021-10-30
03	环境验收	责任单位		2021-05-10	2021-11-12
02	电检、消检	责任单位		2021-06-13	2021-11-17
03	资料验收	责任单位		2021-06-15	2021-11-21
04	工程专项验收	责任单位		2021-07-01	2021-11-30

图 4.2-7 月度计划

图 4.2-8 计划调整申请

⑤ 工期预警管控：工期预警管控是对工期管理的保障，系统对比实际施工进度和计划工期，对未达标的施工内容进行风险评测并发出警报；对实际施工进度达标的内容进行备注总结。工期预警管控见图 4.2-9。

图 4.2-9 工期预警管控

3. 现场表单管理

现场表单管理包括工程月报、图纸交付计划报审、图纸交付、图纸会检、设计文件图纸评审意见及回复单、施工图设计交底、设计变更通知单、设计变更执行情况反馈、工程联系单、整改通知单。

基本要求：整改通知单，由相关管理人员发起，要附有照片、视频功能，可以设定是否进行初始考核，通过审批后发布。如果整改单下错责任单位，非责任方可以申诉，申诉后可以重新下发到正确的责任方。到期整改完成不了的，可以申请延期。整改验收通过后，可以出现整改前后的对比照片。用户根据查询条件对整改情况进行统计分析。

工程联系单、施工方案报审单、整改通知单等工程管理类审批表模板，要求能提前录入系统中，使用时直接调用。

（1）工程联系单：用于参建各方之间的工作联系，见图 4.2-10。

图 4.2-10　工程联系单

（2）整改通知单：用于工程中发现的各类问题的记录下发等管理，见图 4.2-11。

图 4.2-11　整改通知单

（3）工程月报：方便用户进行工程月报的编制、上报、审批、分发等管理过程，见图 4.2-12。

工程月报

编号	GCYB-0001	项目	xxx项目
合同	业主测试合同	月报类型	工程月报
审核人	客户-工程师	状态	登记
创建人	xxx	创建时间	2021-06-08 11:50:35
内容			

工程月报xxx

图 4.2-12　工程月报

（4）图纸交付计划报审：进行图纸交付计划的编制、上报、审批、分发等管理过程，见图 4.2-13。

图纸交付计划

新建图纸交付计划

第1-4条，共4条数据

编码	计划名称	最新版	项目	创建时间	状态	计划调整申请状态	验收申请状态	
SGDW-0005	客户-监理单位	机电工程1	xxx项目	2021-05-04 08:25:31	已通过	登记	登记	◎♣♂
SGDW-0007	客户-监理单位	机电工程2	xxx项目	2021-05-05 01:04:20	已通过	登记	登记	◎♣♂
SGDW-0008	客户-监理单位	机电工程3	xxx项目	2021-05-06 02:08:30	已通过	登记	登记	◎♣♂
SGDW-0009	客户-监理单位	机电工程4	xxx项目	2021-05-07 08:44:47	已通过	登记	登记	◎♣♂

图 4.2-13　图纸交付计划报审

（5）图纸交付：进行图纸交付的编制、上报、审批、分发等管理过程，见图 4.2-14。

图纸交付

新建图纸交付

第1-4条，共4条数据

编码	致	所属工程	接收人	项目	创建时间	状态	
SGDW-0005	客户-监理单位	机电工程1	xxx	xxx项目	2021-05-04 08:25:31	已通过	◎♣♂
SGDW-0007	客户-监理单位	机电工程2	xxx	xxx项目	2021-05-05 01:04:20	已通过	◎♣♂
SGDW-0008	客户-监理单位	机电工程3	xxx	xxx项目	2021-05-06 02:08:30	已通过	◎♣♂
SGDW-0009	客户-监理单位	机电工程4	xxx	xxx项目	2021-05-07 08:44:47	已通过	◎♣♂

图 4.2-14　图纸交付

（6）图纸会检：进行图纸会检的编制、上报、审批、分发等管理过程，见图 4.2-15。

图纸会检

新建图纸会检

第1-4条，共4条数据

编码	图纸卷册名称	图纸卷册编号	所属项目	创建时间	状态	
SGDW-0005	图纸卷册名称01	TZJC01	xxx项目	2021-05-04 08:25:31	已通过	◎♣♂
SGDW-0007	图纸卷册名称02	TZJC02	xxx项目	2021-05-05 01:04:20	已通过	◎♣♂
SGDW-0008	图纸卷册名称03	TZJC03	xxx项目	2021-05-06 02:08:30	已通过	◎♣♂
SGDW-0009	图纸卷册名称04	TZJC04	xxx项目	2021-05-07 08:44:47	已通过	◎♣♂

图 4.2-15　图纸会检

（7）设计文件图纸评审意见及回复单：进行设计文件图纸评审意见及回复单的编制、上报、审批、分发等管理过程，见图 4.2-16。

设计文件图纸评审意见及回复单

新建设计文件图纸评审意见及回复单

第1-4条，共4条数据

编号	文件名称	卷期号	项目	创建时间	状态
SGDW-0005	图纸0013001	TZJC01	xxx项目	2021-05-04 08:25:31	已通过 👁 👤 🖨
SGDW-0007	图纸00130012	TZJC02	xxx项目	2021-05-05 01:04:20	已通过 👁 👤 🖨
SGDW-0008	图纸00130013	TZJC03	xxx项目	2021-05-06 02:08:30	已通过 👁 👤 🖨
SGDW-0009	图纸00130014	TZJC04	xxx项目	2021-05-07 08:44:47	已通过 👁 👤 🖨

图 4.2-16　设计文件图纸评审意见及回复单

（8）施工图设计交底：进行施工图设计交底的编制、上报、审批、分发等管理过程，见图 4.2-17。

施工图设计交底

新建施工图设计交底

第1-4条，共4条数据

编号	图纸卷册名称	图纸卷册编号	所属项目	创建时间	状态
SGDW-0005	图纸卷册名称01	TZJC01	xxx项目	2021-05-04 08:25:31	已通过 👁 👤 🖨
SGDW-0007	图纸卷册名称02	TZJC02	xxx项目	2021-05-05 01:04:20	已通过 👁 👤 🖨
SGDW-0008	图纸卷册名称03	TZJC03	xxx项目	2021-05-06 02:08:30	已通过 👁 👤 🖨
SGDW-0009	图纸卷册名称04	TZJC04	xxx项目	2021-05-07 08:44:47	已通过 👁 👤 🖨

图 4.2-17　施工图设计交底

（9）设计变更通知单：进行设计变更通知单的编制、上报、审批、分发等管理过程，见图 4.2-18。

设计变更通知单

新建设计变更通知单

第1-4条，共4条数据

编号	设计单位	工程编号	所属项目	创建时间	状态
SGDW-0005	xxx单位	TZJC01	xxx项目	2021-05-04 08:25:31	已通过 👁 👤 🖨
SGDW-0007	xxx单位	TZJC02	xxx项目	2021-05-05 01:04:20	已通过 👁 👤 🖨
SGDW-0008	xxx单位	TZJC03	xxx项目	2021-05-06 02:08:30	已通过 👁 👤 🖨
SGDW-0009	xxx单位	TZJC04	xxx项目	2021-05-07 08:44:47	已通过 👁 👤 🖨

图 4.2-18　设计变更通知单

（10）设计变更执行情况反馈：进行设计变更执行情况反馈的编制、上报、审批、分发等管理过程。

4.3 质量管理

1. 质量风险源管理

系统提供质量风险源信息的创建、录入、导入导出、查询统计功能；并可实现质量风险源建立审批，可根据条件自动判断流转路线以及相应催办提醒等功能。

在系统中建立质量风险源信息库，见图 4.3-1。

图 4.3-1 质量风险源信息库

2. 质量检查管理

根据质量管理平面图划分责任区域，检查任务与平面图是否对应，快捷定位检查目标，整改状态用不同颜色区分，质量检查任务可视化。质量检查见图 4.3-2。

图 4.3-2 质量检查

质量检查完成后，数据自动传输至后台，形成质量检查记录，有问题的向分包单位或现场负责人发送整改任务，同时可在后台对分包单位下发整改通知单。

分包单位接收系统整改任务之后，对质量问题进行整改，复查人复查完成后，系统自动生成质量整改单。质量整改单见图 4.3-3。

整改通知单与整改回复单一一对应，可根据项目实际使用格式自定义，取代线下手工操作，减少重复工作量。

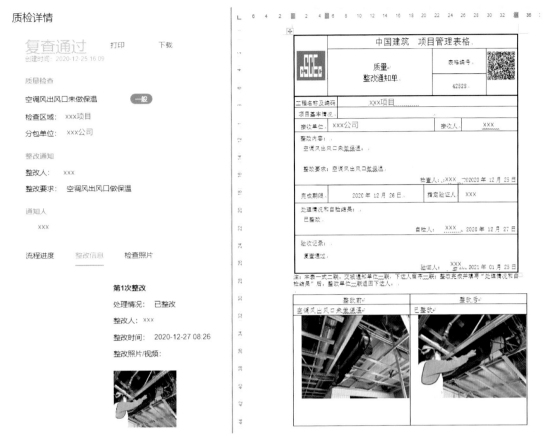

图 4.3-3　质量整改单

3. 质量验收管理

系统提供质量验收情况信息的创建、录入、导入导出、查询统计功能；并可实现质量验收报告的审批，可根据条件自动判断流转路线以及提供相应催办提醒等功能。质量验收管理见图 4.3-4。

	验收状态	申请人	申请时间	计划验收时间	验收人	操作
导管及注浆，打中空锚杆及注浆，锁环焊接，打锁脚锚杆并注浆，混凝土喷射。	已验收	×××	2018-08-23 21:46	2018-08-23 22:30	×××	详情
	已验收	×××	2018-08-23 10:41	2018-08-23 11:30	×××	详情
接，打锁脚锚杆及注浆，混凝土喷射。	已验收	×××	2018-08-23 08:10	2018-08-23 08:30	×××	详情
混凝土浇筑。	已验收	×××	2018-08-23 08:07	2018-08-23 08:30	×××	详情
锚杆及注浆，混凝土喷射。	已验收	×××	2018-08-23 07:55	2018-08-23 08:30	×××	详情

图 4.3-4　质量验收管理

质量验收记录分为合格、不合格，质量验收记录见图 4.3-5。

质量验收记录主要包括验收部位、验收内容、申请人、验收人、验收状态等。责任到人，验收状态清晰。

4. 专项质量管理

（1）质量事故管理：

系统提供质量事故报告的创建、录入、导入导出、查询统计功能；并可实现质量事故报告的审批，可根据条件自动判断流转路线以及提供相应催办提醒等功能，见图 4.3-6。

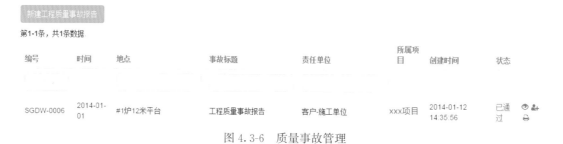

项目名称	所属区域	验收部位	验收内容	验收状态	申请人	申请时间	操作
项目A	1#4层(负责人：张某某)	排风系统	管道安装	合格	xxx	2021-03-07 09:23	详情
项目A	1#4层(负责人：张某某)	排风系统	管道安装	合格	xxx	2021-03-07 09:11	详情
项目A	1#3层(负责人：李某某)	排风系统	排风系统温材料验收	合格	xxx	2021-02-13 14:18	详情
项目A	1#3层(负责人：李某某)	排风系统	排风系统温材料验收	不合格	xxx	2021-02-13 14:09	详情
项目A	1#3层(负责人：李某某)	排风系统	排风系统温材料验收	不合格	xxx	2021-02-11 09:52	详情

图 4.3-5　质量验收记录

工程质量事故报告

新建工程质量事故报告

第1-1条，共1条数据

编号	时间	地点	事故标题	责任单位	所属项目	创建时间	状态
SGDW-0006	2014-01-01	#1炉12米平台	工程质量事故报告	客户-施工单位	xxx项目	2014-01-12 14:35:56	已通过

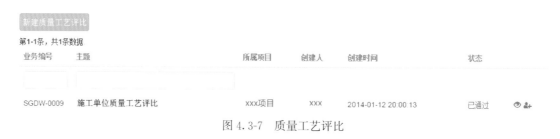

图 4.3-6　质量事故管理

（2）质量工艺评比：系统提供质量工艺评比计划制定、执行及结果情况的信息录入、导入导出、查询统计功能；并可实现质量工艺评比的流程审核，可根据条件自动判断流转路线以及提供相应催办提醒等功能，见图 4.3-7。

质量工艺评比

新建质量工艺评比

第1-1条，共1条数据

业务编号	主题	所属项目	创建人	创建时间	状态
SGDW-0009	施工单位质量工艺评比	xxx项目	xxx	2014-01-12 20:00:13	已通过

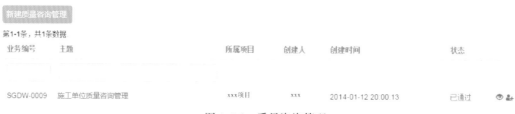

图 4.3-7　质量工艺评比

（3）质量咨询管理：系统提供工程质量咨询制定、执行及结果情况的信息录入、导入导出、查询统计功能；并可实现质量咨询的流程审核，可根据条件自动判断流转路线以及提供相应催办提醒等功能，见图 4.3-8。

新建质量咨询管理

第1-1条，共1条数据

业务编号	主题	所属项目	创建人	创建时间	状态
SGDW-0009	施工单位质量咨询管理	xxx项目	xxx	2014-01-12 20:00:13	已通过

图 4.3-8　质量咨询管理

（4）达标投产检查：系统提供达标投产检查的制定、执行及结果情况的信息录入、导入导出、查询统计功能；并可实现达标投产检查的流程审核，可根据条件自动判断流转路线以及提供相应催办提醒等功能，见图 4.3-9。

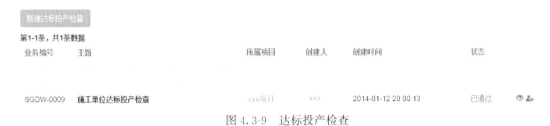

图 4.3-9　达标投产检查

5. 质量统计管理

系统提供质量数据统计分析功能，主要包括以下几个维度的统计：

（1）分包单位工作量化考核统计，见图 4.3-10。

首页 > 质量巡检统计表 > 劳务分包统计表

导出电子表格　选择项目部：所有项目

单位名称：分包单位A

显示 10 条　　从当前数据中检索

序号	姓名	提交整改任务	收到整改任务	整改回复（按时）	整改回复（超时）	整改验证
1	xxx	10	34	33	1	33
2	xxx	3	21	18	3	18
3	xxx	0	58	49	9	49
4	xxx	0	11	11	0	11
5	xxx	0	52	51	1	51
6	xxx	0	47	45	2	45
7	xxx	0	55	52	3	52
8	xxx	0	35	30	5	30
9	xxx	0	10	8	2	8
10	xxx	0	25	21	4	21

显示 1 到 10，共 29 条　　1 2 3

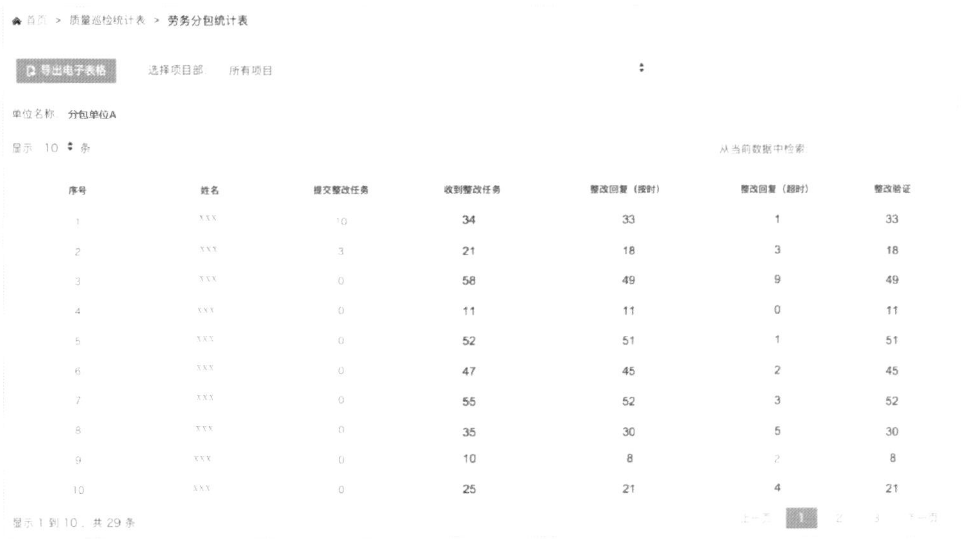

图 4.3-10　分包单位工作量化考核统计

（2）分包单位质量问题总数统计，见图 4.3-11。

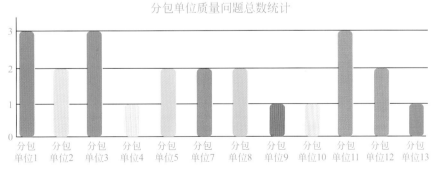

图 4.3-11　分包单位质量问题总数统计

（3）分包单位质量问题类型统计，见图 4.3-12。

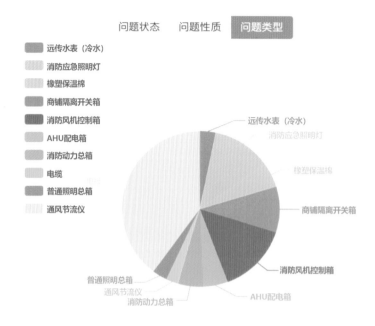

图 4.3-12　分包单位质量问题类型统计

4.4　技术管理

技术管理用于企业业务部门监控现场技术管理工作，汇总审查技术资料，推广国家和企业的技术标准，管理内容包括技术标准管理、资料管理、焊接工艺、现场表单管理、科研管理等功能。

1. 技术标准管理

管理公司相关技术标准，形成技术标准统一知识库。

2. 资料管理

资料管理包括施工图纸、施工组织设计、工程施工方案、工程量签证、检验验收报告等文档审核，见图 4.4-1～图 4.4-4。

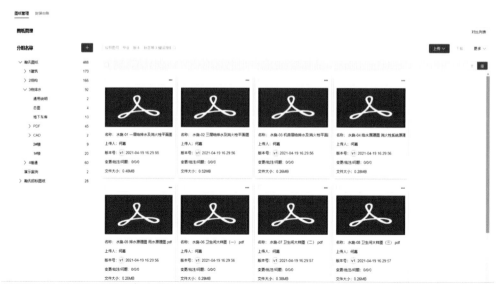

图 4.4-1　施工图纸管理

图 4.4-2　施工组织设计

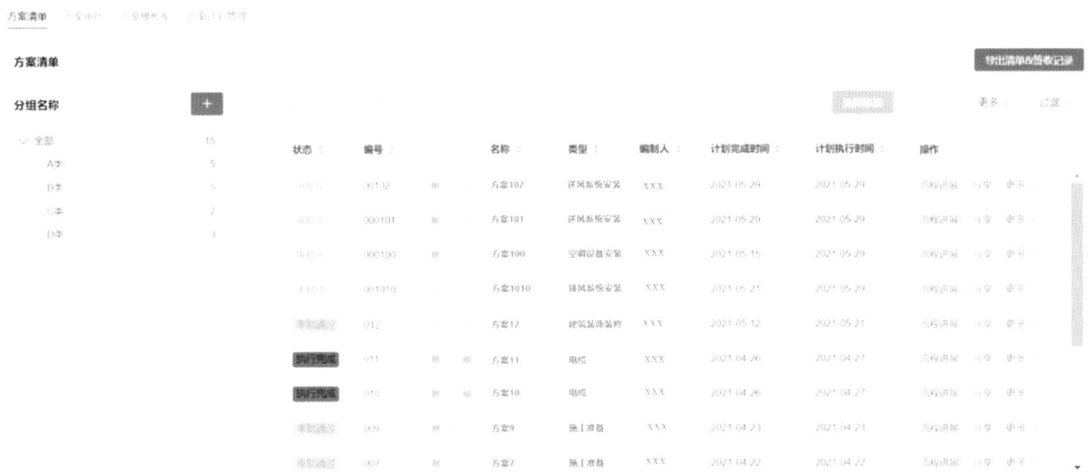

图 4.4-3　工程施工方案

图 4.4-4　变更查询

3. 现场表单

（1）作业指导书报审：系统提供作业指导书编制、信息录入、导入导出、查询统计功能；并可实现作业指导书的流程审核，可根据条件自动判断流转路线以及提供相应催办提醒等功能，见图 4.4-5。

（2）工程现场见证，见图 4.4-6。

（3）现场工程量签证：进行现场工程量签证的编制、上报、审批、分发等管理过程，见图 4.4-7。

（4）工程量费用签证：进行工程量费用签证的编制、上报、审批、分发等管理过程，见图 4.4-8。

（5）现场签证完工验收：进行现场签证完工验收的编制、上报、审批、分发等管理过程，见图 4.4-9。

新建作业指导书

业务编号	SGDW-0011	项目	xxx项目
事由	新建作业指导书	合同	业主测试合同
致公司	客户-施工单位	状态	已通过
创建人	xxx	创建时间	2016-02-01 11:39:58

文档附件

文档编号	文档名称	文档地址
sg1	sg测试	http://pms.xxxxx.com/userfiles//13/51/0ed3362f.png

图 4.4-5 作业指导书报审

现场见证 - XXXX处理

编号	SGDW-0014	项目	xxx项目
签证项目	XXXX处理	项目提出单位	客户-施工单位
图纸标号	T01010	单位工程	XXXX处理
分项工程	XX处理	估算费用	288.67
价款结算方式	总价	状态	已通过
创建人	xxx	创建时间	2021-06-08 11:50:35
签证内容			

图 4.4-6 工程现场见证

现场工程量签证 - 新建现场工程量签证名称

业务编号	SGDW-0015	项目	xxx项目
签证项目	新建现场工程量签证名称	签证日期	2021-06-09
合同	业主测试合同	专业	机电
状态	已通过	创建人	xxx
创建时间	2021-06-08 12:25:30		
签证内容			

图 4.4-7 现场工程量签证

图 4.4-8 工程量费用签证

图 4.4-9 现场签证完工验收

（6）施工技术检验试验报告：进行施工技术检验试验报告的编制、上报、审批、分发等管理过程，见图 4.4-10。

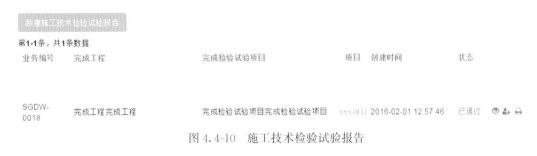

图 4.4-10 施工技术检验试验报告

4. 科研管理

技术科研管理包含科研技术、科研成本、优秀文案、施工工法、技术专利、科技示范工程。登记项目创优及获奖情况，支持各种格式的附件上传、编辑和查看。

4.5 物资管理

物资管理用于企业业务部门监控现场物资需求，推行物资管理标准流程，提升成本管理水平，主要内容包括物资需求计划、物资到货计划、到货信息、设备开箱检验申请、设备开箱检验、开箱缺陷通知、开箱缺陷处理报验、入库、出库、现场缺陷通知、现场缺陷处理报验、退库、备品清单、备品领用、备品费用管理、专用工具清单、专用工具领用、专用工具归还、物资采购计划、价值入库、价值库存、价值出库、价值稽核。

基本要求：从计划提出、审核到采购完毕，全过程线上实时处理。接货人员录入，工程各参建方可以实时共享，以利于各方提早安排相应工作。能记录、统计物资出库信息，为后续结算和决算做好基础业务。系统要有自动稽核功能。普通物资进货单对供货方提出固定供货清单模板，直接导入系统。物资代管方只需要输入数量和仓库编号就可以出、入库。

1. 物资计划管理

（1）材料预算清单管理：通过线上提交、报审、查询功能，实现统一管理各工程项目的材料预算清单功能。材料预算清单见图 4.5-1。

图 4.5-1　材料预算清单

（2）物资需求计划：根据项目实际情况，制定物资采购计划。物资采购计划见图 4.5-2。

图 4.5-2　物资采购计划

（3）物资到货计划：可根据项目实际情况，制定具体的物资到货计划，见图 4.5-3。

图 4.5-3　物资到货计划

2. 物资到货管理

物资到货管理主要功能模块包括物资到货信息、检验申请、检验结果登记、缺陷物资通知、缺陷物资通知处理、物资正式入库管理，系统提供物资到货管理的单据创建、信息录入、导入导出、查询统计功能，并可实现相应的流程审批。可根据项目实际到货情况，创建具体的物资到货信息记录，见图 4.5-4。

图 4.5-4　到货验收

添加到货验收见图 4.5-5。

图 4.5-5　添加到货验收

明细清单见图 4.5-6。

图 4.5-6　明细清单

视频验收记录见图 4.5-7。

图 4.5-7　视频验收记录

随货资料见图 4.5-8。

图 4.5-8　随货资料

包装物检查见图 4.5-9。

外观检验见图 4.5-10。

内在质量检查见图 4.5-11。

图 4.5-9　包装物检查

图 4.5-10　外观检验

图 4.5-11　内在质量检查

3. 物资出库管理

物资出库管理主要功能模块包括物资出库信息、现场缺陷物资通知、现场缺陷物资处理、物资正式出库管理。系统提供物资到货管理的单据创建，信息录入、导入导出、查询统计功能，并可实现相应的流程审批。可根据项目实际出库情况，创建具体的物资出库信息记录。添加材料出库见图 4.5-12。

图 4.5-12　添加材料出库

在出库现场发现不合格物资后，及时退回物料，见图 4.5-13。

对于合格的物资进行正式出库，并更新物资清单信息，见图 4.5-14。

图 4.5-13 物料退回

图 4.5-14 物料出库

4.6 安全管理

安全管理主要面向现场生产工作流程，将现场安全监控管理工作融入工作环节中。同时通过信息汇总查询功能，实时进行公司安全管理审核、监督工作。

基本要求：实现安全管理的网上审批闭环流程管理，实现工程建设期间安全管理的查询、统计、分析。所有签批在网上自动流转。

1. 检查方案管理

系统提供检查方案的创建、信息录入、导入导出、查询统计功能；并可实现检查方案的流程审批，可根据条件自动判断流转路线以及提供相应催办提醒等功能，见图 4.6-1。

（1）上岗证管理：系统提供人员上岗证件的创建、信息录入、导入导出、查询统计功能；并可实现上岗证的流程审批，可根据条件自动判断流转路线以及提供相应催办提醒等功能，见图 4.6-2。

（2）考核管理：系统提供人员考核奖惩措施和情况的创建、信息录入、导入导出、查询统计功能；并可

图 4.6-1　人员资质信息

图 4.6-2　人员上岗信息

实现考核奖惩措施的流程审批，可根据条件自动判断流转路线以及提供相应催办提醒等功能，见图 4.6-3。

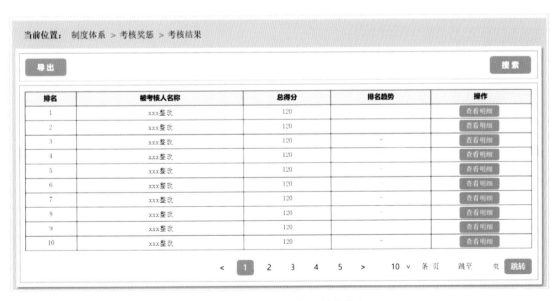

图 4.6-3　人员三级安全教育信息

（3）特殊工种人员管理：系统提供特殊工种人员信息登记、查询统计及审核功能；并可实现特殊工种人员管理的流程审批，根据条件自动判断流转路线以及提供相应催办提醒等功能，见图 4.6-4。

第1-4条，共4条数据							
编号	姓名	工种	证件名称	证件编号	发证单位	有效期	创建时间
		所有 ▼	所有 ▼				
1	xxx	浸漆工	驾驶证	xxxxxxxxxxxxxx	发证单位	2	2014-01-07 15:14:08
2	xxx	电气安装	身份证	xxxxxxxxxxxxxx	发证单位	2	2014-01-07 15:14:34
3	xxx	浸漆工	身份证	xxxxxxxxxxxxxx	发证单位	2	2014-01-11 21:15:11
4	xxx	浸漆工	驾驶证	xxxxxxxxxxxxxx	发证单位	2	2014-01-11 21:15:39

图 4.6-4 特殊工种人员信息

2. 机具安全管理

机具安全管理主要功能模块包括现场工程车辆管理、现场机械管理、工器具/安全用具管理、主要测量计量器具试验设备检验等管理内容。

系统对现场的工程车辆信息及使用情况进行记录，并对其信息进行查询等操作，见图 4.6-5。

新建现场车辆

第1-2条，共2条数据						
业务	车辆类型	通行证编号	所属项目	创建人	创建时间	状态
	所有 ▼					
SGDW-0011	重型厢式货车	1111	xxx项目	xxx	2014-01-12 20:55:29	已通过
sit-60bc3ebf	重型厢式货车	111	xxx项目	xxx	2014-01-12 20:58:17	登记

图 4.6-5 工程车辆信息

系统对现场的工程机械信息及使用情况进行记录，并对其信息进行查询等操作，见图 4.6-6。

当前位置：设备管理 > 设备巡检 > 检查方案

+设置方案   批量删除   搜索：

	序号	检查点	检查项	严重等级	检查频率	整改期限	操作
	1	1号车辆	1号车辆发电机线路	高级	2天/次	7天	

图 4.6-6 工程机械信息

系统对现场的工器具/安全用具信息及使用情况进行记录，并对其信息进行查询等操作，见图 4.6-7。

新建工器具-安全用具

第1-1条，共1条数据						
编号	事由	致	所属项目	创建人	创建时间	状态
SGDW-0013	施工单位工器具-安全用具	客户-施工单位	xxx项目	xxx	2014-01-12 21:50:20	已通过

图 4.6-7 现场工器具/安全用具信息

系统对现场的主要测量计量器具试验设备检验信息及使用情况进行记录，并对其信息进行查询等操作，见图 4.6-8。

图 4.6-8　测量计量器具信息

3. 隐患管理

（1）信息采集分析：

系统采用云＋移动端的模式，发现施工现场安全隐患时直接拍照，选择隐患类别、隐患级别、指定整改负责人，发送整改消息，实时监控隐患销项情况。内置安全隐患库，存储所有隐患及其整改情况、本月整改情况、隐患级别和隐患类型，提供最近 7d 的隐患趋势。系统云＋移动端界面见图 4.6-9。

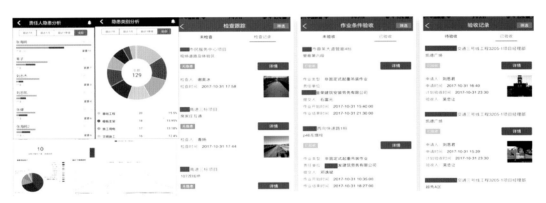

图 4.6-9　系统云＋移动端

（2）隐患排查计划管理：

单位领导/项目领导可根据自身制定隐患排查治理要求，建立项目安全检查计划，每日提醒项目相关人员定期到场检查，保证各项目按管理标准要求落实检查，见图 4.6-10。

检查部位	所属区域	任务类型	检查人	责任人	检查频率
箱梁桥面边护栏	第11联箱梁	日常巡检任务	xxx	xxx	1天/次
第十三联箱梁	所属区域	日常巡检任务	xxx	xxx	1天/次
一号龙门吊非固定式起重吊装作业	金象大道站 机械设备巡查	作业巡查任务	xxx	xxx	1天/次
二号龙门吊非固定式起重吊装作业	金象大道站 机械设备巡查	作业巡查任务	xxx	xxx	1天/次
起重吊装非固定式起重吊装作业	大沙田站	作业巡查任务	xxx	xxx	1天/次
二号龙门吊非固定式起重吊装作业	凤台南路站西区	日常巡检任务	xxx	xxx	2天/次

图 4.6-10　自定义界面

（3）检查计划管理：

结合施工过程中的分部分项工程进行检查计划的制定（图 4.6-11），依据项目当前施工内容提示过程中可能出现的风险。

单位工程	分部工程	分项工程	作业工序	作业内容	风险源	L	E	C	D	风险等级	管理措施
隧道工程	电缆沟槽	电缆槽槽壁施工	电缆槽槽壁施工	电缆槽槽壁施工	作业台车未安装防护	1	6	7	42	一般	1.隧道台车、台架等危险区域，设置醒目的警示标志；2.台车安装LED轮廓警示灯
隧道工程	电缆沟槽	电缆槽槽壁施工	电缆槽槽壁施工	电缆槽槽壁施工	台车轨道固定不牢靠	3	6	7	126	一般	1.严格按操作流程施工作业；2.进行安全、施工技术交底；3.现场检查验收
隧道工程	电缆沟槽	电缆槽槽壁施工	电缆槽槽壁施工	电缆槽槽壁施工	浇筑时混凝土运输泄漏	1	6	15	90	一般	1.车辆长时间停放在电缆槽浇筑点时周围做好安全警示标志；2.进行安全教育培训并加大检查力度
隧道工程	电缆沟槽	电缆槽槽壁施工	电缆槽槽壁施工	电缆槽槽壁施工	乱接乱拉电线	1	6	15	90	一般	1.电路由专职电工负责；2.严禁乱接乱拉电线；3.及时处理破损的电缆和裸露的电线

图 4.6-11 检查计划

（4）隐患检查字典：

在现场安全检查过程中，可基于隐患库指导现场安全人员检查（隐患库内容基于行业标准及实际应用数据），指导并规范现场安全员检查提交隐患。检查操作示意图见图 4.6-12。

（5）安全日志管理：

系统可自动定期生成项目安全日报及安全员安全日志（图 4.6-13），生成规则及内容格式可根据使用需求配置。领导查阅报表可快速了解公司、项目每日安全工作情况及存在的相关问题，自动生成安全日志方便安全员每日工作，同时避免相关资料被遗弃。

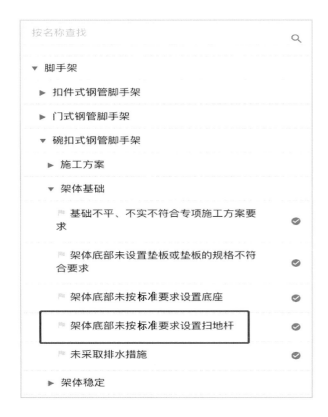

图 4.6-12 系统检查操作示意图　　　　图 4.6-13 安全日志/日报

4. 安全预案管理

安全预案管理主要包括应急预案、应急演练计划及应急演练情况报告等管理内容。

（1）应急预案管理：系统提供应急预案的创建、信息录入、导入导出、查询统计功能；并可实现应急预案管理的流程审批，可根据条件自动判断流转路线以及相应催办提醒等功能。应急预案见图 4.6-14，应急预案评审见图 4.6-15。

图 4.6-14 应急预案

图 4.6-15 应急预案评审

（2）应急演练计划管理：系统提供应急演练计划制定、信息导入导出、查询统计功能；并可实现应急演练计划管理的流程审批，可根据条件自动判断流转路线以及提供相应催办提醒等功能，见图 4.6-16。

任务编码	任务内容	责任单位	工作标准	计划开始时间	计划完成时间
01	防洪防汛应急演练	责任单位		2016-02-03	2016-02-03
02	消防安全演练	责任单位		2016-02-16	2016-02-16

图 4.6-16 应急演练计划

系统提供应急演练完成情况记录、信息导入导出、查询统计功能，见图 4.6-17。

5. 入场许可管理

（1）人员入场许可：

申请人通过移动 APP、微信小程序进行人员入场申请信息录入，主要包括姓名、单位、性别、年龄、身份证号（护照号码）、申请进入区域、申请期限（普通、临时、访客）、部门/班组、工种/职务、

实际开始时间	实际完成时间	资金使用	经验总结	工作进展情况	未完成原因	采取的后续措施
2016-02-05	2016-02-05	500.00	需定期进行机电设备巡检	工作进展顺利	无	
2016-02-10	2016-02-10	300.00	需定期进行机电设备巡检	工作进展顺利	无	

图 4.6-17 应急演练情况

培训成绩、培训日期、备注。

（2）车辆入场许可：

申请人通过移动 APP、微信小程序进行车辆入场申请信息填写，主要包括用车人姓名/电话、身份证号、驾驶员姓名、驾驶人证件号码、发动机号、车辆类型、注册日期、车辆所有人姓名、车辆所有人电话、申请原因、申请期限。

根据授权不同上传入场相关证明文件：机动车行驶证复印件（验原件）、机动车所有人身份证复印件（加盖申请单位公章）、机动车交通事故责任强制保险单（验原件）、机动车照片（在驾驶位一侧从车头方向向车尾呈 45°拍摄，能清晰辨认机动车号牌）。

（3）设备入场许可：

申请人通过移动 APP、微信小程序进行设备入场申请，主要包括设备编码、设备名称、生产厂家、所属单位、质保日期、下次维保日期等。

（4）携物入场许可：

申请人通过移动 APP、微信小程序进行携物入场申请，主要包括携物责任人、单位、物品名称、物品类型、物品数量、入场日期、离场日期等。

6. 安全教育管理

系统提供自动培训、无纸考试、自动建档等功能。配合基于互联网的安全培训管理平台进行培训管理及移动 APP 进行现场人员信息实时查询，从而形成线下移动培训、线上集中管理、现场实时查询的新型移动式多媒体安全培训模式。

7. 安全检查通报

系统提供安全检查通报的创建、信息录入、导入导出、查询统计功能；并可实现其流程审批，可根据条件自动判断流转路线以及提供相应催办提醒等功能。

质监站活动见图 4.6-18。

质监站活动

新建质监站活动

第1-2条，共2条数据

编号	主题	所属项目	创建人	创建时间	状态	
LZDC-0005	质监站活动1	xxx项目	xxx	2014-01-07 22:34:37	已通过	
SGDW-0003	施工单位质监站活动	xxx项目	xxx	2014-01-11 21:50:12	已通过	

图 4.6-18 质监站活动

（1）强制性条文：系统提供强制性条文的创建、信息录入、导入导出、查询统计功能；并可实现其流程审批，可根据条件自动判断流转路线以及提供相应催办提醒等功能，见图 4.6-19。

图 4.6-19　强制性条文

（2）工程质量事故报告：系统提供工程质量事故报告的创建、信息录入、导入导出、查询统计功能；并可实现其流程审批，可根据条件自动判断流转路线以及提供相应催办提醒等功能，见图 4.6-20。

图 4.6-20　工程质量事故报告

（3）质量事故处理结果报验：系统提供安全检查通报质量事故处理结果报验的创建、信息录入、导入导出、查询统计功能；并可实现其流程审批，可根据条件自动判断流转路线以及提供相应催办提醒等功能，见图 4.6-21。

图 4.6-21　质量事故处理结果报验

（4）工程咨询：系统提供工程咨询的创建、信息录入、导入导出、查询统计功能；并可实现其流程审批，可根据条件自动判断流转路线以及提供相应催办提醒等功能，见图 4.6-22。

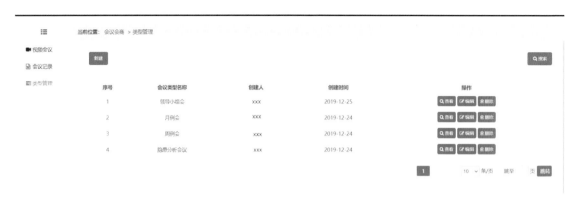

图 4.6-22　工程咨询

（5）现场车辆：系统提供现场车辆信息的创建、录入、导入导出、查询统计功能；并可实现其流程审批，可根据条件自动判断流转路线以及提供相应催办提醒等功能，见图 4.6-23。

图 4.6-23　现场车辆

（6）机械登记：系统提供机械信息的创建、录入、导入导出、查询统计功能；并可实现其流程审批，可根据条件自动判断流转路线以及提供相应催办提醒等功能，见图 4.6-24。

图 4.6-24　机械登记

（7）工器具/安全用具：系统提供工器具/安全用具信息的创建、录入、导入导出、查询统计功能；并可实现其流程审批，可根据条件自动判断流转路线以及提供相应催办提醒等功能，见图 4.6-25。

（8）测量计量器具试验设备检验：系统提供测量计量器具试验设备检验信息的创建、录入、导入导出、查询统计功能；并可实现其流程审批，可根据条件自动判断流转路线以及提供相应催办提醒等功能，见图 4.6-26。

图 4.6-25　工器具/安全用具

图 4.6-26　测量计量器具试验设备检验

4.7　人员管理

人员管理模块主要实现现场人员的管理，本模块包括人员档案管理、实时监测、人员画像、考勤管理、班组管理、安全教育平台、人员管理展示。

1. 现场人员统计展示

包括工地进入人员数量、工种分布、不同单位人员数量、新增及退场人员数量，并可以集成 RFID 人员信息，结合现场网格化地图，实现不同区域的人员分布展示。

2. 人员档案管理

主要针对项目人员设置增、删、改、查功能，绑定 RFID 人员定位信息。人员基本信息包括姓名、所在公司、队办、班组、个人档案、资格证书等，同时关联其他模块信息集成形成工人档案，提供统一的人员报表查询台账。

（1）实时监测：

通过直观的视觉展示，让管理者及使用者在第一时间了解现场工人情况，加强工作效率，各项子功能具体为：

① 人员信息滚动：人员信息滚动条显示实时人员总人数和各工种人数等，用于快速掌握人员相关数据信息。

② 人员实时监测分布：人员实时监测分布图结合工地分片地图，显示各水平面人员数目及其所在的相对位置信息等。

③ 人员详细信息及配置：人员详细信息及配置窗口主要显示当前人员相关信息，包括工号、姓名、部门、连接终端状态及个人地理定位等。

（2）考勤管理：

通过门禁采集进场、出场人员信息，记录进出场时间以及工作时长。通过查询可以了解各时间段或考勤周期的所有入场工作人员的考勤记录，见图 4.7-1。

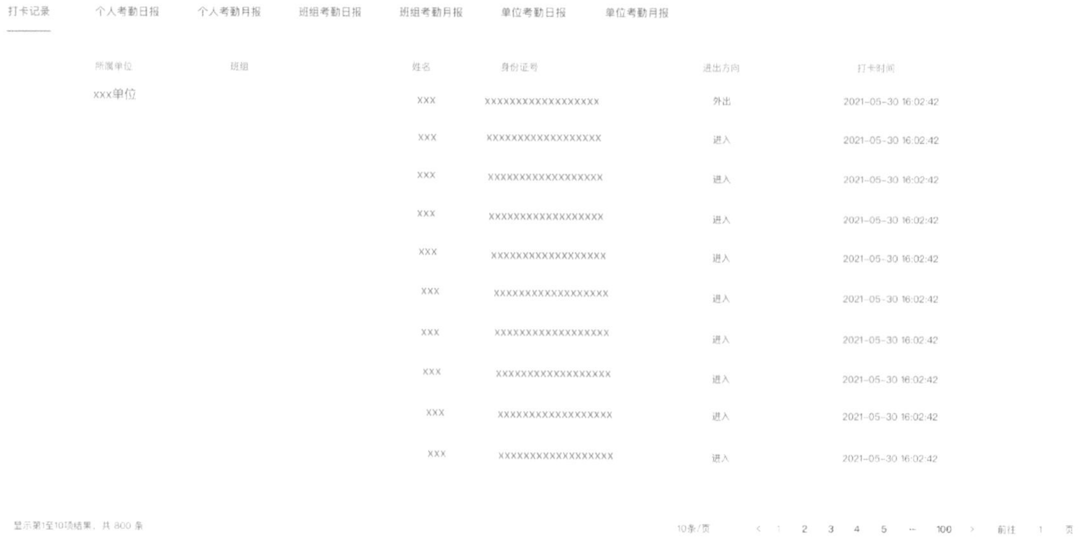

图 4.7-1　打卡记录

考勤查询窗口分为最新考勤记录和人员考勤明细两部分，这两部分均能查询人员进出场时间、工作时长以及在监控区域内的历史运动轨迹，见图 4.7-2。

图 4.7-2　考勤管理库

为了让人员考勤记录有据可依，系统除了在平台上进行相应展示以外，还提供考勤数据导出功能，形成纸质文档，方便项目管理部门进行考勤数据归档工作，见图 4.7-3。

（3）班组管理：

针对班组管理，主要进行班组评选和班组建设，包括班组人员管理、班组人员良好行为积分、班组

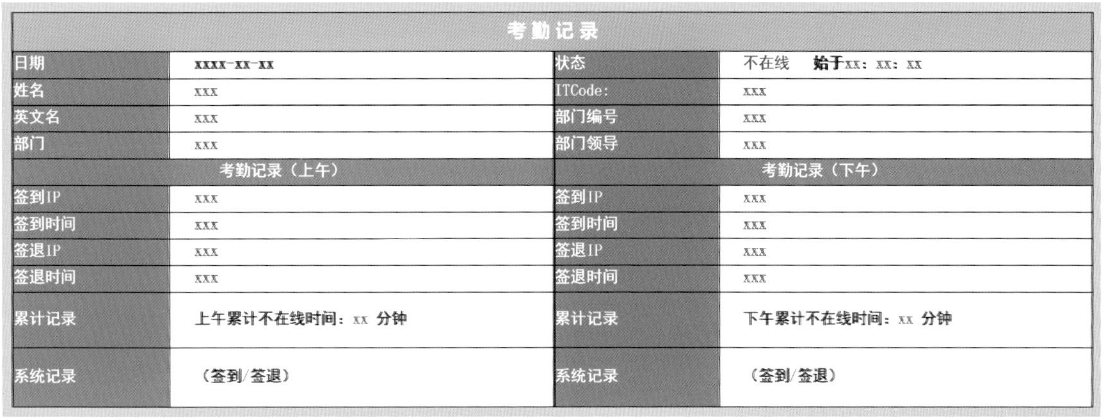

考勤记录			
日期	xxxx-xx-xx	状态	不在线　给于xx：xx：xx
姓名	xxx	ITCode:	xxx
英文名	xxx	部门编号	xxx
部门	xxx	部门领导	xxx
考勤记录（上午）		考勤记录（下午）	
签到IP	xxx	签到IP	xxx
签到时间	xxx	签到时间	xxx
签退IP	xxx	签退IP	xxx
签退时间	xxx	签退时间	xxx
累计记录	上午累计不在线时间：xx 分钟	累计记录	下午累计不在线时间：xx 分钟
系统记录	（签到/签退）	系统记录	（签到/签退）

图 4.7-3　考勤记录单

人员违章统计等，见图 4.7-4。

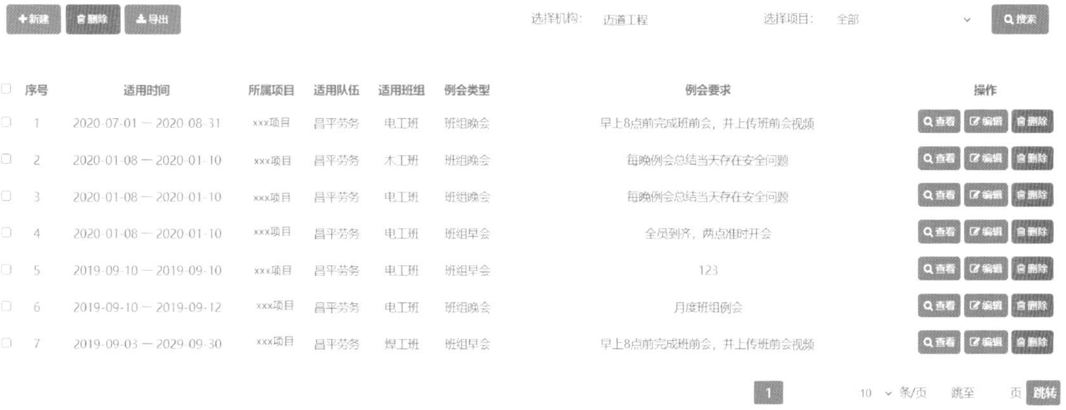

序号	适用时间	所属项目	适用队伍	适用班组	例会类型	例会要求	操作
1	2020-07-01 — 2020-08-31	xxx项目	昌平劳务	电工班	班组晚会	早上8点前完成班前会，并上传班前会视频	查看 编辑 删除
2	2020-01-08 — 2020-01-10	xxx项目	昌平劳务	木工班	班组晚会	每晚例会总结当天存在安全问题	查看 编辑 删除
3	2020-01-08 — 2020-01-10	xxx项目	昌平劳务	电工班	班组晚会	每晚例会总结当天存在安全问题	查看 编辑 删除
4	2020-01-08 — 2020-01-10	xxx项目	昌平劳务	电工班	班组早会	全员到齐，两点准时开会	查看 编辑 删除
5	2019-09-10 — 2019-09-10	xxx项目	昌平劳务	电工班	班组早会	123	查看 编辑 删除
6	2019-09-10 — 2019-09-12	xxx项目	昌平劳务	电工班	班组晚会	月度班组例会	查看 编辑 删除
7	2019-09-03 — 2029-09-30	xxx项目	昌平劳务	焊工班	班组早会	早上8点前完成班前会，并上传班前会视频	查看 编辑 删除

图 4.7-4　班组管理

（4）安全教育平台：

安全教育平台是供员工学习安全知识的平台。该平台包括新工人安全须知、安全技术操作规程、安全生产纪律、安全技术措施等安全知识。同时该平台还可以实现在线测试，通过在线测试考核工人安全知识的掌握程度。

3. 外委人员管理

（1）外委人员录入：

将外委人员加入外委人员信息表中，并录入人员编号（外委员工专用）、学历、家庭住址、健康、社保、工种、技能、用工合同（在系统已有表中选取）、工作内容、是否通过三级培训、安全规程考试、个人诚信度、单位诚信度、是否同意办理外委员工 IC 卡等相应信息。

（2）培训记录管理：

系统根据生成人员的培训记录，自动记录至少包括培训类别、内容、时间、地点、培训考试成绩、结论、有限期限、附件及备注。通过三级培训后，由专人填写培训记录，系统在外委人员信息表中自动记录三级培训合格。系统根据考试结果和是否在有效期限内，自动更新外委人员信息表中的记录。

（3）人员违章管理：

系统根据外委人员记录生成个人违章记录，记录内容至少包括违章日期、事由、性质、严重程度、违章扣分等信息，系统自动累计个人违章扣分，更新到外委人员信息表中，当违章扣分达到系统设定值时，该外委员工信息变为无效，不允许通过大门。

（4）外委工作项目：

内容包括项目名称、合同单位、合同名称、合同内容、开始时间、结束时间、合同状态等信息。当该工作项目完成后，由管理人员改变合同状态为结束，系统自动在外委员工表中更新为无效状态。

（5）综合查询与报表：

能为管理人员提供外委单位人员的培训、考试、出入、违章、单位、合同等情况的综合查询与报表。通过二次开发，可根据外委单位人员的安全培训考试，系统自动将门禁的有效时间设置为 1 年以后，若在此 1 年中有安全考试不合格，门禁系统自动将有效期改为当日，通过闸机时该人员不能进入现场。

4. 重点区域人员定位

在重点区域设置远距离识别设备，持卡人员进入识别范围内，系统能够自动识别人员身份。同时系统支持在电子地图上显示不同时段重点区域的人员密集程度。

5. 人员综合定位

结合门禁、远距离识别器等设备分析每名人员的行动轨迹，系统可以快速定位人员当前所在区域。

6. 人员资料查询

现场管理人员手持设备扫描施工人员 IC 卡，即可显示该人员信息以及违章信息，并可录入该人员违章信息，违章 3 次即加入黑名单，该员工下次进入现场时就不能通过闸机。

4.8　机械设备管理

机械设备管理功能模块包括设备信息管理、关键作业管理、检查维保管理、设备验收管理、设备操作人员管理、关键资料管理、设备监测管理等内容。

1. 设备信息管理

对现场设备的类型、操作人员信息、所属单位、所属项目、二维码标识、定位设备等基本信息进行管理，具备设备增加、查询、修改、删除和批量导入功能，见图 4.8-1。

图 4.8-1　设备信息管理

2. 设备监测管理

提供设备监测平台，提供一整套标准接口，可实现工地范围内设备监测数据的标准化和供应厂商支持灵活化以及全公司统一管控平台，避免各项目现场设备供应商不同导致无法统一管控的问题，见图 4.8-2。

系统运行过程中产生的设备相关数据，全部永久存储在云端或本地服务器，通过设定的关键指标

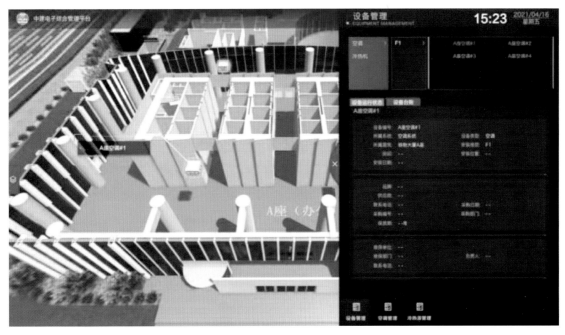

图 4.8-2　设备监测管理

（例如设备隐患数、设备检查率、设备保养率等），可对设备相关数据按照类型、时间等维度进行分析（图 4.8-3），同时根据层级展示对应的关键数据，通过量化的数据分析结果，全面掌握现场设备管控情况以及存在的设备安全风险，对下一阶段重点工作进行指导参考。

现场存在的设备安全风险，影响安全生产的重要风险（重大设备隐患超期未整改、设备监测异常预警等），系统即时预警提醒，保证设备安全风险及时排除。

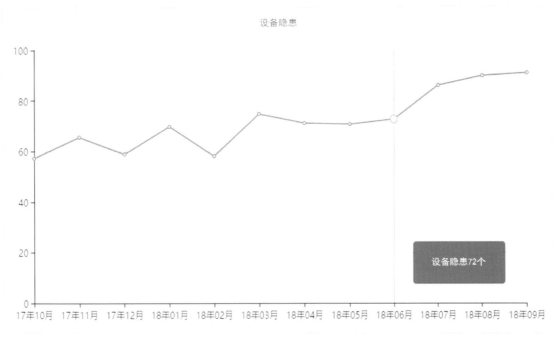

图 4.8-3　设备隐患分析

3. 设备实时监测管理

提供设备使用申请、审批流程，设备位置实时监测，供管理人员查看设备使用周期及闲置状态，调用、读取现场已有的设备运行参数。

4. 特种设备管理

展示整个区域的特种设备（装载机、挖掘机、塔式起重机等）基本信息、分布情况与运行情况、预警提醒、系统综合高精度定位，可实时、全程连续可视化跟踪运动过程，见图 4.8-4。

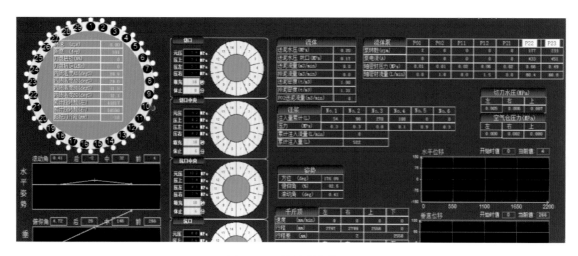

图 4.8-4　特种设备管理

5. 设备巡检及维保

记录设备日常巡检及维保情况，跟踪设备的运行状态。用户通过移动 APP 进行移动巡检，发现问题可以及时拍照或录制视频上传到系统，将问题及时通知到相关责任人。责任人可以在第一时间收到上报信息，及时处理安全隐患。

4.9　成本管理

成本管理的目的是实现项目利润最大化，实现方法是扩大项目收入，降低项目成本。

1. 成本管理

主要通过各业务系统的业务全过程处理，通过后台的成本核算体系，自动抽提业务过程相应发生的成本数据，自动汇总形成当月的成本账，保证成本数据来源于一线，真实反馈项目成本情况。

2. 核算科目与对象

系统根据成本科目和核算对象等的不同，根据实际管理需要自定义不同粗细程度的设定核算项，为实际成本与收入预算、目标成本对比提供统一的核算单元，解决工程工程核算与财务成本统计口径不一致的问题，见图 4.9-1。

3. 成本核算设定

成本核算设定主要用来将各种目标成本、计划成本、实际成本与成本的科目进行一一对应，保持核算口径的一致，包括工程项目、核算对象、成本科目、时间周期以及成本指标。

成本科目挂接支持不同的方式，公司只要按照公司标准设置一次科目挂接即可。预算资源挂接科目实现方式有人材机挂接、取费挂接以及清单定额项的挂接，以支持企业不同的核算方式，见图 4.9-2、图 4.9-3。

图 4.9-1　自定义成本科目，可以导入、导出至 Excel 格式

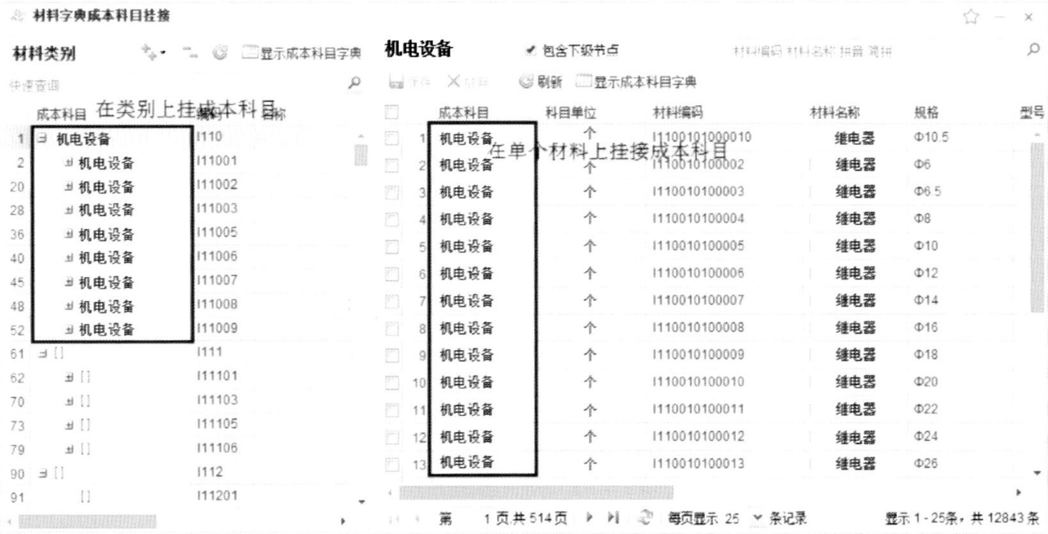

图 4.9-2　材料字典成本科目挂接

图 4.9-3　预算资源成本科目挂接

4. 成本构成

成本管理主要包含四大成本：收入成本、目标责任成本、计划成本、实际成本，系统通过完善的四算对比体系实现成本的分析和控制。支持企业不同层次的成本分析，例如二算对比、三算对比。本次着重介绍收入成本和实际成本。

（1）收入成本：

合同收入一般包括合同初始收入（双方确定的合同总额）和执行过程中合同变更、索赔、奖励等形势的收入。确定收入以后，就要根据不同企业采用的收入成本核算方法进行核算。

系统支持企业结合完工百分比以及工程决算方式核算收入成本，以实时反应相应施工进度条件下对应的收支对比。系统支持施工合同从签订、登记、预算导入、月度工程量计量、变更、索赔、到账工程款、履约情况分析等业务过程，并通过对施工合同业务的处理实现收入成本的实时核算。收入预算管理见图 4.9-4。

图 4.9-4　收入预算管理

预算编制类型见图 4.9-5。

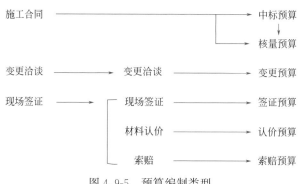

图 4.9-5　预算编制类型

导入中标预算，可以将分部分项、人材机消耗以及计价程序全部导入，见图 4.9-6。

工程量统计见图 4.9-7。

工程结算见图 4.9-8。

图 4.9-6　导入预算

图 4.9-7　工程量统计

图 4.9-8　工程结算

（2）目标成本：

系统主要处理中标后预算导入、成本核算设定、内部验工计价、责任成本核算及分析、成本考核。

通过目标责任成本统计实现内部月度验工计价，实时反映每月目标成本的完成情况。系统直接兼容预算软件，支持便捷统计，只需用户按照当月验工计量数量输入统计量，系统即可按照预算软件的计价规则自动计算统计金额。目标责任成本统计见图4.9-9。

图4.9-9　目标责任成本统计

（3）目标责任成本核算：

通过核算单据新增部分，系统自动提取当月的目标责任成本统计数据并按照相应预设好的科目方式显示，为后续分析查询提供支持，见图4.9-10。

图4.9-10　目标责任成本科目挂接

5. 人工成本

人工成本通过劳务分包管理以及项目管理人员工资业务处理，实现对人工费成本的核算。其中劳务分包管理主要以劳务合同的履约过程为基础，通过月度分包产值统计以及其他相关任务单、用工单、奖罚单等方式处理人工费成本，而管理人员工资部分通过费用记账单实现管理人员人工费的核算，见图 4.9-11。

图 4.9-11 人工费成本

6. 材料成本

系统根据单据发生日期自动归集到相应的成本费用账。消耗材料成本主要包括出库单、报损、盘亏、结算调整冲减、商混小票等方式自动进入成本费用账单，小型工机具支持摊销及租赁等不同方式计入成本，自有周转材料通过摊销方式计入成本，系统支持常用摊销算法自动计算或者人工设置，租赁材料成本计入主要通过结算租赁费的方式，系统根据合同租赁单价以及计费方式自动计算租赁费，并支持停租扣减、进出场费、维修费等成本核算。材料成本见图 4.9-12。

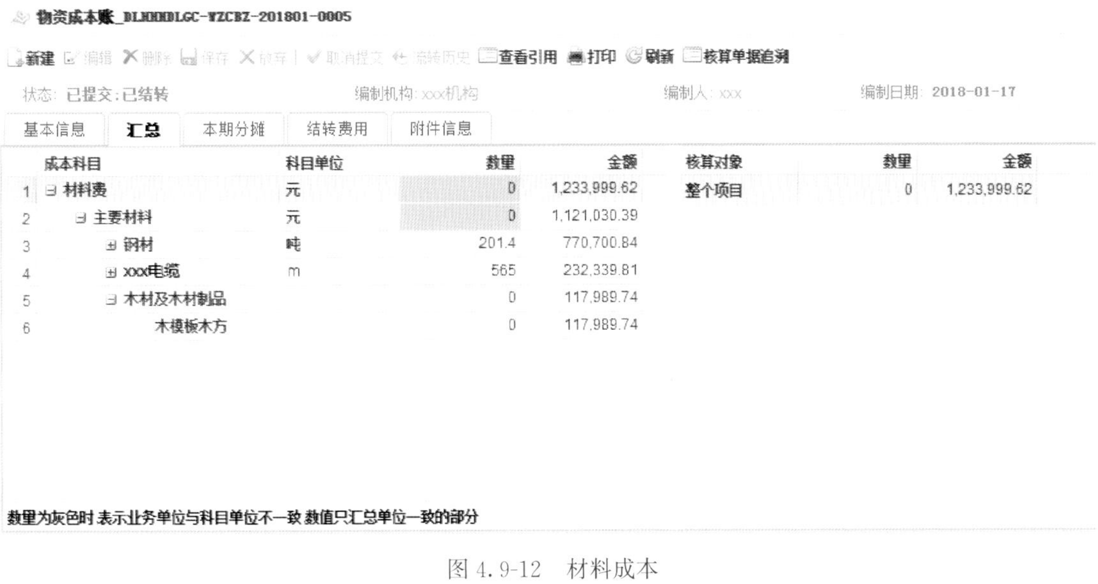

图 4.9-12 材料成本

7. 机械成本

系统通过多维度固定资产台账实施盘点企业固定资产的利用情况，同时通过摊销单或者租赁方式计算固定资产成本。租赁机械成本主要通过合同租赁单价和计费模式自动计算租赁费，包括进出场费、维修费等均纳入机械成本，见图 4.9-13。

8. 其他成本

主要处理一些人材机以外的项目发生成本，例如其他合同支出、专业分包费用、财务的临设摊销费、安全文明施工费以及其他费用等，通过每月定期核算自动纳入实际成本核算台账，进行最终成本对比分析，保证项目每一笔收入和支出都有相应的依据及记录，最终使得分析的基础更加完善，见图 4.9-14。

图 4.9-13　机械成本

图 4.9-14　其他成本

9. 成本分析及预警

　　系统可以根据具体成本预警项对相应成本自动预警，通知预警负责人及相关领导。系统可以按照成本科目、核算对象、时间周期、组织机构和施工合同五个维度进行成本核算，分析成本盈亏情况。系统提供全方位的成本核算台账，实现成本追溯，可以一直追溯到业务单据，真实掌握成本发生机构、工程部位、时间、资源量价、经办人等信息，及时采取有的放矢的纠偏措施。项目成本汇总分析可以按照总额、四算、三算和二算进行对比分析，见图 4.9-15。

图 4.9-15　项目成本汇总分析

　　可以对材料、机械、人工费、劳务分包、专业分包及措施费等分类成本进行分析，见图 4.9-16、图 4.9-17。

图 4.9-16　分类成本分析

图 4.9-17　多项目成本综合分析

4.10　专家远程诊断

专家远程诊断管理通过视频监控、信息数据、辅助决策等主要功能，满足专家远程诊断、突发事件应急管理工作的需要。

1. 视频图像资源接入

专家远程诊断管理模块利用现有的业务资源和现场提供的视频图像信息进行诊断管理。其中视频监控功能包括视频监控信息调用、事件过程记录、事件过程回放。

（1）视频监控信息调用：可调用视频监控信息，为专家和工作人员提供现场和视频监控支持，并可以把监控信息显示在相应显示终端上。

（2）事件过程记录：将过程中各环节的声音、图像、文字等各类信息记录下来，并且按阶段把信息组织起来。讲评记录、相关视频录像以及各种文档合成为当时事件的记录，存入相应数据库中备案待查。系统集成抓屏技术，当远程诊断开始时自动触发抓屏功能，此抓屏功能可以把本机上的所有操作信息、视频和文字信息等记录下来，并且保存成通用格式。

（3）事件过程回放：对于查询到的历史事件记录可以进行回放，再现事件当时的情况。可以在记录库中通过简单查询或复杂查询方式查找任意一条事件记录。

2. 信息数据管理

专家远程诊断管理模块数据库包括案例数据库和文档数据库，为专家提供相关历史数据、周边情况信息、发展趋势、影响范围，从而全面直观地为专家决策提供辅助。

（1）案例数据库：典型案例数据库提供历史事件及实例、各类重大事件发生情况、影响范围、损失范围、解决方案等。

（2）文档数据库：应急系统存储和使用的文档信息包括标题、编号、类型、密级 ID、签发人、签发人、承办单位、收文编号、存档号、发放范围、事件类型、内容、备注。

3. 综合业务管理系统

（1）培训管理：将组织的各类培训以文档、视频和图片的形式储存在专家远程管理模块中，并能将相关的讲义在模块中灵活编排，实现快速提供各类知识培训。

（2）数字化预案管理：实现对总体预案、专项预案等的数字化编制、拆分、检索查询，并可以按照预案关联设置，针对突发事件的类别、级别自动关联相关预案，为专家提供辅助决策。主要功能如下：

① 预案导入：工作人员可以把已有文本预案上传到系统，也可以在线编制新的预案。系统支持 Word、Excel 等格式文件的导入。

② 预案审核：预案实施需要通过专家组的审查，因此预案有两种状态：待审查状态和审查通过状态。对新增预案进行审核，新的预案需要通过审核才能生效；对预案内容进行修改，如果是已经发布的预案，须通过再次审核才能生效。

③ 预案发布：通过审核的预案可以正式发布和使用，也可以下发给相应的责任部门。预案发布将采取责任部门主动下载的方式，并对责任部门访问预案的权限进行控制。

④ 预案结构化：把文本化的预案进行数字化管理，建立目录索引，便于快速查找和定位。主要内容有指挥体系、指挥部信息、专家信息、信息发布、恢复重建等重要信息。

⑤ 预案关联：预案关联是数字化预案的关键部分，将预案分解为启动条件、机构、人员、物资、专家、车辆和其他等模块，真正实现信息、资源和组织的互动，预案关联可以按照事件类别和级别定义多种关联模式。

⑥ 预案查询：可以按照不同年份进行查询，按照突发事件的级别进行查询，按照不同的突发事件进行查询。

⑦ 预案修订：对已完成预案进行调整修订的功能，此功能的使用将受到严格的权限控制，并记录调整的过程和内容。被修订的预案需要重新通过审核发布才能生效。

⑧ 预案归档：预案归档主要实现对预案版本的控制和预案共享与安全级别的控制。

（3）归档管理：在专家远程诊断工作中将会产生数量众多、种类繁杂的材料，系统提供对接收的公文归档、领导批示文档的自动归档，方便以后的查询、浏览以及共享。

① 公文归档：对系统中接收的和编辑的大量公文按时间和类别进行归档管理。

② 领导批示归档：对系统中领导对应急管理工作中的批示文档按时间和类别进行归档管理。

第 **5** 章

可视化运维技术

机电系统作为建筑的"心脏和血管",系统的运维管理需要高效、稳定的信息化管理系统,将运行状态、维修状况、客户需求信息有机融合、统一分析,提供直观、准确、多维度的辅助决策信息和控制手段。机电运维管理系统作为客户重要的信息化管理工具,需要将工程设计阶段、施工阶段各类数据成果作为基础,通过系统的可靠性、兼容性和扩展性,实现"全要素、全方位、全流程"智慧化运维管理要求。

本章以可视化技术为核心,通过建设阶段数据成果和软件平台架构,快速组合开发智慧楼宇综合管理系统,形成直观展示、简单操作为中心的应用场景;同时利用自有的特色定制化开发服务,实现全生命周期的运维管理功能,增加客户黏性,实现为客户长期服务的目标。

5.1 可视化运维技术概述

智慧楼宇综合管理系统是在一体化管理平台统一技术标准的基础上，为客户开发的综合运维管理系统。智慧楼宇综合管理系统通过融合一体化管理平台提供的设计数据、模型数据、竣工资料数据，运用二/三维图形化展示技术和异构数据管理技术，将客户的资产数字化，并针对客户需求提供相应的应用场景。

5.1.1 智慧楼宇综合管理系统简介

智慧楼宇综合管理系统在已有功能的基础上（图 5.1-1），通过开发、集成各子系统，采集实时数据，打破各应用平台间的数据壁垒，实现数据的有效利用和管理的自动流转，达到提升建筑智能化管理水平、节约人力成本、减少建筑能耗的目的。

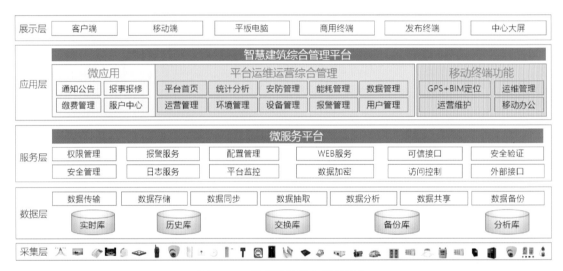

图 5.1-1 智慧楼宇综合管理系统

5.1.2 平台特点

智慧楼宇综合管理系统针对客户运维需求，提供 12 类的功能集，包括 IBMS 管理、物业管理、商业管理、租赁管理、能源管理、财务管理等。智慧楼宇综合管理系统功能集见图 5.1-2。

1. IBMS 管理

IBMS 管理包含楼宇自动化（BA）、安防自动化（SA）、消防自动化（FA）、办公自动化（OA）、通信自动化（CA）等数十个智能化子系统（图 5.1-3）。系统通过采集各子系统运行状态与数据，对各系统进行统一的监视与管理。

2. 物业管理

物业管理包含人员管理、工单管理、资产管理、设备管理、客服管理、收费管理、档案管理、绩效管理等功能模块，见图 5.1-4。

3. 商业管理

商业管理包含门店管理、空间管理、商户管理、营收管理、客流管理、合同管理等功能模块，见图 5.1-5。

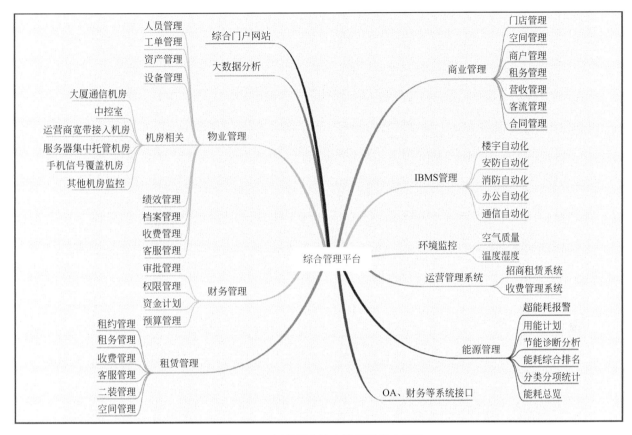

图 5.1-2　智慧楼宇综合管理系统功能集

图 5.1-3　IBMS 管理

4. 租赁管理

租赁管理包含租约管理、空间管理、租务管理、收费管理、客服管理、二装管理等功能，见图 5.1-6。

图 5.1-4　物业管理

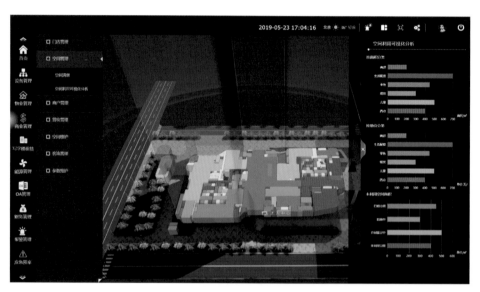

图 5.1-5　商业管理

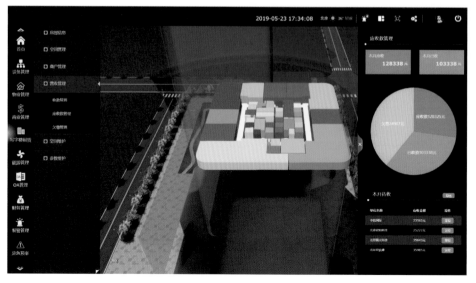

图 5.1-6　租赁管理

5. 能源管理

能源管理包含能耗总览、分类分项统计、超能耗报警、用能计划、节能诊断分析、能耗综合排名等功能模块，见图 5.1-7。

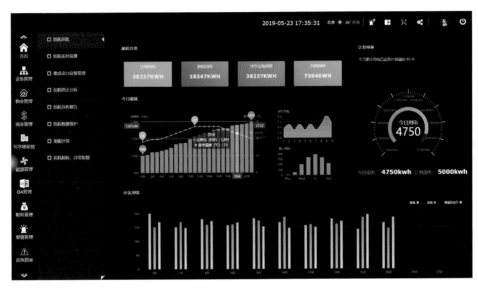

图 5.1-7　能源管理

6. 财务管理

财务管理主要包含预算管理、审批管理、权限管理、资金计划等功能，见图 5.1-8。

图 5.1-8　财务管理

5.2　机电设备监控

机电设备监控包含空调系统、新风系统、风机盘管、送排风、给水排水系统、冷机群控系统、VAV 系统、能源计量、电梯系统、智能照明系统、变配电系统、环境监控系统等（图 5.2-1）。系统采用 OPC、BACNET 等协议，将机电设备监控系统的运行状态与设备参数提供给相应的可视化管理功能模块调用。

图 5.2-1　机电设备监控系统功能

将 BIM 技术应用到监控管理中，不仅将各类末端设备与模型结合，在模型中展示实际位置，还将设备的实时运行状态（图 5.2-2），各类参数在模型中展示，并与工单系统联动，实现故障报警、设备定位、工单派发、配件申领、现场检修、服务监督等全流程的闭环管理（图 5.2-2）。可视化运维功能有：

图 5.2-2　机电模型应用

1. 汇总信息展现

汇总当前建筑系统运行状态信息，包括设备数量、开启数量、故障数量、报警数量、健康指标等；汇总当前建筑各管理分区设备运行状态信息，包括设备数量、开启数量、故障数量、报警数量、健康指标等。

2. 列表形式信息展现

可以按系统分别列表（页签）、空间（空间菜单），逐级深入建筑、管理分区、楼层。表单项包括设备编号、名称、类型、安装位置/服务区域、当前状态（开关、故障、报警）、主要运行工况（温湿度等）。列表具备筛选功能，筛选项包括前状态；列表有导出和打印功能。

3. 地图形式信息展现

所有系统设备以图标形式，按照其安装位置或服务区域分布在地图和模型上，图标颜色代表该设备当前状态。单击设备图标，弹出该设备当前状态以及关联摄像机实时视频画面。

暖通空调管理通过控制室内温度、湿度和新风，随着不同季节对供冷的需求变化，提供多种自动化控制模式，满足建筑物内健康、舒适的环境要求。

5.3 能源管理

可视化运维技术针对机电能源系统的管理功能包括：

1. 能耗总览

用户可通过系统查看能耗分析的汇总信息，包括分项耗能统计显示、柱状图显示当日不同时间段耗能情况等汇总信息，见图 5.3-1。

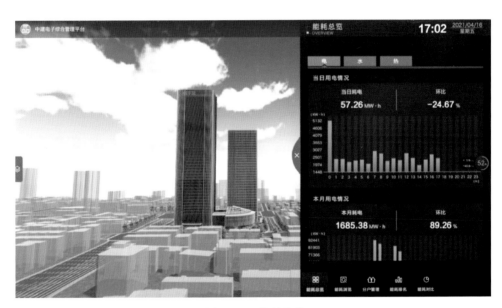

图 5.3-1 能耗总览

2. 能耗排名

从多个维度对能耗情况进行排名，包括按照不同分项（空调、照明与插座、动力、特殊）用电进行排名，按照不同用能类型（电、水）排名，显示当前分类、分项能耗数值，以柱状图、饼状图形式显示。能耗排名见图 5.3-2。

3. 数据浏览

通过对接现场电、水的计量点或现有能耗计量系统，对建筑用能数据进行实时采集。按建筑（建筑分层）点击查看相应的电、水运行趋势，对异常用能状况进行报警提醒，方便管理人员查看处理。

4. 当前能耗数据浏览

通过能耗类型（例如电）的筛选功能，分别对建筑用电总体能耗、分项能耗及具体设备能耗状况进行查看浏览。当点击用能类型（例如水）时，可分别对建筑总体用水状况、区域用水状况进行查看。

图 5.3-2　能耗排名

5. 历史能耗数据查询

通过时间筛选功能，选定不同的时间，以柱状图的形式显示相应能耗类型的历史能耗数据状况。

6. 数据对比

能耗分析模块将建筑能耗按照能耗用途和设备类型进行多层级划分，形成统一的、标准化的能耗分项模型，按不同时间跨度（年、月、日）显示建筑总体能耗。

包含对不同分项（空调、照明与插座、动力、特殊）、不同用能类型（电、水等）查看、在线分析，合理指导管理方和使用方进行节能管理。能耗数据对比见图 5.3-3。

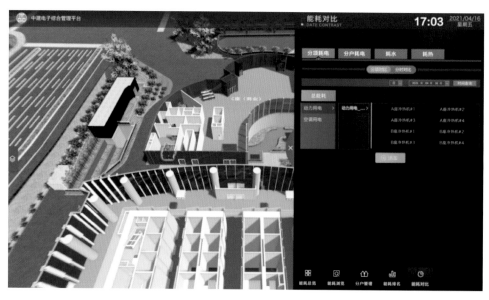

图 5.3-3　能耗数据对比图

7. 节能诊断分析

系统支持对设备能耗异常状况实现自动诊断，对能耗异常问题给出诊断建议。

系统通过多种方式采集各设备运行状态信息及参数，对状态信息进行分析与评估，结果信息可显示查看，为节约能源提供指导意见。

5.4　电梯管理

电梯管理功能包括对建筑内的直梯、扶梯、步道的运行状态和运行策略等进行监控。

可以查看每部电梯的安装位置信息，定位某部直梯后，查看该直梯的运行方向、停靠楼层、当前运行策略等。根据需要可以点击查看电梯内监控摄像机的当前监控画面，显示效果见图 5.4-1。

图 5.4-1　电梯设备三维空间定位及信息展示图

5.5　照明系统管理

照明系统管理功能包括：

1. 汇总信息展现

汇总当前建筑应急照明状态信息，包括应急照明支路数量、开启数量、故障数量、报警数量、健康指标等。当前建筑内各管理分区应急照明状态信息，包括应急照明支路数量、开启数量、故障数量、报警数量、健康指标等。

2. 列表形式信息展现

列表展示各应急照明支路名称、编号、类型、区域、当前状态。列表具备筛选功能，筛选项包括类型、当前状态、区域。列表有导出和打印功能。

3. 地图形式信息展现

所有应急照明支路以图标按照其服务区域分布在地图上，图标颜色代表该设备当前状态。点击应急照明支路图标，弹出该设备当前状态。照明系统管理显示见图 5.5-1。

图 5.5-1　智能照明系统管理

5.6　变配电系统管理

变配电系统管理功能有：

1. 汇总信息展现

汇总当前高压进线参数信息，包括线号、线电压、相电流、功率、功率因数、用电量（数值＋曲线）、健康指标等。当前各变压器参数汇总信息，包括投入/暂停、负载（数值＋曲线）、效率（数值＋曲线）。

2. 列表形式信息展现

列表对每种类型设备设置一个标签（高压柜、变压器、低压柜、直流屏、功率因数补偿器），展示各设备名称、类型（高压柜、变压器、低压柜、直流屏、功率因数补偿器）、编号、安装位置、当前状态（正常、故障、报警）、主要运行参数、联动摄像机编号。列表有导出和打印功能。

3. 地图形式信息展现

设置地图、系统拓扑图两个标签。地图标签为配电室地图，所有设备以图标形式按照其安装位置分布在配电室地图上，图标颜色代表该设备当前状态。点击设备图标，弹出该设备当前状态和运行参数，以及关联摄像机实时视频画面。系统拓扑图标签是将所有设备图标放置在拓扑图的对应位置，图标颜色代表该设备当前状态。变配电系统管理示意图见图 5.6-1。

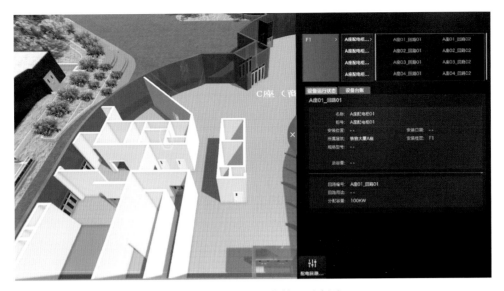

图 5.6-1　变配电系统管理示意图

5.7　环境监控管理

环境监测管理功能是通过对温度、湿度、二氧化碳浓度、空气洁净度等环境数据的监测，确定设备开启策略，及时调整开启状态，使环境舒适度达到最优效果。例如发现二氧化碳等含量超过警戒标准时，若楼控系统开放新风系统的控制权限，系统会强制启动相应设备并形成报警，及时通知管理人员。同时，环境监控模块可通过对历史数据的调用，进行现场环境品质评估，指导管理人员调整设备开启策略。

1. 温湿度监测管理

系统通过实时监测发现温湿度超过控制标准时，生成报警信息，并对报警区域进行定位，通知相应管理人员查看处理。系统具有历史记录信息查看功能，通过日期选择对当日的温湿度值进行历史回放。在建筑三维模型的温湿度监测区域进行不同颜色渲染显示，可查看监测区域温湿度参数值和区域信息，见图 5.7-1。

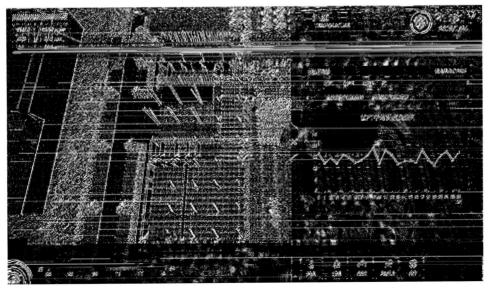

图 5.7-1　温湿度场景定位

2. PM2. 5 监测

对建筑物内的 PM2.5 进行监测，发现单位体积空气中筛选粒径的粒子浓度大于阈值时，系统强制启动机械通风装置，生成报警信息，并通知相应管理人员。系统具有历史记录信息查看功能，通过日期选择可对当日的 PM2.5 参数值进行历史回放。在建筑三维模型的 PM2.5 监测区域进行不同颜色渲染显示，可查看监测区域 PM2.5 参数值和区域信息。PM2.5 三维场景定位见图 5.7-2。

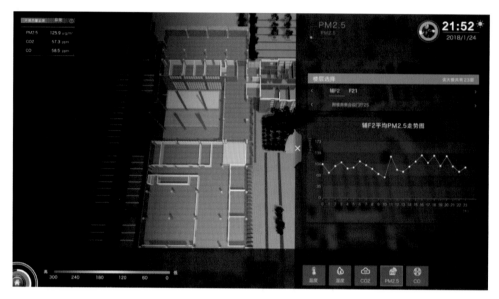

图 5.7-2 PM2.5 监测点定位与数据

5.8 安防管理

安防管理包含视频监控系统、门禁系统、周界报警系统、巡更系统、访客系统、停车场系统等。弱电系统的安防管理系统主要包括视频监控、门禁、周界报警，安防管理具体功能包括：

1. 视频监控

系统对视频监控系统发出调取指令时，点击相应的监控摄像机，弹出相应区域的视频画面。

系统的建筑三维空间模型中显示视频探头的具体位置信息，点击选取需要查看的监控摄像机即可显示现场视频监控画面。

系统对门禁系统操作时，联动调取关联监控摄像机对现场情况进行查看，以便确认对门禁开启或关闭的操作。

系统在周界报警发生时，关联现场附近摄像机，调取现场画面，管理人员根据现场情况作出进一步判断处理。

系统接收到火灾报警信息时，与视频联动，调取现场视频画面，方便管理人员对现场问题状况做出合理的判断和处理，见图 5.8-1。

2. 门禁系统

在系统界面中，显示操作按钮可对门禁的开启和关闭进行远程操控，并且在建筑三维空间模型中显示门禁的开启和关闭状态。针对建筑中不同区域的门禁系统，通过区域选择功能，可在建筑三维空间模型中显示不同区域门禁系统的具体位置信息，并点击选取需要操作的门禁。系统对门禁系统操作时，可

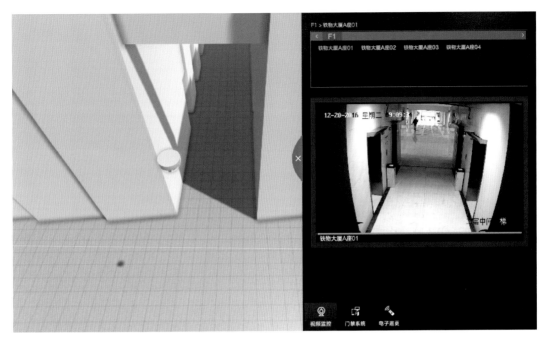

图 5.8-1　视频监控总览

根据需要调取附近摄像机，对现场情况进行查看，对进出人员身份进行核实确认后操作门禁的开启，见图 5.8-2。

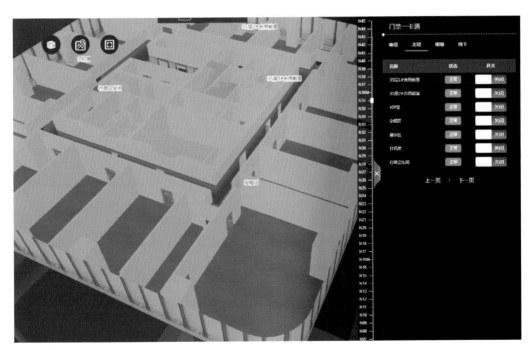

图 5.8-2　门禁管理

3. 周界报警

　　系统在统一的报警界面时，接收到报警信号后，强制打断系统的所有操作，并调出报警界面，对报警周界进行定位，调用监控画面并通知相应管理人员。系统对报警位置进行高亮显示并闪烁，直至系统复位或报警解除，见图 5.8-3。

图 5.8-3　周界报警

5.9　消防系统管理

消防系统管理功能有：

1. 预防性监测管理

系统可对消防水箱进行定位，点击设备时显示设备基本信息、相关文档、运行参数等信息。以折线图的形式在系统界面中显示消防水箱水位运行趋势状况，当水位异常时，提供报警提醒服务。

系统支持对消防水泵设备进行定位，点击设备显示设备基本信息、相关文档、运行参数等信息，当设备发生故障时进行异常报警。

系统支持对消防喷淋压力值进行监测，显示压力运行状态趋势，发生压力异常时提供报警提醒。

系统支持对烟感报警器状态进行监测（正常状态和报警状态），发生报警时在三维空间烟感报警器位置进行定位。

系统支持对温度报警器进行监测（当前温度实时数值），发生报警时在三维空间温度报警器位置进行定位，见图 5.9-1。

图 5.9-1　消防管理系统示意图

2. 应急预案管理

（1）应急预案管理：

应急预案管理功能主要是将应急预案进行分类展示，方便管理人员检索查阅；可以添加新预案；可以查看现有的预案信息；可以通过应急类型、事件类型及预案主题进行检索查看，见图 5.9-2。

图 5.9-2　应急预案管理

（2）消防疏散演练模拟：

演练某个区域发生火灾事件时，系统对事故现场进行高亮显示，同时对逃生路线、逃生门、消火栓位置等进行高亮显示，并对消防车停靠位置进行高亮显示，监测停靠位置是否被占用，方便管理者指挥现场处置协调安排，方便后期查阅、学习，见图 5.9-3。

图 5.9-3　消防疏散演练模拟

5.10 信息通信系统管理

可视化信息通信管理主要包含机房环控系统、信息发布系统、背景音乐及广播系统、会议系统的管理，通过三维方式展示各种管理功能，具体管理功能有：

1. 机房管理

可对项目资产或设备连线关系进行管理，通过系统对连线进行配置、变更、展示等操作，见图 5.10-1。

图 5.10-1 配线管理

通过 3D 模型对机房中所有机柜的连续可用空间分布查询，统计结果以柱状图方式直观表现。

通过 3D 模型对机房机柜额定功率分布统计，可以根据不同颜色区分相关的机柜功率大小；支持对机房机柜功率分布图可视化渲染展现。

通过 3D 模型对机房承重分布情况统计，能够以柱状图方式直观展现项目机房中每个机柜的承重状态，方便管理员实时了解机房布局并进行有效调整。

系统通过空间、能耗、承重和冷量环境智能检索，进行设备快速部署，规避操作风险，使规划部署更加简单和清晰，见图 5.10-2。

对基础设施设备和场地设施设备端口使用情况进行显示和统计，对现有设备端口使用率和空闲率进行显示，对端口的链路信息、应用信息、路由等信息进行智能显示，按设备、应用、链路信息等端口进行智能高效检索，见图 5.10-3。

采用小面板的形式展示每个温湿度感应器的湿度、湿度、运行状态等监控数据和报警信息。配置空调漏水线的线路位置，当某个位置发出漏水警告时自动报警。通过 3D 视图展示设备性能数据信息、设备警告信息，见图 5.10-4。

2. 背景音乐及广播系统管理

汇总建筑广播分支总数及开启数量、各管理分区广播分支总数及开启数量、建筑总体广播分支故障

图 5.10-2　容量管理

图 5.10-3　端口管理

停机数量、各管理分区广播分支故障停机数量信息。

列表形式展现各广播分支编号、服务区域、当前状态（开启、关闭、故障、报警）、播放内容编号、联动反馈拾音器编号、分支扬声器数量信息。列表具备筛选功能，筛选项包括安装区域、当前状态。列表有导出和打印功能。

地图形式展现所有广播分支，图标颜色显示该广播分支当前状态信息。点击广播分支图标，弹出该广播分支编号和当前状态；双击广播分支图标，播放关联区域拾音器音频信号，见图 5.10-5。

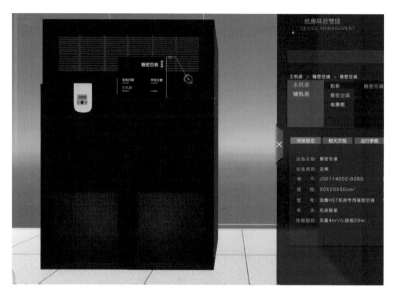

图 5.10-4　机房环控管理示意图

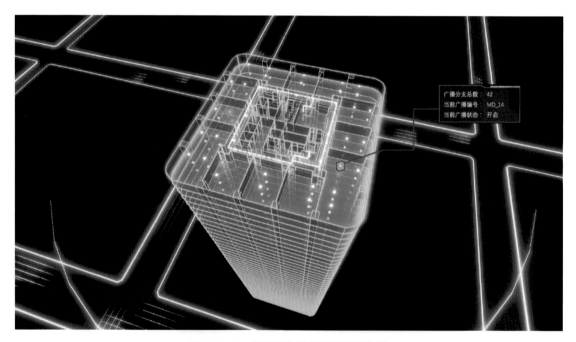

图 5.10-5　背景音乐及广播系统示意图

5.11　维修维保管理

维修维保管理功能有：

1. 维修管理

支持用户在线填写设备相应的报修信息，例如报修时间、紧急程度、报修项目、故障情况描述、报修人、报修人联系方式、希望完成时间等，同时支持故障设备图片上传功能，点击提交后生成报修处理单，见图 5.11-1。

管理人员安排维修后，通过系统向维修人员 APP 派发工单。如果管理人员尚未安排维修，显示未处理状态，见图 5.11-2。

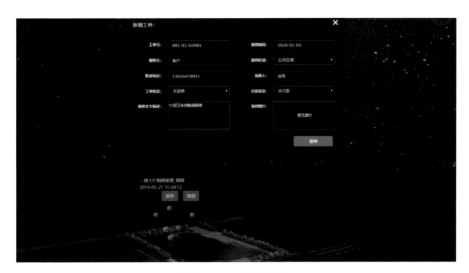

图 5.11-1　新增报修

图 5.11-2　未处理状态

（1）维修人员需要通过 APP 确认工单。如果维修人员未能确认工单，显示待确认状态，管理人员可以通过系统向维修人员 APP 推送工单确认提醒信息，见图 5.11-3。

维修人员通过 APP 确认工单后，工单正式生成，开始进入维修流程。用户可以通过系统查看工单完成的实时状态，见图 5.11-4。

（2）管理人员可以对维修人员的维修结果进行评价，见图 5.11-5。

（3）所有完成的工单都可以在维修历史记录中进行查询，系统提供多种条件的查询方式供用户检索，见图 5.11-6。

2. 维保管理

管理人员手动录入设备维护保养状况，调阅查看保养计划详情，并且给出设备下一次维护保养到期提醒日期，确保设备保养服务及时完成。

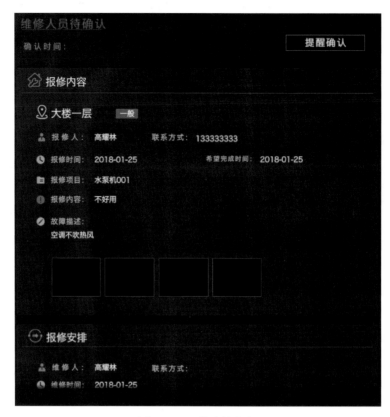

图 5.11-3　待确认状态

图 5.11-4　维修进度展示

图 5.11-5　维修评价

图 5.11-6　维修历史记录

线上制定维保计划，上传维保相关文档，将计划绑定到设备或区域内，管理人员进行新增维保计划的审批。所有的维保计划均可通过系统查看，系统可按照维保时间、位置、人员等多种条件查询检索。

可通过日历形式查看近期维保时间和维保项目，见图 5.11-7。

图 5.11-7　维保看板

第 6 章

典型应用案例

6.1 中国尊数字化建造应用

1. 工程概况

项目名称：北京市朝阳区 CBD 核心区 Z15 地块项目（中信大厦）

项目地址：北京市朝阳区光华路 12 号

建设时间：2013 年 7 月 29 日至 2018 年 12 月 28 日

建设单位：中信和业投资有限公司

设计单位：北京市建筑设计研究院

工程奖项：北京市结构长城杯金质奖工程

北京市优质安装工程奖

AEC Excellence Awards（全球工程建设行业全球卓越奖）

中国安装协会 2017 安装之星全国 BIM 应用大赛一等奖

中国建筑业协会第三届中国建设工程 BIM 大赛二等奖

上海市安装行业协会第四届申新杯 BIM 机电安装应用创新赛一等奖

中国尊大厦项目（图 6.1-1）位于北京市朝阳区 CBD 核心区，作为北京市新地标，造型蕴含了古代

图 6.1-1 Z15 地块项目效果图

尊形、城门等中国历史文化元素，形态挺拔秀美。总建筑面积 43.7 万 m²，地上 108 层，地下 7 层，总建筑高度 528m，与国贸建筑群、中央电视台和银泰中心等构成新的北京天际线。

由于本项目施工周期短（开发周期与同类超高层建筑平均开发周期相比减少 31 个月，月施工建筑面积是国内已建成同类超高层建筑的 1.4 倍）、施工场地有限（大厦自身无裙房，外围条件受限，几乎是"零场地施工"）、参建单位多（除机电各专业分包之间的综合协调外，还需与土建、钢构、装饰等其他各专业协调）、质量要求高，业主主导在建筑全生命周期内应用 BIM 技术，借助 BIM 技术在工程数字化管理中实现突破。因此，在建设周期中投入大量人力物力财力，从全过程 BIM 工作入手，践行一系列 BIM 应用。

2. 关键技术应用情况

本项目全面应用 BIM 技术，实现中国尊大厦建设全过程应用中 BIM 信息交换连续性要求，在国内首次实现 BIM 模型从设计到施工再到运营的流转和传递，避免了多次建模的资源浪费。在实施过程中，利用 BIM 技术在可视化、协调、模拟的优势，有效地提高设计质量和效率，提升项目管理水平，促进项目节能减排、绿色环保工作的开展。项目荣获 AEC Excellence Awards（全球工程建设行业全球卓越奖），该奖项是目前全球含金量最高、最具影响力的一项国际性 BIM 大赛奖。除了常规应用外，根据项目特点进行下列几方面的创新应用：

（1）窗台系统优化及模块化施工：

一体化窗台系统优化创新技术是针对原有设计提出的一套创新技术方案，其创新点为节省建筑使用面积，达到机电与装饰界面合二为一，中建安装利用 BIM 技术使现场施工交叉、复杂、时长等复杂因素变为简单。中建安装协调各家分包利用 BIM 软件对窗边风机盘管方案进行优化，经过优选比对，最终确定采用工厂预制安装的安装方案，为业主节省建筑面积，提高施工效率。优选对比方案见图 6.1-2，窗台板完成效果见图 6.1-3。

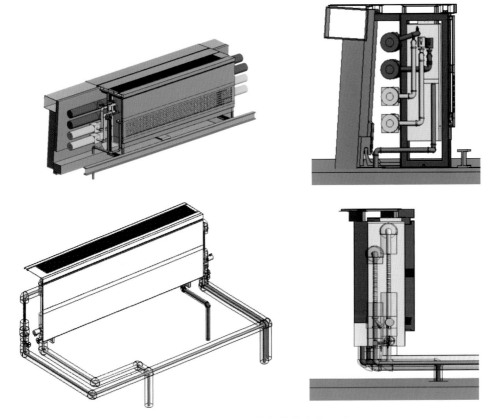

图 6.1-2　原设计方案与优化方案比对

	设计院原方案	优化后方案
风机盘管厚度	230mm	190mm
窗台板宽度	500mm	288mm
空调水管布置	主空调管道在风机盘管后侧	主空调管道在下层吊顶内布置，减少对幕墙防火封堵的影响
冷凝水管位置	水管穿幕墙防火封堵走下层排布	两侧接管
风口位置	回风口在装饰板侧面；但风机盘管下回风，过滤网在风机盘管下端	回风形式由侧回改为下回；回风过滤网从下端侧面抽出

图 6.1-2　原设计方案与优化方案比对（续）

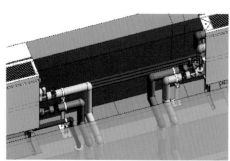 

图 6.1-3　窗台板完成效果

（2）预制立管加工技术：

中国尊项目受现场加工场地限制，将预制立管井、空调机房、弱电间、标准层办公区域，通过 BIM 模块化设计，按模型进行工厂化定制加工，节省现场安装时间，降低安装难度。针对异形构件，在工厂根据模型进行定制，减少现场加工难度，预制立管加工见图 6.1-4。

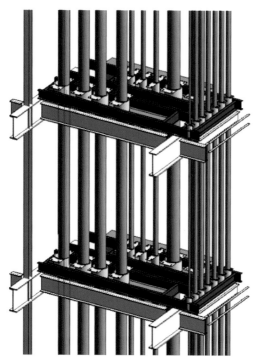 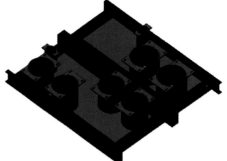 

图 6.1-4　预制立管加工

中国尊大厦项目预制立管系统 7～102 层采用预制立管施工技术，预制立管工程包含空调水系统、消防水系统等管道。预制管组管井内空间较小、管道布置密集，通过技术讨论将在现场作业的大部分工作移到加工厂内，通过绘制预制立管管井综合模型及节点模型，将预制立管等可预制组件在工厂内制造成一个个整体的组合单元管段，整体运至施工现场，通过施工模拟指导工厂管组的模块化组装及现场模块化支架整体吊装。整栋大楼共计 222 组预制立管，安装均已顺利完成。管组位置平面示意图见图 6.1-5。

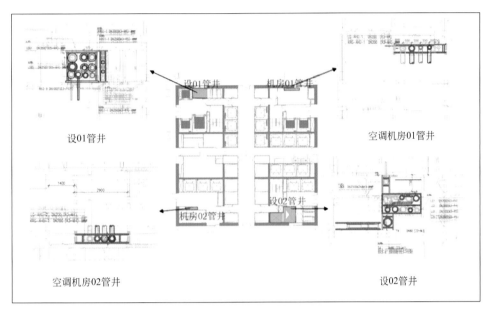

图 6.1-5 管组位置平面

预制加工流程：

① 三维建模：将二维设计图转为相应的 BIM 三维模型。

② 碰撞检测：采用基于管线模型的碰撞检测算法对三维模型进行碰撞检测，直至碰撞结果为零碰撞，输出最终的三维模型。

③ 预制加工预处理：根据组装顺序对三维模型中的所有管段进行编号，输出并打印预制加工图和编号结果。

④ 预制加工：根据预制加工图和编号结果制作管道预制件。

（3）BIM＋3D 激光扫描提升建筑品质：

三维激光扫描技术在超高层建筑施工现场比较新颖，中国尊大厦项目采用 BIM＋3D 激光扫描技术，改变了传统的工作方式，提高了工作效率，并为安装施工应用及后期运维累积大量数据资料。3D 激光扫描流程图见图 6.1-6。

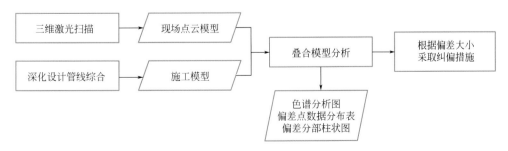

图 6.1-6 3D 激光扫描流程图

在各楼层机电主管线完成后，3D 激光扫描对现场实际情况进行复核，获取高精度的机电与建筑结构点云模型。解决了传统的对土建结构实测实量方式随机性大、人工复核精度不高、复核时间长等问题。单人每天即可完成三个标准办公层的扫描工作。将点云模型载入到 NavisWorks 平台后，将现场实际情况与 BIM 模型做比对分析，设计师可以提早发现机电施工偏差，协调现场机电各专业之间的管理，避免现场未按模型施工造成的专业冲突。点云模型及色谱分析图见图 6.1-7。

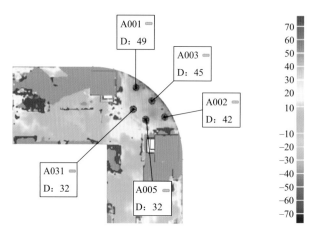

图 6.1-7　点云模型及色谱分析图

① 现场扫描完成后需要使用仪器配套软件 SCENE 进行后期处理，处理内容包括拼合完整点云模型、删除噪点以及调整点云模型坐标。

② 通过在 SCENE 视图中手动标记现场安放的标靶球或标靶纸，软件将自动匹配不同站点中的同一个标记，从而拼接各个扫描站点的数据以形成完整点云模型，见图 6.1-8。

图 6.1-8　标记站点中的标靶球

③ 删除多余点云数据，例如现场堆放的材料、走动的工人、外部干扰产生的噪点，见图 6.1-9。

④ 为使点云模型和设计模型处于同一坐标系，现场标靶需在轴线处安放。根据设计模型坐标系建立标靶点坐标 CSV 表后导入 SCENE，软件将自动调整点云模型坐标使之与表格中坐标一致，以达到点云模型和设计模型重叠的目的。

⑤ 处理完的点云模型直接导入 Revit 中，设计人员可直观地发现安装问题或根据现场优化结果修改模型，见图 6.1-10。

⑥ 将点云模型与设计模型导入 Geomagic（杰魔）软件进行拟合比较，生成机电色谱偏差 3D 模型及报告。Geomagic（杰魔）软件可导出偏差分布图，根据偏差大小的不同，模型显示不同的颜色，直

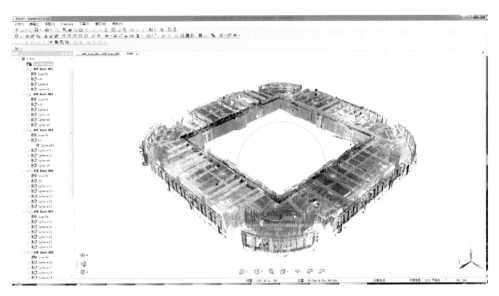

图6.1-9　清理完成后的完整点云模型

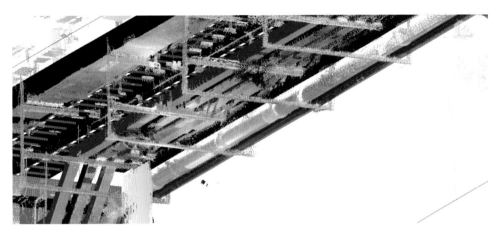

图6.1-10　模型与点云叠合效果图

观地体现出整个扫描区域的偏差情况，也可对局部进行详细分析，获取具体偏差数据，精度达到毫米。

⑦ 自动生成报告，这一技术具有信息完整、精度高等优点，方便管理和制定应对策略。管理者可以根据偏差的范围、偏差的大小，采取不同的措施消除误差。提升施工质量。对点云数据与模型进行切片，可得到任意高度的平面投影。软件生成详细数据，工程师修改偏差较大区域机电管路，极大地提升了施工精度。点云模型同时可用于分析建筑结构，用来发现可能对机电安装造成影响的区域，提前避免因结构施工误差造成的返工与拆改，见图6.1-11。

（4）智慧运维信息平台：

BIM应用在2018年已经进入关键的收尾阶段，中国尊大厦项目对后期运维提出了更高的要求，利用BIM＋物联网的新技术，中国尊大厦项目构建了智慧建筑云平台。该一级平台集合可视化、多维度、智慧化管理特点，不断开发新的二级平台，项目BIM团队就大厦一体化运维进行深入研究，推动中国尊大厦项目智慧运维信息平台在智慧建筑领域的应用落地。

1）智慧信息管理库：

运维信息平台作为载体承接了大量的数据库和信息源，结合业主运营维护需求，将系统分类组成分为空间管理、备品备件、封样样品、设备设施四大类。对各分类内关键设备进行编码，并需确保编码的唯一性。运维数据源分类见图6.1-12。

(九) F039-01空调机房，经过现场激光扫描结果与模型核对，并且对不具备扫描条件的区域采取人工现场核对的方式进行检验后。此区域中，模型风管、水管、桥架、阀门及设备的位置、高度与现场一致。

局部分析报告：

(一) F036层北侧，经过现场激光扫描结果与模型核对，并且对不具备扫描条件的区域采取人工现场核对的方式进行检验后。此区域中，模型风管、水管、桥架、阀门及设备的位置、高度与现场一致。

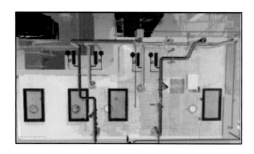

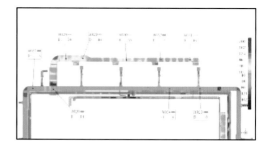

(十) F039-02空调机房，经过现场激光扫描结果与模型核对，并且对不具备扫描条件的区域采取人工现场核对的方式进行检验后。此区域中，模型风管、水管、桥架、阀门及设备的位置、高度与现场一致。

(二) F036层东侧，经过现场激光扫描结果与模型核对，并且对不具备扫描条件的区域采取人工现场核对的方式进行检验后。此区域中，模型风管、水管、桥架、阀门及设备的位置、高度与现场一致。

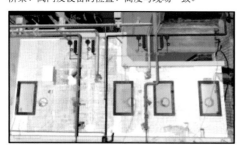

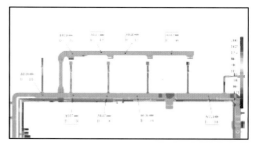

图 6.1-11　偏差分析报告

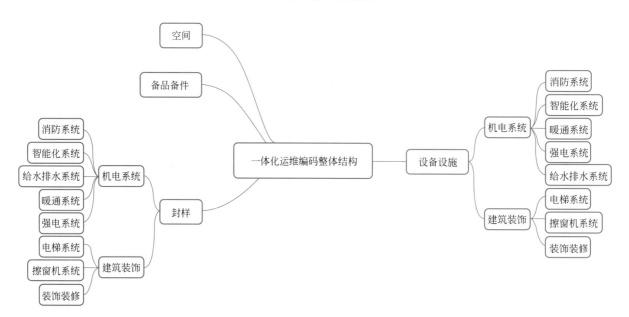

图 6.1-12　运维数据源分类

编码组成：编码系-项目编号-系统名称-编号-扩展码。

① 编码系：表示编码规则（设备设施类 C01、封样样品类 C02、空间类 C03、备品备件类 C04）。

② 项目编号：不同项目的名称。

③ 系统名称：设备所在系统的英文缩写。

④ 编号：设备在本专业内某一区域和楼层内的唯一码，各专业分包提供的编号查重验证后编制成码。

⑤ 扩展码：添加尚未确定的描述预留。

搭建中国尊大厦项目设备信息数据库，围绕不同设备展开相应运维信息。信息源分为静态信息及动态数据，分别对静态信息和动态信息数据导入，静态设备信息为设备基础信息、设备参数信息、厂家信息、设备运维信息，用于运营阶段的设备运营维护。动态信息通过物联网路由器连接第三方厂家设备，采用协议 MODBUS、BACNET、OPC、UA 直接对接，针对私有协议由厂商开放 SDK 实现快速对接转换。

2）模型轻量化：

中国尊大厦项目采用 AutodeskRevit 软件进行建筑信息建模，项目体量大，专业众多，机电专业模型文件约 1380 个，对接模型大小约 42GB。虽已控制各专业子模型的大小，但各专业模型组合仍然是相当庞大的 BIM 模型库，导入系统后直接导致系统卡顿。要解决这个问题，必须研究分析细化模型。对模型需求分级，对不需体现的模型删除，例如结构钢筋节点等模型；将建筑类模型作为背景导入，例如建筑幕墙楼板等，并开发插件，分区域分专业按需拆分导入模型。运维信息平台数据库示意见图 6.1-13。

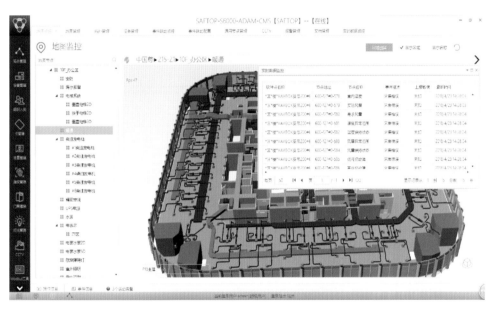

图 6.1-13　运维信息平台数据库

3）自动绑点技术：

将设备模型与真实设备绑定关系，使模型能够反映真实设备的状态、数据等，中国尊大厦项目点位数量庞大，采用人工绑点方式工程量大、出错率高，中国尊大厦项目在早期就对 BIM 模型提出要求，设备实例需要录入完整的 BIM 信息，包含位置描述和软件点名称，利用开发程序采用对应导入的方式实现软件点的自动绑定。

4）组态技术：

三维模型通过接口转换导出为本系统需要的格式，对文件进行分类处理，对每一个设备或部件进行分类处理，并区分不同状态，将每种状态根据情况决定用静态模型或者动态闪动的图形表达，对有逻辑关系的模型进行设备点绑定，最终形成特定逻辑关系链，例如设备报警自动处理，在发生漏水报警事件时，平台将自动根据在平台上定义的组态策略，关闭相应距离的电动水阀，确保关闭水阀后对区域的影响降到最小。同时自动弹出 BIM 地图及漏水点附近摄像机画面，通过 BIM 地图查看具体漏水位置，与应急平台联动取出运维文档，支持链接至物业及设施页面，查看设备的备品备件、维护等情况，使决策及响应变得不再困难，最大限度地降低报警事件带来的损失。设备应急处理见图 6.1-14。

165

图 6.1-14 设备应急处理

5) 移动端开发:

中国尊大厦物联网智慧云平台基于 BIM+GIS,同时利用云计算、物联网和数据信息,是人工智能综合集成平台,借助正在开发中的移动端数据平台,运维人员可以把中国尊"带在身上"随时查看、随时浏览访问,俯瞰设备能耗数据等。并通过权限账号登录 APP 信息平台,不同人员不同的端口。维修人员账号权限包含故障上报、故障核查、故障记录存储。根据运维的不同需求,对数据进行计算、分析,帮助大楼管理人员制定更好运维和服务方案,方便移动应用,方便物业管理的设备、故障、访客、能耗、会议室等,均可以通过 APP 进行管理。通过手机提交故障申请,随手可以拍摄故障照片一并提交,物业管理部门可通过手机审批及跟进维修。

运维过程也无须翻查复杂的设计图纸及复杂的说明书,只要设备运维人员通过 APP 扫描设备二维码,即可直接查看相关设备信息及相关资料,让运维不再困难,让物业管理更贴近,见图 6.1-15。

图 6.1-15 移动端平台

3. BIM 应用总结

BIM 应用分为两大类，一类是模型三维可视化应用，一类是模型数据信息应用。这两类应用都是建立在高质量的三维模型基础上。这个"高质量"的模型，不单是模型精度高，也包含 BIM 工程师对设计、施工、运维的了解。在建模初期，需要统一模型标准，将模型深化和碰撞检查建立在多专业综合协调的基础上。从实际工程应用点出发，应当结合实际情况灵活采用更加高效便捷的沟通方式，一味追求完成每一个细节是不必要的，三维可视化的本意是为了更好地沟通，而非阻碍；在追求高效沟通的原则下，模型应尽量还原现场真实建造情况；与此同时，管理也要同步跟进，确保模型应用落地。Z15 地块项目要求三个一致，模型与图纸提交时间一致，模型与图纸一致，模型与现场一致。为了做到这三个一致，BIM 从设计源头确保模型质量、三维交底、采用人工巡检和机器复核相结合的方式核查模型与现场一致性，从三个方面进行全过程的设计质量管控。

项目 BIM 团队为 BIM 应用的推广普及做了不少工作，从组织培训到安装软件，所有模型轻量化，在方案汇报和技术交底时大量采用三维模型，培养阅读模型的习惯。深度挖掘软件功能，让大家从不习惯到接受，从喜欢再到能够自己操作模型。

经过多年的发展，BIM 技术已有不少成熟应用，但 BIM 不能成为 BIM 部门的专属工作，唯有积极寻找与各部门的契合点，找到创新应用并形成制度，融入日常管理中，BIM 应用才能真正落地。

6.2　青岛海天数字化建造应用

1. 工程概况

项目名称：海天大酒店改造项目（海天中心）一期工程

项目地址：青岛市市南区香港西路 48 号

建设时间：2016 年 6 月至 2021 年 6 月

建设单位：青岛国信海天中心建设有限公司

设计单位：悉地国际设计顾问（深圳）有限公司

工程奖项：山东省建筑安全文明标准化示范工地

中国质量协会五星级管理现场

第四届建设工程 BIM 大赛一类成果

山东省首批建筑信息模型（BIM）技术应用试点示范项目

首届工程建设行业 BIM 大赛一等成果

海天中心（图 6.2-1）是首批入选山东省新旧动能转换库的重大项目和青岛市重点项目，海天中心定位于"国际标准、国内一流、沿海领先"，集超 5A 甲级写字楼、五星级海天大酒店、超五星级瑞吉酒店、艺术中心、城市观光厅、云端钻石 CLUB、海天 MALL、海天公馆七大业态于一体的超高层城市综合体，建筑面积 49 万 m²，总投资 137 亿元，由 3 座塔楼组成，其中塔 2 楼高 369m，建成后将为青岛第一高楼。

鉴于项目"国际标准、国内一流、沿海领先"的定位，且项目具有超高层建筑、高大空间、专业齐全、智慧建筑要求高等特点，在项目实施过程中，项目部也在数字化设计、工厂化加工、智慧化管理、可视化运维方面全方面发力，全过程使用 BIM 技术。

2. 关键技术应用情况

本项目在数字化建造方面主要应用了标准化建造技术、模块化建造技术、智慧化管理技术、可视化运维技术。总结形成了标准层机电管线模块化施工技术、共用结构竖井风管内法兰施工技术、抗震支吊

图 6.2-1　海天中心

架施工技术、工厂化预制技术、机房模块化施工技术等，其中《建筑机电模块化实施技术研究和应用》获得山东省土木建筑科学技术二等奖。项目 BIM 成果获得首届工程建设行业 BIM 大赛一等成果、第四届建设工程 BIM 大赛一类成果，并通过山东省首批建筑信息模型（BIM）技术应用试点示范项目的验收。

（1）标准化建造技术：

本项目应用了标准化建造技术中的多项技术，从进场开始即组建 BIM 管理实施团队，编制 BIM 实施策划，确定数字化建造、BIM 全过程管理的目标，利用公司资源和厂家资源，建立海天中心的 BIM 族库，用于本项目机电系统建模。模型与现场一致性核查见图 6.2-2。

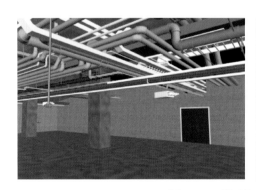

图 6.2-2　模型与现场一致性核查

利用 BIM 技术完成项目近 50 万 m² 的综合管线排布、深化设计，通过对系统的计算和分析，对塔 2 的办公区排风系统进行优化，增加办公区使用面积约 1256m²，见图 6.2-3。

四个位置的对比

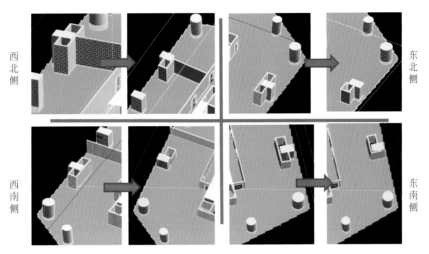

图 6.2-3　竖井优化方案前后对比

通过 BIM 技术，对部分关键机房进行方案模拟对比，进行机房装配化预制及标准层机电管线的模块化设计。

（2）模块化建造技术：

在公司的整体布局下，项目承担了胶东半岛区域的预制加工厂组建工作，实施了工厂化制作技术、机房模块化安装技术、标准层机电模块化施工技术、一体化灯盘模块化技术。在五星级、超五星级、办公商业等业态的制冷机房、锅炉房、换热机房等主要机房均采用机房模块化施工技术，大大降低了现场的焊机工作量，提高施工效率；在办公区、酒店区的标准层，实施了标准层机电模块化安装技术，提高垂直运输的效率和安装效率。标准层机电模块化安装见图 6.2-4，制冷机房模块化施工见图 6.2-5。

图 6.2-4　标准层机电模块化安装

（3）智慧化管理：

利用 EBIM 平台，实施机电 BIM 模型平台共享，实现机电图纸无纸化管理，在劳务管理、机械设备管理、能源管理等方面建立基于 BIM 的综合管理平台，实现智慧化管理。

图 6.2-5　制冷机房模块化施工

（4）可视化运维：

本项目搭建可视化运维平台，融合建筑、机电、电梯、泛光照明等各专业单位模型，可以全方位地了解项目各系统的运行状况。可视化运维平台见图 6.2-6、图 6.2-7。

图 6.2-6　可视化运维平台截图

图 6.2-7　可视化运维平台截图

3. BIM 应用总结

海天中心机电工程在数字化建造技术方面涵盖了深化设计、施工、管理和运维各阶段，贯穿了施工准备、预制加工、现场安装、系统调试、移交运维全过程，从纸版平面施工图到电子版三维立体图纸，让各个阶段的交流和沟通变得直观和有效，对项目的顺利推动提供了有力的保障。利用 BIM 技术对机电系统管线优化排布和深化设计，将一些机房进行优化布置，优化出一些营业区域和可供业主储物的空间（分别约 242m² 和 1163m²），为业主实现增值。大多数工程利用 Revit 等软件进行管线综合时，确定建模的标准偏高时会造成资源浪费；标准较低时，又会在后期实施中产生冲突，未能很好地实现其作用，因此要在实施前依据项目需求确定模型的精度和范围，做到合理应用。在人力成本增高的建筑业，预制化、工厂化的需求越来越强烈，海天中心项目进行了一些探索，还需要继续优化工艺和配置，以达到更优质高效的资源利用。

6.3　新媒体制作中心项目基于 BIM 技术的智慧建造

1. 工程概况

项目名称：新媒体制作中心（新媒体制作中心项目）

项目地址：北京市经济技术开发区同济南路 19 号

合同工期：2017 年 9 月 10 日至 2019 年 3 月 3 日

建设单位：北京青兰石光电子有限公司

设计单位：九源（北京）国际建筑顾问有限公司

工程奖项：中国安装协会 BIM 技术应用成果评价二类成果

山东省建筑信息模型（BIM）技术应用竞赛二等奖

中建安装集团有限公司第一届 BIM 大赛团体竞赛二等奖

新媒体制作中心项目（图 6.3-1）位于北京市亦庄经济开发区核心区 80 号街区，总建筑面积约 5.5 万 m²，其中地下建筑面积 2.9 万 m²，地上建筑面积 2.6 万 m²，是集影视制作车间、直播 VCR 拍摄区域以及商用办公楼为一体的高品质工业厂房工程。

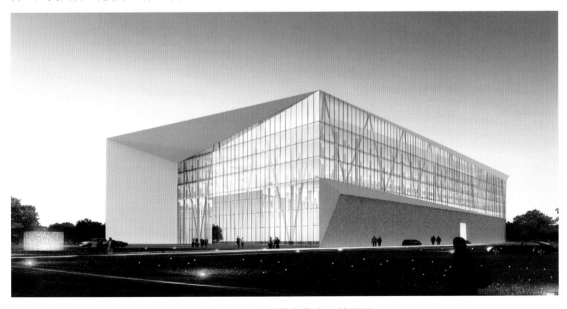

图 6.3-1　新媒体制作中心效果图

项目以 BIM 模型为载体，将施工过程中的进度、合同、成本、质量、安全、图纸、材料、劳动力等信息集成到同一平台进行管理。利用 BIM 模型形象直观、可计算分析的特性，为施工过程中的进度管理、现场协调、合同成本管理、材料管理等关键过程及时提供准确信息，帮助管理人员进行有效决策和精细化管理，减少施工拆改，缩短项目工期，控制项目成本以及提升工程质量。

2. 关键技术应用情况

（1）机电深化设计 BIM 应用：

新媒体制作中心地下室三层，地上两层，机电安装管线复杂，项目运用 BIM 软件搭建全专业模型，整合模型后做碰撞检查，提前发现各专业管线"打架"的问题共计 3919 处，并对碰撞管线综合优化排布，进行全专业协同管理，节省了空间和材料，减少了施工返工。机电 BIM 效果见图 6.3-2、图 6.3-3。

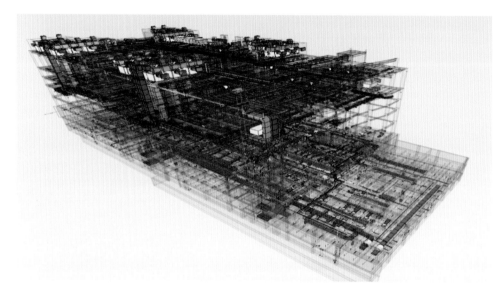

图 6.3-2　机电 BIM 整体效果

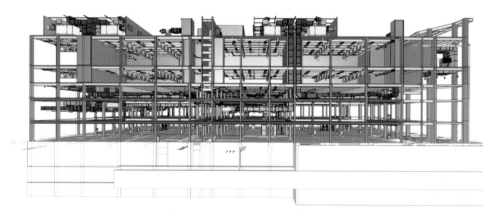

图 6.3-3　机电 BIM 立面效果

1）机电净高优化：

地上二层 3-6/D-E 轴以原施工图综合排布后，机电管线最低标高为 2.95m，为提升净高将走廊内送排风管分别移至南北房间内，除 3 轴附近管线最低标高 3.5m 外，其余走廊内管线最低标高提升为 3.95m。图纸优化联络单及风管优化效果见图 6.3-4～图 6.3-7。

图纸优化

工程名称：新媒体制作中心(新媒体制作中心项目)　　　　　编号：ZJAZ-YZ-003

问题编号	003	报告日期	2019 年 6 月
专业	综合	问题区域	二层
图纸名称	二层空调通风平面图		

优化前截图	优化后截图

问题描述：二层走廊按机电施工图综合排布后，机电管线最低标高为 2950mm.

BIM 优化建议：将走廊内送排风管分别移至上下房间内，除 3 轴附进管线最低标高 3500mm 外，其余走廊内管线最低标高为 3950mm。请确认是否可行。

问题回复：.

图 6.3-4　机电净高优化联系单

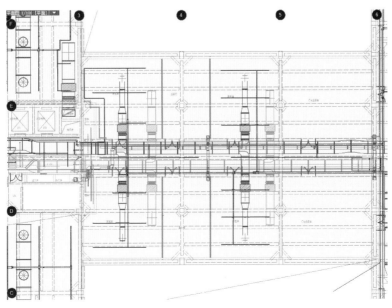

图 6.3-5　机电模型平面效果

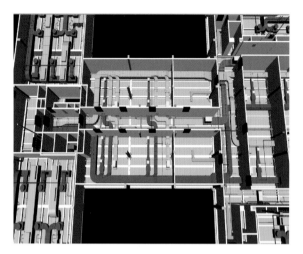

图 6.3-6　走廊风管优化三维效果

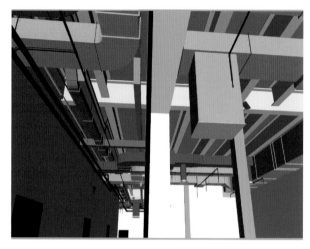

图 6.3-7　走廊风管优化房间节点图

2）BIM-机电支吊架于钢结构上生根：

利用 BIM 技术整合各专业模型，确定机电支吊架生根位置，并针对钢结构不可现场焊接、精度难控制、各专业开孔孔位冲突等生根困难点进行讨论，最终确定依照在梁侧预埋两块焊板进行施工。支吊架设计流程见图 6.3-8～图 6.3-10。

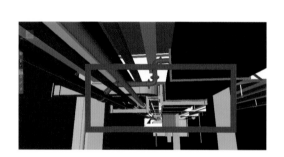

图 6.3-8　确定支吊架生根位置

方案：不开孔，在梁侧预埋两块焊板
优点：不开孔，不对钢结构性能产生影响，预埋连接件，可减小施工误差影响

图 6.3-9　确定支吊架生根方案

支架的连接件可上下移动，调整位置，提高精度

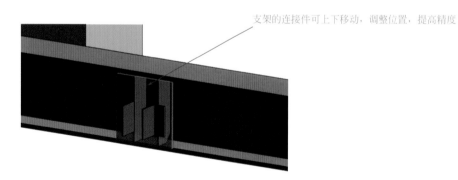

图 6.3-10　支吊架生根效果图

3）BIM-机电预调试：

利用 BIM 模型中管道流量参数等信息，提前对系统进行计算和预调整，将实测流量与系统流量对比分析，统筹调整，节省系统调试时间。BIM 水力负荷计算见图 6.3-11。

（2）钢结构深化 BIM 应用：

新媒体制作中心地上三层为钢结构，运用 BIM 技术搭建钢结构模型，判定模型中的节点是否合理、

鸿业空调水管水力计算

设计软件:	鸿业设备设计暖通空调
计算时间:	2015-07-14 17:13:28
室内供回干管形式:	同程
室内公用立管形式:	同程
立管数:	1
供水温度(℃):	7
回水温度(℃):	12
系统总负荷(w):	1376580
系统总流量(kg/h):	236729.15
系统总阻力(Pa):	127454.04

总供回水干管水力计算表

编号	负荷(w)	流量(kg/h)	水管管材	公称直径	流速(m/s)	管长(m)	比摩阻(Pa/m)	动压(Pa)	局阻系数	沿程阻力(Pa)	局部阻力(Pa)	设备水阻(Pa)	总阻力(Pa)
HG1	1376580	236729.15	无缝钢管	300	0.912	3	26.79	415.94	0	80.36	0	0	80.36
HH1	1376580	236729.15	无缝钢管	300	0.912	3	26.79	415.94	0	80.36	0	0	80.36

立管信息表

编号	楼层数	总负荷(w)	总流量(kg/h)	立管阻力(Pa)	最不利立管阻力(Pa)	立管不平衡率(%)
公用立管1	1	1376580	236729.15	127454.04	127454.04	0

立管水力计算表

编号	负荷(w)	流量(kg/h)	水管管材	公称直径	流速(m/s)	管长(m)	比摩阻(Pa/m)	动压(Pa)	局阻系数	沿程阻力(Pa)	局部阻力(Pa)	设备水阻(Pa)	总阻力(Pa)
公用立管1 - VG1	1376580	236729.15	无缝钢管	300	0.912	3	26.79	415.94	1	80.36	415.94	0	496.3
公用立管1 - VH1	1376580	236729.15	无缝钢管	300	0.912	3	26.79	415.94	0.2	80.36	83.19	0	163.55

系统最不利环路为公用立管1-楼层1-层内系统1-环路74。

编号	负荷(w)	流量(kg/h)	水管管材	公称直径	流速(m/s)	管长(m)	比摩阻(Pa/m)	动压(Pa)	局阻系数	沿程阻力(Pa)	局部阻力(Pa)	设备水阻(Pa)	总阻力(Pa)
FG1	1376580	236729.15	无缝钢管	300	0.912	5.82	26.79	415.94	0	155.98	0	0	155.98
FG2	1376580	236729.15	无缝钢管	300	0.912	5.2	26.79	415.94	1	139.24	415.94	0	555.19
FG3	1358580	233633.71	无缝钢管	300	0.9	9	26.12	405.14	1.5	235.03	607.71	0	842.74
FG4	1345080	231312.12	无缝钢管	300	0.891	5.91	25.62	397.13	1.5	151.52	595.69	0	747.21
FG5	1341097.5	230627.26	无缝钢管	300	0.889	2.25	25.47	394.78	1.5	57.36	592.17	0	649.53
FG6	1327597.5	228305.67	无缝钢管	300	0.88	6.34	24.98	386.87	1.5	158.31	580.31	0	738.62
FG8	1323615	227620.81	无缝钢管	300	0.877	1.84	24.84	384.55	1.5	45.63	576.83	0	622.46
FG9	1310115	225299.23	无缝钢管	300	0.868	7.79	24.35	376.75	1.5	189.74	565.12	0	754.87
FG10	1296615	222977.64	无缝钢管	300	0.859	2.63	23.87	369.02	1.5	62.85	553.54	0	616.39
FG11	1292632.5	222292.78	无缝钢管	300	0.857	6.85	23.73	366.76	1.5	162.68	550.14	0	712.83
FG12	1292632.5	222292.78	无缝钢管	300	0.857	3.65	23.73	366.76	1	86.52	366.76	0	453.28
FG13	1292632.5	222292.78	无缝钢管	300	0.857	4.66	23.73	366.76	1	110.59	366.76	0	477.35
FG14	1288650	221607.91	无缝钢管	300	0.854	6	23.59	364.5	1.5	141.57	546.76	0	688.32

图 6.3-11　BIM 水力负荷计算

钢结构间有无碰撞、现场施工是否能实现，将图纸问题和施工难题在建模阶段就予以解决，使后期施工的流畅性和经济性得到有效保证。钢结构 BIM 整体效果见图 6.3-12。

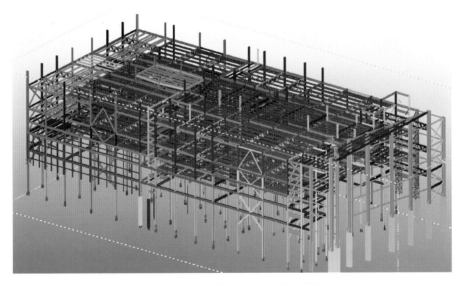

图 6.3-12　钢结构 BIM 整体效果图

通过深化设计解决各专业间交叉及现场施工问题，出具构件详图和构件布置图，用于指导工厂加工及现场定位拼装。

1）钢结构复杂节点创建构件零件图：

主体结构中钢构件截面形式多样，加工难度大、精度要求高，利用 BIM 技术精准放样，创建构件零件图指导加工厂数控下料，提高工厂构件拼装效率，有效缩短钢构件生产周期。钢结构 BIM 节点见图 6.3-13。

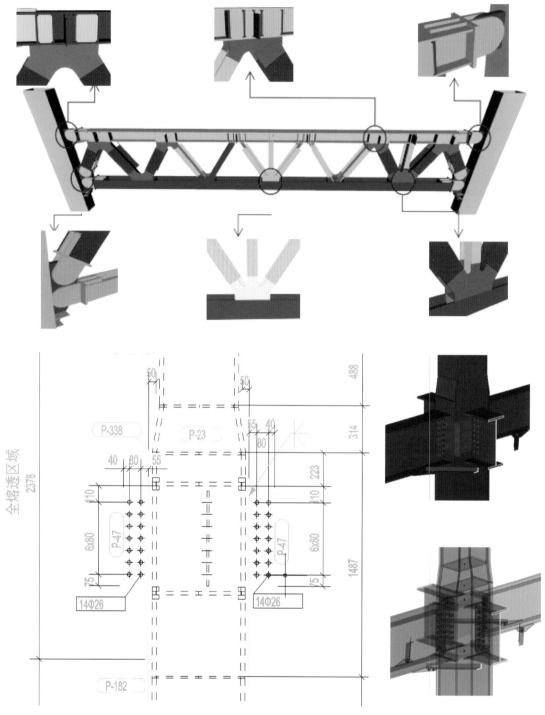

图 6.3-13　柱构件 BIM 绘制零件图

2）BIM 钢结构预制加工及现场施工：

利用 BIM 技术指导加工厂加工，有效减少人员工作量，降低构件加工错误率，见图 6.3-14。

对支撑架体进行力学分析，图中杆件最大应力比为 0.71，杆件应力比极限值为 1.0，故支撑架稳定性合格。通过 BIM 钢结构力学分析实现预拼装预吊装，提前验证了钢结构吊装方案的可靠性，保证现场实际安装的安全性、结构稳定性，提高钢结构吊装施工效率。见图 6.3-15～图 6.3-17。

图 6.3-14　桁架制作加工及现场施工图

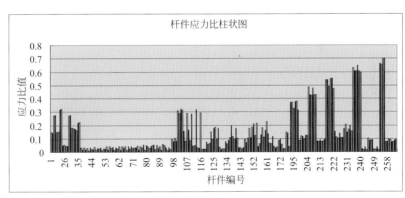

图 6.3-15　桁架力学分析

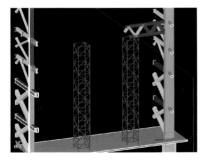
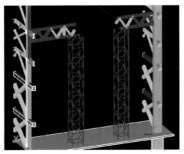
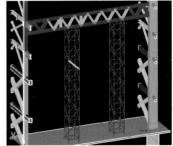

图 6.3-16　模拟现场钢桁架拼装

（3）土建深化 BIM 应用：

1）二次结构排砖优化：

通过 BIM 排砖统计异型砖数量、尺寸，编制加工手册与配送手册，依据手册指导工人加工、按尺

图 6.3-17　现场拼装工作

寸分类堆放、集中配送。项目部对异形砖型号及堆放部位进行验收。

运用排砖图向生产工人进行技术交底，照图施工，减少材料浪费，有效地优化工序、工期，且使整体效果更加美观，见图 6.3-18～图 6.3-21。

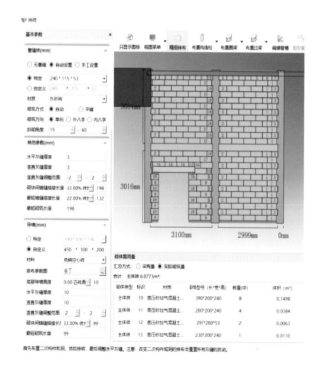

图 6.3-18　BIM 排砖

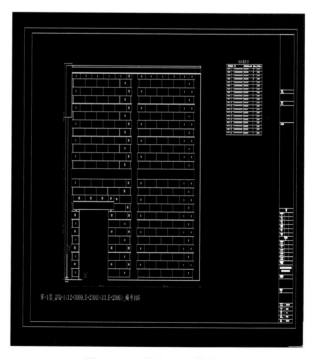

图 6.3-19　导出 BIM 排砖图

图 6.3-20　BIM 排砖技术交底

图 6.3-21　指导现场施工

2）二次结构排砖优化-物资管理：

将砌体用量表提交给项目采购部门进行采购、精确备料。根据材料需用计划表进行砌块的集中加工，减少随意砍砖现象，见图 6.3-22～图 6.3-24。

砌体需用量

汇总方式：○ 采购量　● 实际砌筑量

合计：主体砖 6.0773m³;

砌体类型	标识	材质	规格型号（长*宽*高）	数量（块）	体积（m³）
主体砖		蒸压砂加气混凝土…	600*200*240	143	4.1184
主体砖	1	蒸压砂加气混凝土…	470*200*240	23	0.5189
主体砖	2	蒸压砂加气混凝土…	400*200*240	17	0.3264
主体砖	3	蒸压砂加气混凝土…	310*200*240	11	0.1637
主体砖	4	蒸压砂加气混凝土…	400*200*178	2	0.0285
主体砖	5	蒸压砂加气混凝土…	600*200*178	7	0.1495
主体砖	6	蒸压砂加气混凝土…	470*200*178	1	0.0167
主体砖	7	蒸压砂加气混凝土…	310*200*178	1	0.0110
主体砖	8	蒸压砂加气混凝土…	330*200*240	4	0.0634
主体砖	9	蒸压砂加气混凝土…	530*200*240	4	0.1018

图 6.3-22　砌体需用计划表

图 6.3-23　材料集中配送、材料分类堆放

图 6.3-24　加气混凝土砌块加工手册、配送手册

3）土建钢筋优化：

运用广联达钢筋 BIM 软件进行钢筋下料加工、绑扎等全过程精细化管理，大幅度减少钢筋废料的产生，同时清晰地呈现钢筋组合方式、材料来源及成品用处，见图 6.3-25、图 6.3-26。

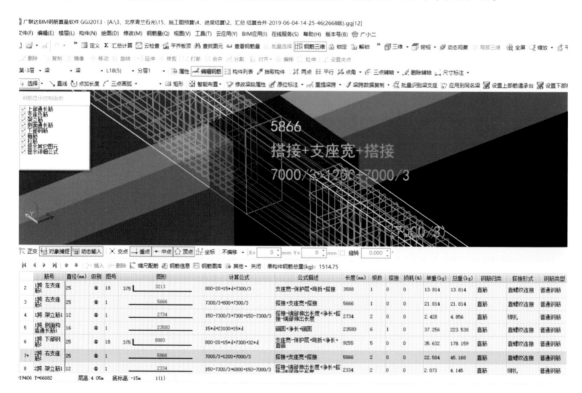
图 6.3-25　软件查看钢筋三维长度及计算公式

4）模拟施工-机械塔式起重机优化：

① 原设计 6 台塔式起重机，型号 QTZ320（R55/25）；臂长 55m，最大额定起重量 18t；最大幅度起重量 2.5t，见图 6.3-27。

钢筋明细表

工程名称：**新媒体制作中心项目**　　　　　　　　　　　　　编制日期：2017-11-16

楼层名称：第-3层（绘图输入）							钢筋总重：**1514.75kg**		
筋号	级	直	钢筋图形	计算公式	根数	总根	单长m	总长m	总重kg
构件名称：KL26(3)[39002]				构件数量：1			本构件钢筋重：1514.75kg		
构件位置：〈3,F〉〈3,G〉〈3,H〉〈3,J+400〉									
1跨.上通长筋1	Φ	25	375 24660 375	800-20+15*d+23100+800-20+15*d	3	3	25.41	76.23	293.486
1跨.左支座筋1	Φ	25	375 3213	800-20+15*d+7300/3	1	1	3.588	3.588	13.814
1跨.右支座筋1	Φ	25	5666	7300/3+800+7300/3	1	1	5.666	5.666	21.814
1跨.架立筋1	Φ	12	2734	150-7300/3+7300+150-7300/3	2	2	2.734	5.468	4.856
1跨.侧面构造通长筋1	Φ	16	23580	15*d+23100+15*d	6	6	23.58	141.48	223.538
1跨.下部钢筋1	Φ	25	375 8880	800-20+15*d+7300+32*d	5	5	9.255	46.275	178.159
1跨.箍筋1	Φ	10	760 360	2*((400-2*20)+(800-2*20))+2*(11.9*d)	56	56	2.478	138.77	85.62
1跨.拉筋1	Φ	8	360	(400-2*20)+2*(11.9*d)	57	57	0.55	31.35	12.383

图 6.3-26　钢筋明细表

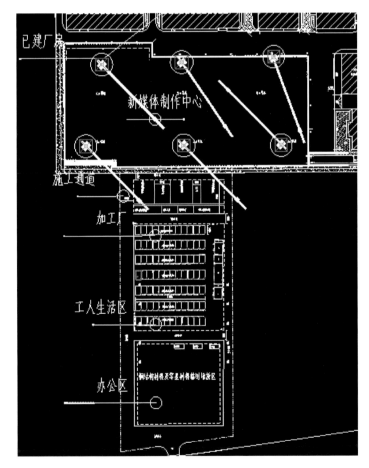

图 6.3-27　原塔式起重机平面布置图

② 优化后 3 台塔式起重机：型号 QTZ320（R75/25）2 台；臂长 75m，最大额定起重量 18t；最大幅度起重量 2.5t；型号 QTZ250（TC7535）1 台；臂长：70m，最大额定起重量 16t，最大幅度起重量 3.5t，见图 6.3-28、图 6.3-29。

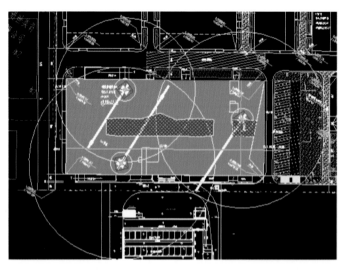

图 6.3-28　优化后塔式起重机平面布置图

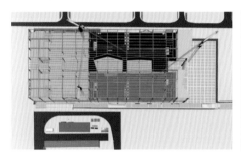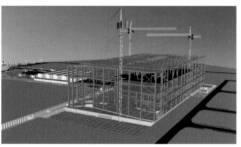

图 6.3-29　BIM5D 模拟施工（塔式起重机）

（4）BIM5D 平台应用：

1）BIM5D 平台-工程质量、安全、进度实时管理：

依托 BIM5D 管理平台，项目实现模型轻量化管理、问题协同实时化管理、资料表单流程化管理等综合管理。发现的质量安全问题可以在 BIM 模型中直接定位，问题责任单位和整改期限清晰明确，特别是不同班组交接界面位置/防水等隐蔽工程，并为工程结算和奖惩决策提供了准确的记录数据，使质量安全巡检更符合现场实际。管理平台示例见图 6.3-30～图 6.3-32。

图 6.3-30　质量、安全、进度协调管理

图 6.3-31 现场安全隐患

图 6.3-32 现场质量问题

2）BIM5D 平台-三维场地 BIM 管理：

场区占地空间有限，施工设备临时设施、材料堆放、加工区、施工道路等需要合理排布。通过 BIM 平台软件，将不同专业、不同单体以及场地模型整合到一个模型空间，提前模拟工程建成后的效果，展现设计方案在周边环境中的定位、工程材质构成、设备组成以及水池构筑物内部复杂几何构造和空间关系，便于项目各参与方之间的交流和决策；并且在 BIM 场地布置过程中，板房，道路、地面铺装、绿化面积等工程量、成本一并计算，对措施费进行初步测算，作为临设布置费用的依据，见图 6.3-33、图 6.3-34。

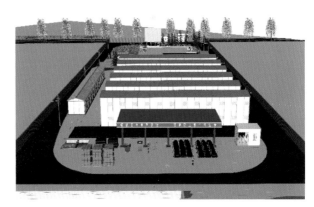

图 6.3-33 三维场地效果图

3）BIM5D 技术综合应用：

根据现场实际情况及工程变更，对 BIM 模型进行及时更新，确保模型与现场实际保持一致，及时添加模型相关信息，确保信息传递及时、准确，见图 6.3-35。

动态信息的录入为运维模型打下基础，方便后期运维信息的运用。

图 6.3-34　场地航拍照片

图 6.3-35　BIM5D 整体模型

3. BIM 应用总结

（1）前期策划及技术准备：

结合项目实际情况以及设计单位、建设单位等各单位要求和意见，编制了《新媒体总承包工程 BIM 标准》《新媒体建筑信息模型族创建标准》《总承包工程 BIM 实施方案》，形成 BIM 工作指导性文件。按照公司标准组建了项目 BIM 团队，根据 BIM 应用技术标准制定 BIM 应用标准流程，有效连接上游设计和下游施工，真正实现利用信息化对项目进行管理。

（2）应用成果：

作为总承包单位，从全局协调各专业模型，完成整体模型的综合管理，对各专业进行综合优化设计，提前发现并解决施工图纸中的错误，针对施工难点进行专题讨论，确保后期施工顺利进行，节约项目工期及成本。

引入广联达 BIM5D 平台，实现多专业协同管理，解决了各分包间的协调问题。将施工过程中的进度、合同、成本、劳动力等信息集成到同一平台，从而实现项目的精细化管理。

BIM 技术在本项目施工中的运用效益显著，经 BIM 小组综合分析测算，共计节约成本约 285 多万元，节约工期约 58d，见图 6.3-36。

序号	BIM应用点	工期(d)	经济效益(万元)
1	钢筋通过BIM控制损耗		23.85
2	二次结构排砖优化	28	21.6
3	机械(塔式起重机优化)		190
4	机电设备参数优化		21.5
5	BIM技术机电预调试	30	15.8
6	管线综合排布		13.2
	合计	58	285.95

图 6.3-36　BIM 应用测算

6.4　南京国际健康城科技创新中心项目数字化建造应用

1. 工程概况

项目名称：南京国际健康城科技创新中心项目

项目地址：南京市江北新区浦珠中路 23 号南京国际健康城园区内

建设时间：2020 年 1 月 25 日至 2021 年 9 月 30 日

建设单位：南京国际健康城投资发展有限公司

设计单位：上海天华建筑设计有限公司

工程奖项：第二届"共创杯"智能建造技术创新大赛一等奖

南京国际健康城科技创新中心项目（图 6.4-1）位于南京市江北新区国际健康城园区，总建筑面积 12.57 万 m^2，地下 2 层，主要分为 A、B、C、D、E 五个单体，地库人防 2 层，建筑深度 10.0m；A 座（A、B 两单体）地下 2 层，地上 9 层，建筑高度 54.7m；B 座（C、D、E 三单体）地下 2 层，地上 11 层（其中 D 单体地上 6 层，E 单体地上 9 层），建筑高度 49.7m。地下部分为钢筋混凝土结构，地上部分为框架钢结构。

该项目是英国剑桥大学在国内设立的首个科创中心，也是该校创办 800 年以来在海外唯一以大学冠名的科创中心。该中心建成运营后将致力于整合剑桥大学高端研究体系和专家团队，与中国本地科研院所、专家团队合作，瞄准世界科技前沿，推动全球最新技术及应用成果在中国落地。

项目通过全方位应用 BIM 技术以提高深化设计的质量及效率，提高各部门办公联动性，减少材料损耗及浪费，从而提高总承包管理水平，加强总承包与分包之间的协作，包括通过 BIM 算量提高项目商务管理的准确性、及时性，实现对成本的更好把控。

2. 关键技术应用情况

（1）可视化平面布置管理：

图 6.4-1 南京国际健康城科技创新中心整体效果图

由于项目单体较多，各施工阶段需要合理布置场地及道路。通过 BIM 可视化的优越性，运用 Revit 进行场地规划建模，并借用 Fuzor 插件进行实景还原，模拟现场施工环境对不同工况总平面布置进行动态调整，保障了各类材料资源的节约，有效推进了现场施工的有序实施。可视化平面布置见图 6.4-2、图 6.4-3。

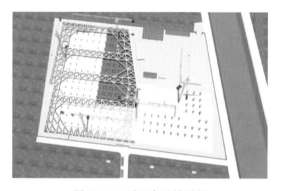

图 6.4-2 平面布置效果图

图 6.4-3 平面布置实景图

（2）BIM＋3D 打印：

由于项目属于超高层建筑，幕墙工程量大。项目通过 BIM 模型数据导入 3D 打印软件及硬件中，对项目沙盘图进行按比例缩放，3D 打印沙盘实体，通过 3D 打印技术完成幕墙节点的大样实物，真实、直观地还原了建造完成后的效果。3D 打印沙盘见图 6.4-4。

图 6.4-4 项目 3D 打印沙盘图

（3）辅助商务算量：

项目地下室、地上结构标高多，结构形式不规则，算量工作量大。利用 BIM 模型，根据施工流水段及施工计划对材料量进行提取。通过 BIM 模型商务以及实际用量三算对比，辅助商务预算管理，为材料提供数据支撑，节省项目施工成本，见图 6.4-5、图 6.4-6。

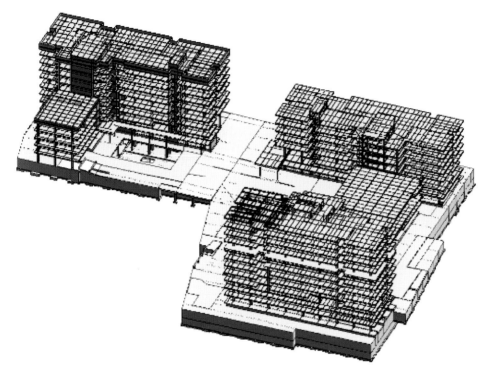

类型	结构材质	底部高程	自标高的高度偏	顶部高程	体积	合计
常规 - 120mm	混凝土，现场浇	-9170	-50	-9050	67.629	1
常规 - 120mm	混凝土，现场浇	-9670	-550	-9550	4.492	1
常规 - 120mm	混凝土，现场浇	-6170	-1550	-6050	5.745	1
常规 - 120mm	混凝土，现场浇	-6170	-1550	-6050	5.744	1
常规 - 120mm	混凝土，现场浇	-7170	-2550	-7050	12.013	1
常规 - 120mm	混凝土，现场浇	-4720	-100	-4600	104.112	1
常规 - 120mm	混凝土，现场浇	-3220	1400	-3100	3.545	1
常规 - 120mm	混凝土，现场浇	-4720	-100	-4600	33.186	1
常规 - 120mm	混凝土，现场浇	-4720	-100	-4600	2.133	1
常规 - 120mm	混凝土，现场浇	-5520	-900	-5400	328.358	1
常规 - 120mm	混凝土，现场浇	-4670	-50	-4550	45.399	1
常规 - 120mm	混凝土，现场浇	-3320	1300	-3200	29.271	1
常规 - 120mm	混凝土，现场浇	-3320	1300	-3200	21.452	1
常规 - 120mm	混凝土，现场浇	-3220	1400	-3100	5.936	1

图 6.4-5　Revit 模型导出报表

（4）地下室二次结构及地上部分 ALC 轻质隔墙深化排布：

由于地下室非承重墙部位墙体为加气混凝土砌块，对砌体需求量较高且预留洞口多，废料垃圾运输困难且运输成本过高。利用 Revit 模型二次开发插件进行一键排砖，编辑编号导出 CAD 图纸指导现场施工，对现场情况提前进行三维可视化交底、工程量计算，保证砌块尺寸的准确性，避免材料浪费及返工，见图 6.4-7～图 6.4-10。

（5）BIM 机电深化：

1）地下区域机电施工模型-地下空间：

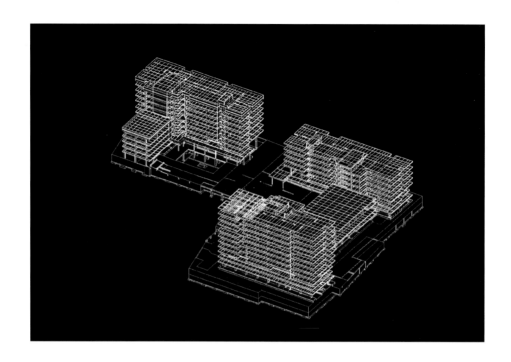

图 6.4-6　广联达模型导出报表

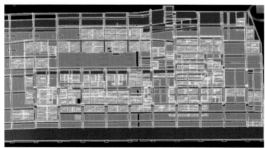

图 6.4-7　Revit 排布图及效果图

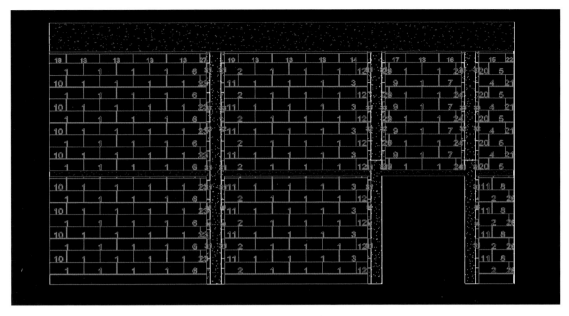

图 6.4-8　对应编号

材料	编号	规格	单位	工程量	材料	编号	规格	单位	工程量
轻质墙：加气混凝土砌块	1	600×200×240	块	133	轻质墙：加气混凝土砌块	20	175×200×240	块	5
轻质墙：加气混凝土砌块	2	540×200×240	块	13	轻质墙：加气混凝土砌块	21	140×200×240	块	4
轻质墙：加气混凝土砌块	3	512×200×240	块	8	轻质墙：加气混凝土砌块	22	140×200×180	块	1
轻质墙：加气混凝土砌块	4	478×200×240	块	4	轻质墙：加气混凝土砌块	23	107×200×240	块	8
轻质墙：加气混凝土砌块	5	450×200×240	块	5	轻质墙：加气混凝土砌块	24	95×200×240	块	5
轻质墙：加气混凝土砌块	6	410×200×240	块	9	轻质墙：加气混凝土砌块	25	600×200×35	块	7
轻质墙：加气混凝土砌块	7	397×200×240	块	4	轻质墙：加气混凝土砌块	26	85×200×240	块	4
轻质墙：加气混凝土砌块	8	388×200×240	块	4	轻质墙：加气混凝土砌块	27	107×200×180	块	1
轻质墙：加气混凝土砌块	9	363×200×240	块	4	轻质墙：加气混凝土砌块	28	540×200×35	块	2
轻质墙：加气混凝土砌块	10	297×200×240	块	8	轻质墙：加气混凝土砌块	29	60×200×240	块	5
轻质墙：加气混凝土砌块	11	238×200×240	块	12	轻质墙：加气混凝土砌块	30	410×200×35	块	1
轻质墙：加气混凝土砌块	12	210×200×240	块	9	轻质墙：加气混凝土砌块	31	50×200×195	块	20
轻质墙：加气混凝土砌块	13	600×200×180	块	8	轻质墙：加气混凝土砌块	32	50×200×175	块	6
轻质墙：加气混凝土砌块	14	512×200×180	块	1	轻质墙：加气混凝土砌块	33	50×200×170	块	6
轻质墙：加气混凝土砌块	15	478×200×180	块	1	轻质墙：加气混凝土砌块	34	210×200×35	块	1
轻质墙：加气混凝土砌块	16	397×200×180	块	1	轻质墙：加气混凝土砌块	35	50×200×145	块	4
轻质墙：加气混凝土砌块	17	363×200×180	块	1	轻质墙：加气混凝土砌块	36	50×200×135	块	4
轻质墙：加气混凝土砌块	18	297×200×180	块	1	砂浆			m³	0.243
轻质墙：加气混凝土砌块	19	238×200×180	块	1	细石混凝土(加强筋)			m³	0.06
					水泥			m³	0.129

图 6.4-9　尺寸编号及工程量

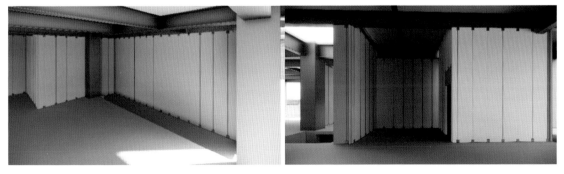

图 6.4-10　ALC 轻质隔墙排布效果图

此单体是本项目面积最大且最核心的单体，施工空间高低落差较大、管综交叉密集。利用 Revit 模型进行剖析，提前对施工区域进行模拟，综合管线进行深化排布，便于熟悉现场环境，加快现场施工，管线一次成优，避免返工及材料浪费，见图 6.4-11、图 6.4-12。

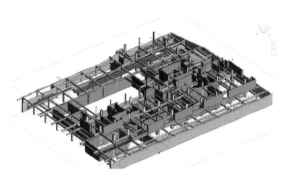
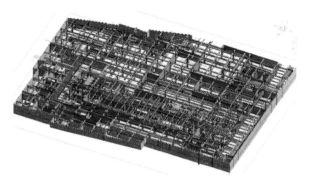

图 6.4-11　A 区机电模型　　　　　　　图 6.4-12　B 区机电模型

2）地上区域机电施工模型-地上 5 层、9 层：

此两层为地上建筑给水排水管线中心过渡地带，施工空间小、管综交叉密集。利用 Revit 模型进行剖析，提前对施工区域进行模拟，综合管线进行深化排布并出具施工图指导现场施工，管线整齐统一、一次成优，见图 6.4-13～图 6.4-16。

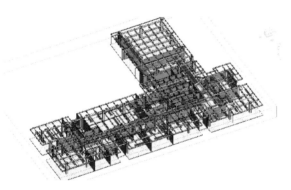
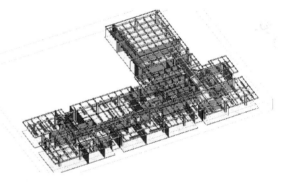

图 6.4-13　A 座 5 层　　　　　　　　图 6.4-14　A 座 9 层

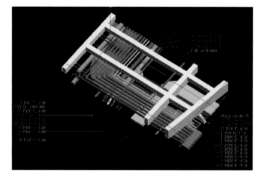
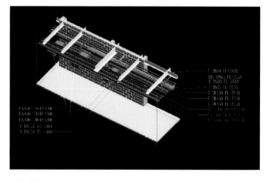

图 6.4-15　三维视角图纸辅助交底施工

3）BIM 机电其他机房深化设计-给水泵房：

给水泵房空间狭小且管线错综复杂，施工空间狭小，施工难度大，通过 BIM 技术进行精确排布深化，有效解决了此类问题且管线一次成优。通过 BIM 技术在此方面的应用，加快项目施工进度，节约项目施工成本，见图 6.4-17、图 6.4-18。

图 6.4-16　管道及风管施工图

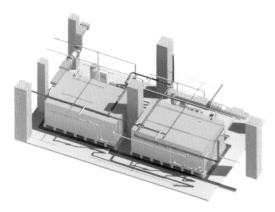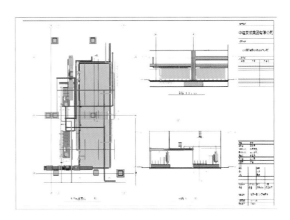

图 6.4-17　给水泵房三维图　　　　　　　图 6.4-18　给水泵房施工图

3. BIM 应用总结

在各专业节点深化方面，通过对复杂节点等部位进行深化设计并出具三维施工图指导施工，排除 2000 多处图纸错误，节省 63d 施工工期。在碰撞检查方面，通过对各专业模型整合，提前发现图纸中的各类错误并及时反馈，避免了 800 多处返工。通过施工方案模拟、工程量统计、BIM 协同管理平台等全方面、多角度的应用，为项目节约 900 万元施工成本。

6.5　西安三中心项目 BIM 技术应用

1. 工程概况

项目地址：西安市浐灞生态区会展大道以西

建设时间：2018 年 12 月至 2020 年 3 月

建设单位：西安丝路国际会展中心有限公司

设计单位：同济大学建筑设计研究院（集团）有限公司

（1）项目重点难点：

本项目是保障十四运会和有关重大活动顺利举办的重要载体（图 6.5-1～图 6.5-3），总建筑面积约 445.7 万 m^2，属于大型场馆综合体，场馆形式多样，项目体量大、工期紧、要求高，会议中心项目前期

图 6.5-1　西安丝路国际会议中心

图 6.5-2　西安丝路国际展览中心

图 6.5-3　西安丝路国际奥体中心

有 12 万 m² 深化设计出图任务。奥体中心体育场大多数为弧形管线，弧形管线的深化设计及施工都比较复杂。各分体项目大型机房均需采用装配化施工技术，要保证装配化施工准确无误，需要前期基础条件参数的测量及施工误差的精确控制。项目为全运会场馆，装修吊顶标高要求较高，吊顶造型多样，会议中心项目空间高达 42m，如何保证高大空间的空调系统运行效果、各吊顶区域的管线排布定位？因此，如何利用 BIM 技术做好深化设计，满足设计及施工要求并节约工期，确保项目顺利竣工是本项目的重点难点。

2. 关键技术应用情况

（1）BIM 实施方案编写：

项目前期组织编写项目 BIM 实施方案，制定具有项目特色的 BIM 实施方案，确保项目 BIM 技术的标准化实施。

项目 BIM 实施方案以企业 BIM 实施标准为基准，结合项目需求，BIM 实施方案包含项目人员组织架构及职责划分、BIM 深化设计周期、模型及图纸标准、项目开展 BIM 应用、BIM 应用实施要点等方面，确保项目 BIM 工作有序开展，见图 6.5-4。

（2）BIM 协同设计方式：

本项目采用 BIM 协同设计云平台，协调各项目 BIM 深化设计人员，共同参与此项目的深化设计工作。组织协调公司不同项目的 BIM 工作人员进行本项目深化工作的"救急"。利用 BIM 协同设计云平台，合理分配深化设计人员，使深化设计人员及时收取准确的不同人员的

图 6.5-4　会议中心项目 BIM 实施方案

提资，提高项目深化设计效率及质量。各项目 BIM 深化设计人员在完成本项目深化设计的同时，可以有效地对其项目工作进行协调安排。

（3）基于 BIM 技术的快速建模技术：

项目建模阶段，利用包含丰富族的 BIM 族库平台，满足项目建模族的需求。项目将建立的特定族上传至族平台，获审批后不断积累、充实族库，以便后期其他项目的建模需求。以族库平台为基础，采用平台插件，结合企业 BIM 实施标准及项目 BIM 实施策划，采用 BIM 系统管理插件，制定项目精细化 BIM 样板，保证不同建模人员建模的质量及标准。在样板建立完成后，利用机电系统 BIM 一键翻模工具，快速完成项目各系统的翻模工作。见图 6.5-5～图 6.5-7。

（4）基于 BIM 的空间优化及管线综合排布技术：

采用企业开发 BIM 插件，在满足标准及施工要求的前提下，进行管综排布及优化，及时发现设计缺陷及图纸错误，利用 BIM 可视化、前瞻性等特点对项目重点难点区域进行优化方案比选，提前解决施工过程中可能存在的问题，避免造成返工，高效率完成项目深化设计工作，保证施工顺利进行的同时，为项目节约工期、材料、成本。

三中心项目管综各有特点：会议中心项目以大型会议厅、会议室为主，吊顶内空间桁架交错，在机电管线管综排布过程中，避免管线与桁架"打架"的同时，综合考虑标准要求、精装点位要求、净高要求，合理优化管线路由。对管线较为复杂的区域，设计不同的深化方案对比，确保管综方案的合理，创造良好的施工条件。展览中心机电管线主要集中在地下车库区域，大面积车库区域管综深化设计在满足净高要求的前提下，应主要考虑机电管线的施工条件，减少管线翻弯，确保施工高效进行。见图 6.5-8～图 6.5-11。

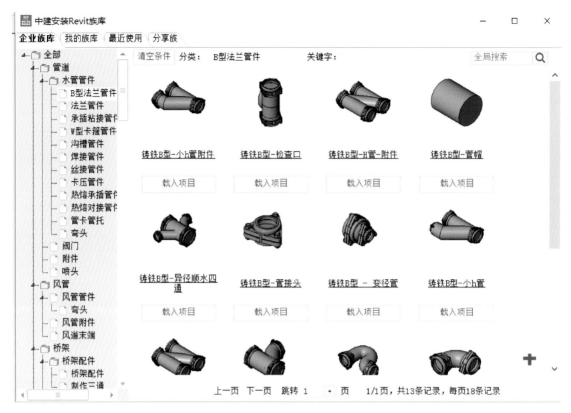

图 6.5-5　BIM 族库平台

专业	管线系统/类型	编写	RGB色块	线型	线宽	系统分类	修改	删除
暖通风	M-新风兼补风系统	F/SF	RGB 000 1...	实线	默认	送风	修改	删除
暖通风	M-空调热回收系统	RF	RGB 000 0...	实线	默认	回风	修改	删除
暖通风	M-事故排风系统	EV	RGB 000 0...	实线	默认	排风	修改	删除
暖通风	M-排风兼排烟系统	S/EA	RGB 128 0...	实线	默认	排风	修改	删除
暖通风	M-卫生间排风系统	TE	RGB 000 0...	实线	默认	排风	修改	删除
暖通风	M-厨房排油烟系统	KE	RGB 128 0...	实线	默认	排风	修改	删除
暖通风	M-厨房新风系统（...	KPA	RGB 000 1...	实线	默认	送风	修改	删除
暖通风	M-厨房新风系统（...	KFA	RGB 000 1...	实线	默认	送风	修改	删除
暖通风	M-净化空调系统	JK	RGB 255 0...	实线	默认	送风	修改	删除
强电	E-应急动力桥架-...	WPE	RGB 224 0...	实线	默认	带配件的电缆桥架	修改	删除
强电	E-强电桥架	E	RGB 224 0...	实线	默认	带配件的电缆桥架	修改	删除
弱电	ELV-楼宇自控桥架	BA	RGB 016 0...	实线	默认	带配件的电缆桥架	修改	删除
弱电	ELV-通信网络桥架	CN	RGB 016 0...	实线	默认	带配件的电缆桥架	修改	删除
弱电	ELV-火灾报警桥架	FA	RGB 176 0...	实线	默认	带配件的电缆桥架	修改	删除
弱电	ELV-广播桥架	PAS	RGB 192 0...	实线	默认	带配件的电缆桥架	修改	删除
弱电	ELV-弱电桥架	ELV	RGB 255 0...	实线	默认	带配件的电缆桥架	修改	删除
弱电	ELV-消防桥架	XS	RGB 224 0...	实线	默认	带配件的电缆桥架	修改	删除
强电	E-应急动力桥架	WPE	RGB 224 0...	实线	默认	带配件的电缆桥架	修改	删除
弱电	ELV-安防桥架	SS	RGB 240 0...	实线	默认	带配件的电缆桥架	修改	删除
弱电	ELV-电源桥架	ES	RGB 240 0...	实线	默认	带配件的电缆桥架	修改	删除
弱电	ELV-综合布线办...	PDS	RGB 128 1...	实线	默认	带配件的电缆桥架	修改	删除
弱电	ELV-综合布线预留桥架	PDS	RGB 128 1...	实线	默认	带配件的电缆桥架	修改	删除
弱电	ELV-停车管理系统桥架	PMS	RGB 144 0...	实线	默认	带配件的电缆桥架	修改	删除
弱电	ELV-电视转播系统桥架	TRS	RGB 128 1...	实线	默认	带配件的电缆桥架	修改	删除
弱电	ELV-移动通信信号...	MCS	RGB 032 1...	实线	默认	带配件的电缆桥架	修改	删除
弱电	ELV-综合布线内网桥架	PDS	RGB 128 1...	实线	默认	带配件的电缆桥架	修改	删除
弱电	ELV-综合布线外网桥架	PDS	RGB 128 1...	实线	默认	带配件的电缆桥架	修改	删除
强电	E-强电桥架-梯级式	E	RGB 128 1...	实线	默认	带配件的电缆桥架	修改	删除
强电	E-动力桥架	WP	RGB 255 0...	实线	默认	带配件的电缆桥架	修改	删除
强电	E-动力桥架-梯级式	WP	RGB 128 1...	实线	默认	带配件的电缆桥架	修改	删除
强电	E-高压桥架	WA	RGB 192 0...	实线	默认	带配件的电缆桥架	修改	删除
强电	E-高压桥架-梯级式	WA	RGB 192 0...	实线	默认	带配件的电缆桥架	修改	删除

图 6.5-6　BIM 系统管理插件

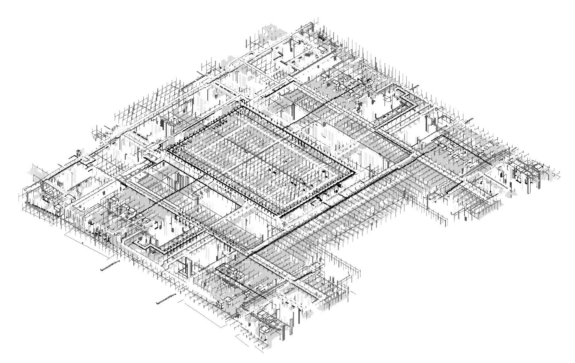

图 6.5-7　西安丝路国际会议中心一层机电 BIM 模型

图 6.5-8　企业 BIM 管综工具

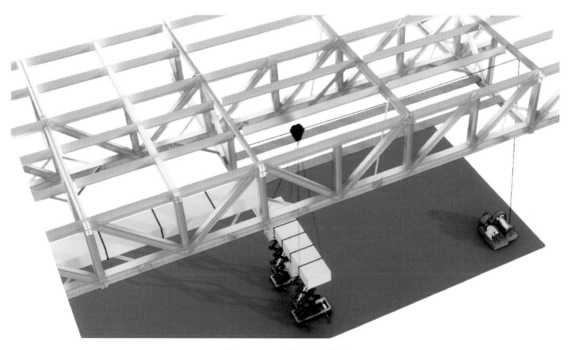

图 6.5-9　项目方案模拟

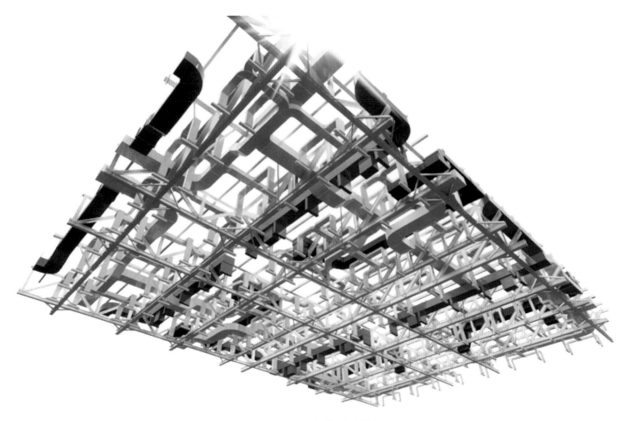

图 6.5-10　项目深化设计效果图

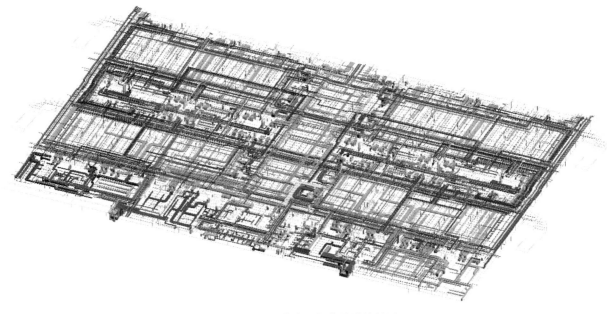

图 6.5-11　展览中心深化设计效果图

（5）基于 BIM 的综合支吊架选型与计算技术：

在管线深化设计完成后，采用企业 BIM 支吊架插件，实现一键支吊架的布置、荷载计算、选型、出图、工程量统计等功能，极大地提高了支吊架选型的准确性及效率。以会议中心项目为例，全区域 2168 种支吊架计算书及预制加工详图仅用 1d 就全部完成。见图 6.5-12～图 6.5-15。

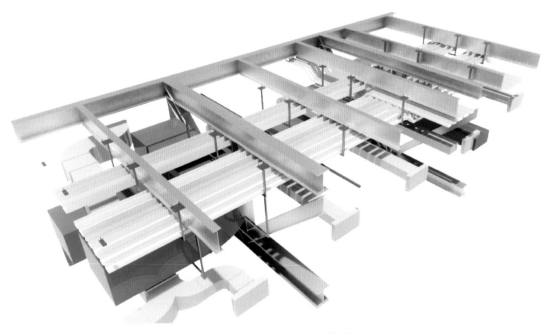

图 6.5-12　综合支架布置效果图

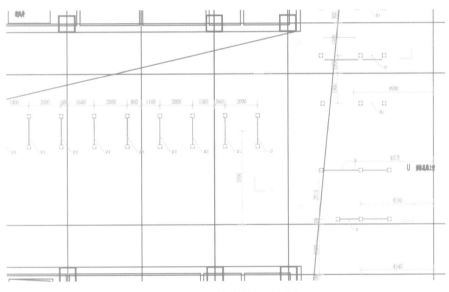

图 6.5-13　综合支架平面图

（6）基于 BIM 的电缆综合排布技术：

会议中心项目依托 Revit 平台二次开发 BIM 电缆建模及算量工具，利用该插件在 BIM 机电综合模型中完成电缆模型的建立，同时根据标准及具体施工要求进行电缆模型的综合优化，利用 NavisWorks 进行电缆敷设工序的模拟，进一步验证电缆综合排布的合理性，最后绘制电缆施工图，并利用 BIM 电缆建模及算量工具一键导出电缆工程量用于电缆采购。见图 6.5-16、图 6.5-17。

（7）空调系统气流组织模拟技术：

在深化设计完成后，会议中心项目采用空调系统气流组织模拟技术完成项目高大空间气流组织模拟验证，确保项目高大空间内空调系统的舒适性。通过气流组织模拟计算分析，得到满足人体舒适度的最佳运行工况，降低能源消耗，延长机组寿命，达到节能降耗、绿色运维的目的。之后对各空调系统采用基于 BIM 的风力、水力负荷计算技术，进行空调风系统的水力计算，保证系统准确运行。见图 6.5-18～图 6.5-22。

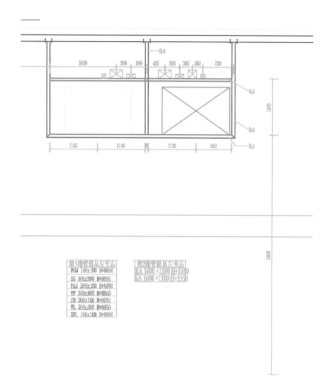

图 6.5-14　综合支架剖面图

Z-01

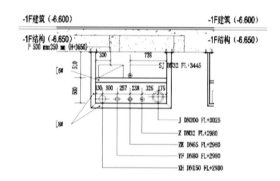

第1层横担

一、梁的静力计算概况

　　1、单跨梁形式：简支梁

　　2、荷载受力形式：均布荷载

　　3、计算模型基本参数：长　横担间距 L=1.424m　　　支架间距 D=3.9m

风管 500x250	单位重量 25.51　kg/m
水管 DN32	单位重量 4.59　kg/m
总重量	117.39　kg

　　4、均布力：标准值 qk= 2.3kN

　　　　　　设计值 $qd=qk*\gamma G$ =3.105kN

二、选择受荷截面

　　1、截面类型：　槽钢 [5

　　2、截面特性：　Ix=26cm⁴　Wx=10.4cm³　Sx=6.4cm³　G=5.4kg/m　tw= 4.5mm

图 6.5-15　综合支架受力计算书

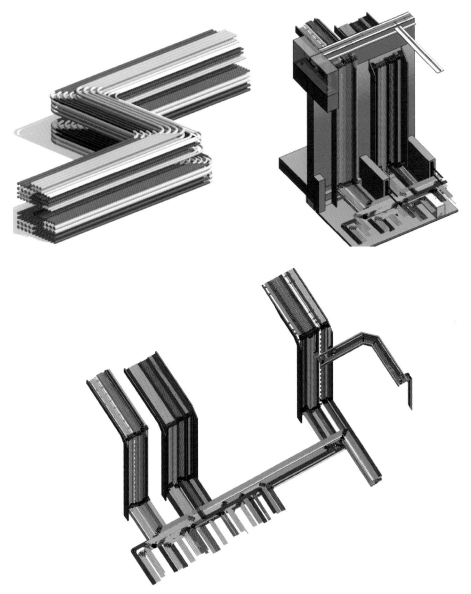

图 6.5-16　项目电缆排布效果图

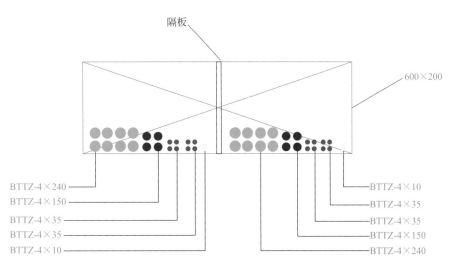

图 6.5-17　电缆排布剖面图

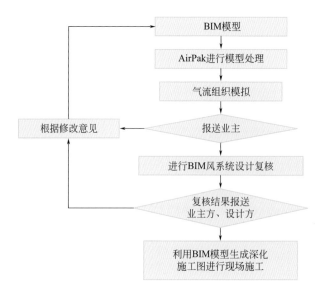

图 6.5-18 空调系统 BIM 计算模拟流程图

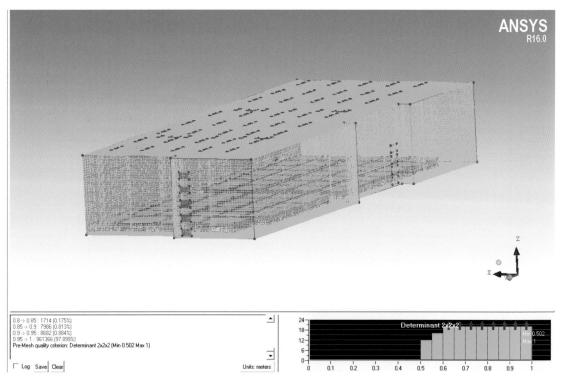

图 6.5-19 会议厅气流组织形式图

（8）BIM＋装配化：

三中心项目大型机房均通过机房模块设计技术、工厂化制作技术、机房模块化安装技术，完成项目装配式机房的设计、施工。运用机房装配化施工技术，不但节约了工期，还提高了施工质量。

① 现场土建结构施工、设备基础施工等均会存在误差，大型设备的关键数据如果手动测量采集也将产生较大误差，这些对于模块工厂化预制、现场装配将是致命的，会导致模块无法准确装配而造成返工。为提高建模精度，保证模块工厂化预制、现场装配精度，项目采用 3D 扫描技术，将机房现场情况真实准确地反映到 BIM 模型中，对模型进行调整，从而实现模型与机房实际完全统一，保证建模精度，确保模块工厂化预制、现场装配的精度与质量，见图 6.5-23。

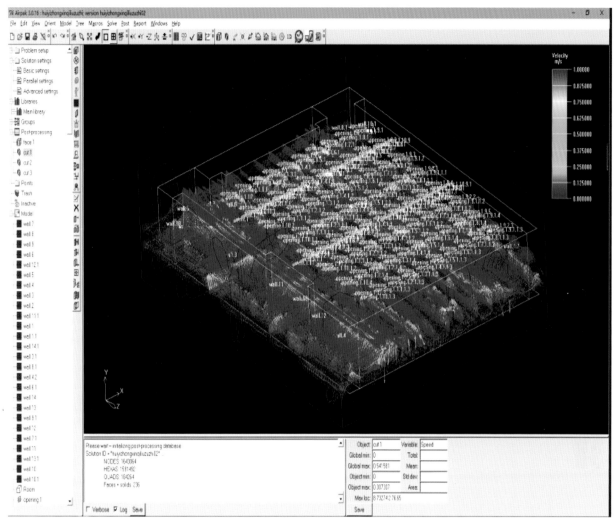

图 6.5-20　空调系统气流组织模拟分析图

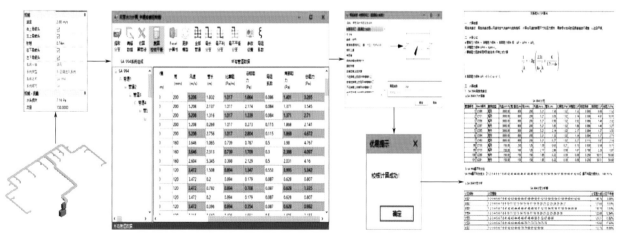

图 6.5-21　空调系统水力计算流程图

西安丝路国际会议中心一层宴会厅通风系统设计复核计算书

一、计算依据

假定流速法：假定流速法是以风道内空气流速作为控制指标，计算出风道的断面尺寸和压力损失，再按各分支间的压损差值进行调整，以达到平衡。

二、计算公式

1、管段压力损失 = 沿程阻力损失 + 局部阻力损失 即：$\Delta P = \Delta Pm + \Delta Pj$。

2、沿程阻力损失 $\Delta Pm = \Delta pm \times L$。

3、摩擦阻力系数采用柯列勃洛克-怀特公式计算：

$$\frac{1}{\sqrt{\lambda}} = -2\lg\left(\frac{2.51}{Re\sqrt{\lambda}} + \frac{K}{3.71 * de}\right)$$

4、局部阻力损失 $\Delta Pj = 0.5 \times \zeta \times \rho \times V^2$。

图 6.5-22 空调系统设计复核计算书

图 6.5-23 机房 3D 扫描模型

② 利用模块切割插件完成机房机电模型的模块化拆分，同时针对三中心项目不同机房的特点，选择不同的模块拆分方式。例如会议中心泵房运输难度较大，采用运输灵活的小部件组装（图 6.5-24），同时通过焊接管理平台等的应用，确保小部件预制的准确性。例如展览中心冷冻机房吊装条件较好，则采用大模块整体预制吊装（图 6.5-25）。完成模块切割后，利用 BIM 技术进行模块吊装模拟，确保模块运输吊装的合理性。

图 6.5-24 会议中心预制小模块

③ 模块拆分完成后，利用模块单线图的出图方式完成三中心项目 10 个装配式机房的预制加工详图绘制，单线图不仅能够真实地反映管线走向，还能体现准确的尺寸信息，这种出图方式效率极高，同时图纸读图难度低、不易出错。例如会议中心制冷机房模块加工详图的绘制仅用了 3d 就全部完成，见图 6.5-26。

图 6.5-25　展览中心预制大模块

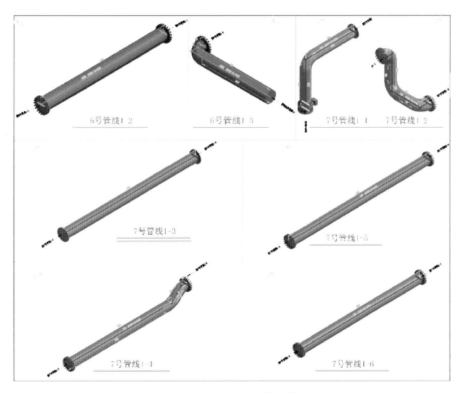

图 6.5-26　装配化机房模块单线图

（9）弧形管道施工技术：

本项目奥体中心结构为弧形，导致许多机电管线需弧形排布。现阶段弧形管道存在绘制困难、管道预制弧度难确定、现场安装定位困难等特点，针对上述情况，运用 BIM 技术整理，总结出一套弧形管道的预制及施工方法。通过支架的布设计算弦高，再对管线进行机械化自动预制，最后完成支吊架的定位安装。运用弧形管道预制化施工技术，解决了弧形管线施工困难等问题，极大地提高了弧形管线的施工效率，见图 6.5-27～图 6.5-30。

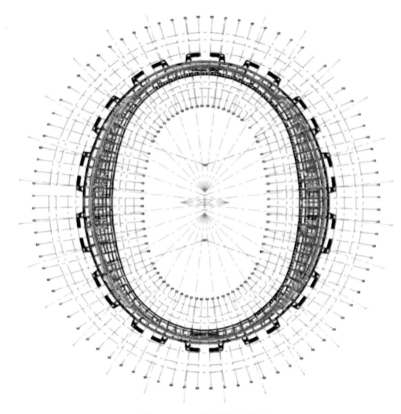

图 6.5-27 支吊架的布设

圆, 扇形, 圆弧, 弦和弧长, 面积在线公式计算器

点击你知道两个变量	
⦿ 半径和圆心角	○ 半径与弦
○ 半径及高度分部	○ 半径和边心距
○ 弦与段高度（求弓形）	○ 弦及边心距
○ 段高度和边心距	○ 弦与弧

半径	81500
圆心角	5.33

--计算--

分段点高度 ED	88.14516099
边心距 OE	8.141185484e+4
弦 AB	7.578889542e+3
弧 AB	7.581623004e+3
周长	5.120796025e+5
部分面积	4.454098156e+5
三角形区域	3.085057276e+8
扇形面积	3.089511374e+8
圆面积总和	2.086724380e+10

显示有效数字 > 10   >>

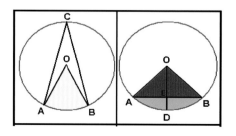

图 6.5-28 计算弦高

图 6.5-29 管线自动预制

图 6.5-30 支架、管线定位安装

3. BIM 应用总结

本项目通过 BIM 技术的应用，逐步体现了 BIM 技术在改善项目信息管理、节约材料和人工、缩短工期、保证质量等方面的巨大作用。

项目通过电缆的综合排布优化及电缆清册的自动统计，一方面通过工具直接完成电缆清册的自动生成，打破预分支电缆需厂家实测实量的工作模式。另一方面通过电缆综合排布优化节约了吊顶空间及桥架用量，根据电缆敷设施工图严格把控现场施工，确保电缆敷设的可行性及美观性。

BIM 支吊架综合支架布置插件在会展中心项目实际使用过程中，16 万 m² 地下室全专业全区域支吊架的建模工作仅用一周时间即可完成，极大地提高了支吊架建模的准确性及效率。

通过机房 BIM 装配化施工，在有限的工期内项目保质保量地完成机房机电施工，获得业主、监理的高度肯定。高品质要求、注重功能实现，与项目业主高品质理念不谋而合，获得业主的高度认可，为后续的良好合作起了助推的作用。

6.6 南通大剧院建设项目数字化建造应用

1. 工程概况

项目名称：南通大剧院项目

项目地址：南通市中央创新区二号路与十三路支路西南侧

建设时间：2018 年 12 月 10 日至 2021 年 2 月 26 日

建设单位：南通市文化广电和旅游局

设计单位：北京市建筑设计研究院有限公司

工程奖项：第五届江苏省安装行业 BIM 技术创新大赛一等奖

中国施工企业管理协会首届工程建设行业 BIM 大赛建筑工程专项二等奖

本工程地点位于江苏省南通市中央创新区二号路与十三路支路西南侧。总建筑面积 111000m²，建筑高度 56.01m，歌剧院（1600 座）地下 3 层，地上 7 层，建筑高度 56.015m；音乐厅（1200 座）地下 2 层，地上 4 层，建筑高度 39.215m；戏剧院（600 座）地下 2 层，地上 6 层，建筑高度 41.215m；多功能厅（400 座）地上 4 层，建筑高度 30.915m；少年活动中心儿童剧院（300 座）地上 4 层，建筑高

图 6.6-1　南通大剧院项目效果图

度 30.515m。屋面为直立锁边全金属屋面。见图 6.6-1。

建筑超高面临的作业降效、大风雨雾天气影响非常大，为垂直运输、高空作业安全防护、消防、测量及结构变形控制等带来较大的挑战。工程钢结构分布在少年活动中心、戏剧厅、歌剧厅、入口大厅、音乐厅、多功能厅，主要由预埋件、屋面钢柱和钢梁、楼层吊柱和钢梁、钢格栅、钢梯等组成。

结构施工考虑机电预留预埋。由于结构复杂，给预留预埋带来困难，需提前做好 BIM 深化工作，主要有图纸会审、碰撞检测、深化设计、方案编制及技术交底等方面的严格管理与完善。各系统的机电管线布置复杂、交叉繁多，在设计图纸中一般是分系统表示各系统的管线，缺乏统一规划，缺乏空间合理分配，在现场施工中必定会造成管线布置方面的冲突。为解决相关重点难点项目，从降本增效的角度出发，机电安装阶段在结构模型的基础上，BIM 团队做了全方位的深度应用，从而指导现场施工作业。

2. 关键技术应用情况

（1）辅助临设标准化布置：

在 Revit 中建立标准化临设模型，根据模型进行临设区搭建，从而辅助安全文明标准化施工。相比传统施工，解决了临建搭设混乱、设施布局不合理等特点，并根据 BIM 模型快速统计工程量，导出图纸，精确建造一次成型。不同视角临设布置效果见图 6.6-2、图 6.6-3。

图 6.6-2　俯视角临设布置

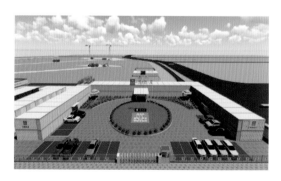

图 6.6-3　主视角临设布置

（2）施工区域布置管理：

运用 BIM 模型对施工区域进行流水段划分，模拟现场施工环境，对不同工况总平面图布置进行动态调整，达到资源节约、保障现场施工有序实施的效果。不同视角施工区域布置效果图见图 6.6-4、图 6.6-5。

图 6.6-4　俯视角施工区域布置　　　　　　　　　图 6.6-5　俯视角施工区域布置

（3）预应力优化设计：

现场部分梁、板采用预应力混凝土结构，施工标准高、难度大。通过 Revit 提前建模，对预应力节点曲线进行深化，对钢筋绑扎与预应力筋合理排布。形成预应力施工图，并对施工人员进行交底，从而提高预应力混凝土结构施工的质量水平。梁面预应力筋张拉及深化确认见图 6.6-6、图 6.6-7。

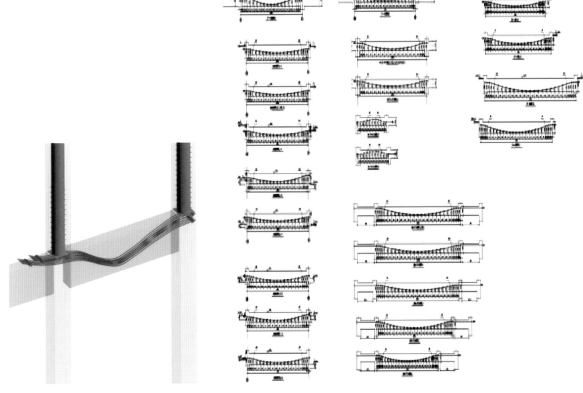

图 6.6-6　梁面预应力筋张拉图　　　　　　　　　图 6.6-7　预应力深化确认图

（4）噪声模拟：

由于本剧院对声学要求较高，座位设置难度大。通过建立厅堂模型进行计算机声场模拟，通过音质分析软件 Odeon 对歌剧厅音质进行初步模拟分析。歌剧厅 1000Hz 的回声指数在观众区左边前排座席，大概有 5 个座位会有回声的潜在风险。通过调整后墙/顶面的反射角度，调整反射面为吸声面予以纠正，见图 6.6-8、图 6.6-9。

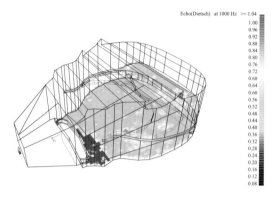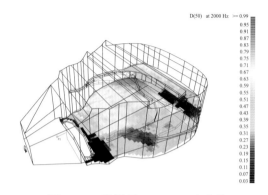

图 6.6-8　歌剧厅 1000Hz 回声指数　　　　　　　图 6.6-9　歌剧厅 2000Hz 回声指数

（5）火灾疏散模拟：

由于本剧院座位较多，人员密集，对防火要求高。通过 BIM 模型用 MassMation 软件分析大剧院歌剧厅 1600 名观众在有火灾险情时的疏散时间和疏散路径。最终通过模拟观众按正常行走速度，全部离开观众厅的时间为 2 min 51 s。若奔跑，疏散时间为 1 min 42 s，满足消防要求。图 6.6-10 中红颜色表示人流集中。

图 6.6-10　歌剧厅观众疏散路线热量分析图

（6）三维激光扫描：

由于本项目结构异型复杂，结构施工对其他各专业影响较大。通过对结构定点扫描，形成点云扫描模型。根据扫描的模型与 BIM 模型进行对比，及时调整其他专业模型的精确度。采用三维激光扫描技术在施工前对结构进行复核，确保施工下料进度，提高施工效率，见图 6.6-11、图 6.6-12。

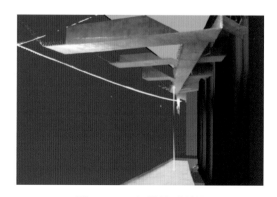

图 6.6-11　三维扫描现场模型　　　　　　　　　图 6.6-12　扫描吊顶误差

（7）BIM＋VR：

通过 BIM＋VR 技术对现场工人进行虚拟现实模拟安全交底，强化安全防范意识；通过 VR 模型漫游，直观感受设计效果以及发现存在的问题，有效地避免了各类安全事故及质量事故的发生。VR 体验见图 6.6-13。

图 6.6-13　VR 体验

（8）BIM＋3D 打印技术：

通过 BIM＋3D 打印技术按比例缩放形成沙盘模型，更直观真实地还原建造效果，相比传统沙盘制作精细度更高，误差更小，见图 6.6-14。

图 6.6-14　项目 3D 打印效果

（9）土建模型深化设计：

对于复杂节点的深化设计，例如本工程地下室大体积梁、型钢柱等钢筋排布密集、细部烦琐的部位，通过 Revit、Tekla 等软件，将二维平面图形转换成三维可视化模型，利用间隙碰撞对钢筋排布进行优化，方便现场施工，见图 6.6-15、图 6.6-16。

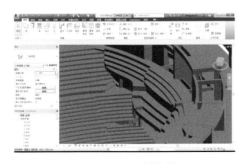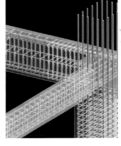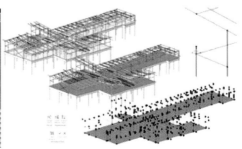

图 6.6-15　土建结构模型　　　　　　　　图 6.6-16　节点深化出图

（10）钢结构模型深化设计：

BIM 模型可以完成钢结构加工、制作图纸的深化设计。利用 Tekla 进行钢结构深化设计，通过软件提供的参数化节点设置自定义所需的节点，构建三维 BIM 模型，将模型转化为施工图纸和构件加工图，指导现场施工，见图 6.6-17、图 6.6-18。

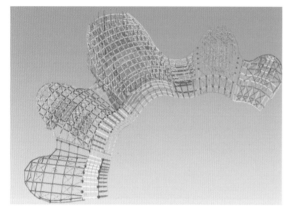

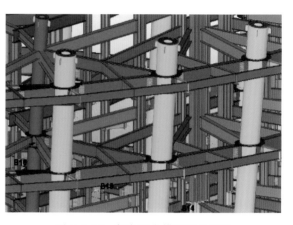

图 6.6-17　整体钢结构模型　　　　　　　图 6.6-18　复杂节点模型深化设计

（11）幕墙模型深化设计：

由于剧院外立面结构形式复杂且为弧形壳设计，施工难度大。利用 CATIA 开发插件进行自动化程序单元模块，生成完整幕墙模型，包括幕墙施工复杂节点优化，提前对生产厂家进行构建加工交底，并按深化节点进行平面 CAD 出图和出具下料单，见图 6.6-19。

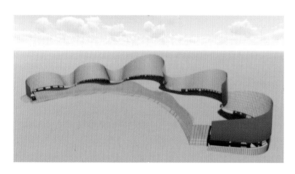

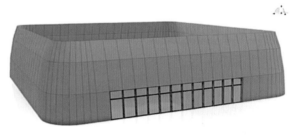

图 6.6-19　外立面幕墙深化设计模型

（12）机电模型深化设计：

因现场多专业施工，各专业间协同作业问题较多，影响施工进度。通过机电模型整合，提前规避和发现图纸中的错、漏、碰、缺和各专业间的冲突，直接避免了现场多处返工，通过机电安装 BIM 深化应用，给项目带来更多、更直接的经济效益，见图 6.6-20。

（13）精装模型深化设计：

利用 Revit 提前建模深化，通过精装模型与土建、机电、钢结构等各专业模型整合，提前发现各专业间的碰撞及协调等问题，通过反馈设计及业主进行调整，及时避免了现场因各专业间设计问题导致返工及质量问题的产生。

由于本工程顶棚采用 GRG 材料，项目造型不规则且标高不一，施工难度大。利用 Revit 模型提前对 GRG 板材进行排布，根据模型进行下料、加工等，有效加速了现场施工，避免返工及材料浪费，见图 6.6-21、图 6.6-22。

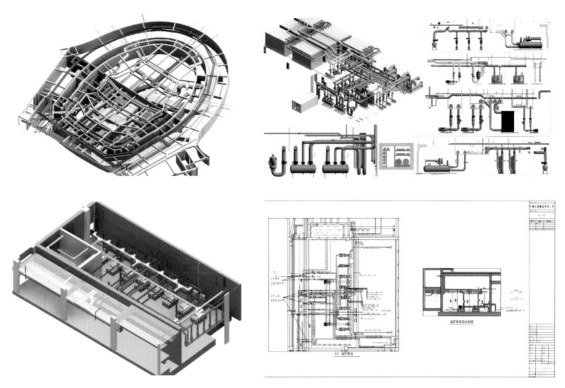

图 6.6-20　机电深化模型及出图

图 6.6-21　内部精装模型

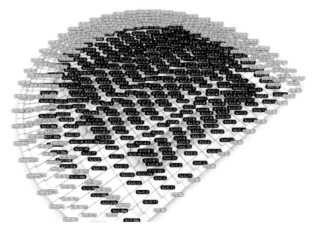

图 6.6-22　顶棚 GRG 板布置

3. BIM 应用总结

通过 3D 扫描仪，提高放线的精确度和效率；通过 BIM 方案模拟优化，提高施工方案的准确性合理性；通过 BIM 深化设计，检查发现图纸问题，避免了不必要的返工；通过 BIM 三维算量，提高商务管控，减少材料损失；通过 3D 打印技术，更直观地展现复杂模型，提高了施工质量和进度；通过 VR 技术，模拟真实的设计场景，提升了建筑设计质量，增强了公司业务竞争能力。

通过各专业间的节点深化设计，有效排除了图纸 30% 的错误；通过 3D 扫描仪设备及时发现多处碰撞问题，减少返工且节约了 3% 的工期；在各专业的碰撞检查中提前规避了多处现场施工问题，有效节约了 2% 的成本；通过整合各专业模型相互交流学习，各专业各部门之间协同工作，对现场施工顺序和难点提前进行管控。

6.7 深圳会展数字化建造应用

1. 工程概况

深圳国际会展中心（一期）地处粤港澳大湾区湾顶，是深圳市委市政府布局深圳空港新城"两中心一馆"的三大主体建筑之一。总建筑面积 150.7 万 m^2，总高度 42m，地下 2 层，地上局部 4 层。地上建筑由 11 栋多层建筑组成，其中：1 栋由 16 个标准展厅、2 个特殊展厅、1 个超大展厅、南北 2 个登录大厅及中央廊道构成；2～11 栋为会展仓储、行政办公、垃圾用房等配套设施。该项目一期建成后，将成为国内最大的会展中心；整体建成后，将超过德国汉诺威会展中心，成为全球规模最大的会展中心。见图 6.7-1。

图 6.7-1 深圳国际会展中心项目整体效果图

（1）项目概况：

项目名称：深圳国际会展中心（一期）机电承包工程

项目地点：深圳市宝安区宝安机场以北，空港新城南部

建设单位：深圳市招华国际会展发展有限公司

设计单位：深圳市欧博工程设计顾问有限公司

监理单位：广州珠江工程建设监理有限公司

工程造价：23.31 亿元

（2）机电工程概况（图 6.7-2）：

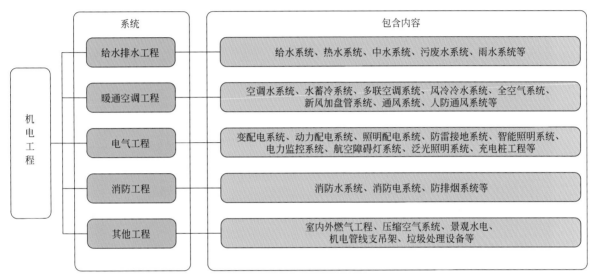

图 6.7-2　机电工程概况

（3）项目重点难点：

① 工程体量大、同步施工面积大、工期紧。

② 展厅高空管线安装工程量大，与土建、钢构、装修等单位施工配合面多且复杂。

③ 地下室设备机房多，制冷主机、冷冻水泵、发电机等大型设备的吊装、转运难度大。

④ 施工单位多，施工协调管理工作量巨大，协调难度大。

⑤ 工程规模大、专业多、系统复杂、自动化程度高，确保完成本工程系统联合调试是重点。

2. 关键技术应用情况

针对本项目重点难点，采用 BIM 技术辅助项目管理团队进行深圳国际会展中心项目全过程数字化建造。

（1）BIM 实施策划：

1）结合项目重点难点和合同要求，项目初期即编制《BIM 深化设计实施方案》，形成本项目机电 BIM 工作的指导性文件，明确本项目 BIM 工作需要实施的内容；制定管理方案和协调流程，统一模型标准，并确定成果交付要求，见图 6.7-3。

2）BIM 技术实施内容包含但不限于以下几方面：

① 管线综合；

② 碰撞检查；

③ 方案探讨；

④ BIM 出图；

⑤ 进度模拟；

图 6.7-3　BIM 深化设计实施方案及建模标准

⑥ 预制加工；

⑦ 施工工艺模拟；

⑧ 工程量统计。

（2）施工准备阶段的 BIM 应用：

设计阶段深圳国际会展中心项目的机电 BIM 应用工作严格执行 BIM 实施标准，对全区域进行 BIM 综合，达到 LOD400 的标准，并由模型生成综合图、专业图、局部详图、剖面图，提高现场施工效率，见图 6.7-4、图 6.7-5。

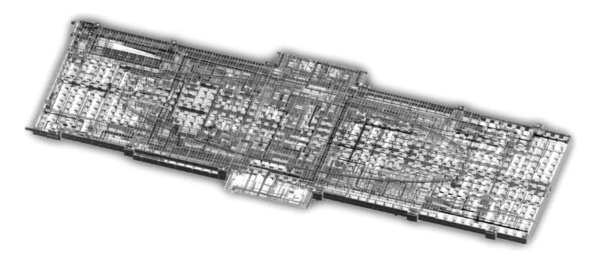

图 6.7-4　地下室部分模型

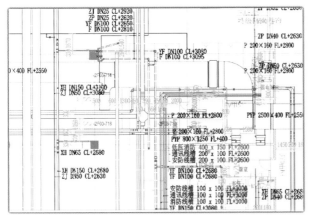
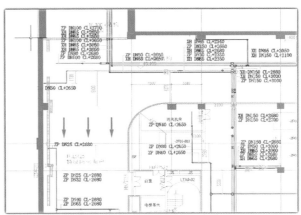
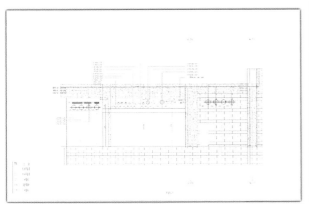
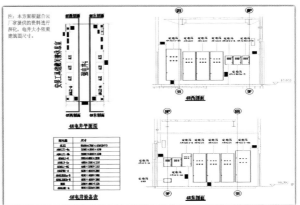

图 6.7-5　BIM 管综图、大样图导出

（3）施工阶段的 BIM 应用：

1）标准展厅管廊机电深化方案：

本项目有 16 个标准展厅，每个标准展厅有南北两个管廊。原设计方案无法保证检修通道及施工要求，通过 BIM 模型对原设计方案优化后，满足施工、后期维护、检修等要求，导出二维施工图纸，指导现场施工，图 6.7-6、图 6.7-7。

2）BIM 技术辅助超大超长螺旋风管吊装方案：

本项目每个标准展厅有 8 条超大超长排烟风管，排烟风管直径 1.8m，单根长度 42m，整体呈弧形，是本项目高空作业的重点难点；经分析采用结合胎架整体吊装的方式最高效，运用 BIM 技术对胎架工况、受力进行计算，对螺旋风管预制分割并模拟吊装，最终实现在 5min 内将螺旋风管整体吊装就位，最大限度地缩短工序工期，减少高空作业量，见图 6.7-8。

3）BIM 技术辅助高空马道施工机电管线施工方案：

① 由于外方运营单位提前进场，本项目在施工方案中大量使用 BIM 技术辅助方案交流，在提高沟通效率的同时，亦可对现场进行可视化交底，保证施工方案的严谨性及可实施性，见图 6.7-9。

② 标准展厅马道原设计方案位于马道下方安装，施工难度大且马道交汇处管线无法安装，并且运营单位对马道用途进行更改，对管线排布及净宽有较高的要求，原设计方案无法满足。项目利用 BIM 技术对马道管线施工方案与运营单位进行多次排布及模拟，最终得到满足运营方需求的实施方案，见图 6.7-10。

4）BIM 技术辅助展沟狭小空间管线施工方案：

① 标准展厅展沟原设计主展内管线较多，空间较为狭窄（图 6.7-11）。

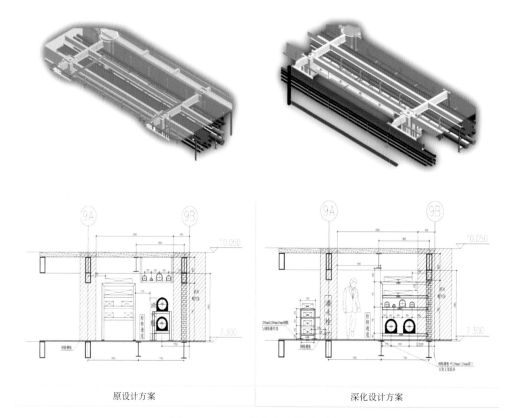

| 原设计方案 | 深化设计方案 |

图 6.7-6　BIM 优化方案前后对比

图 6.7-7　标准展厅管廊实施样板

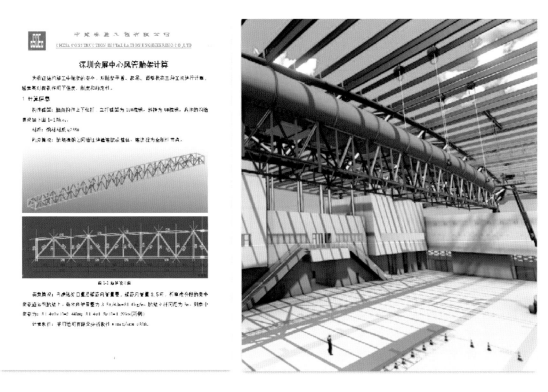

图 6.7-8　螺旋风管胎架计算书及预拼装吊装模拟

图 6.7-9　BIM 三维模型辅助交流及方案商讨

图 6.7-10 主、次马道交汇处方案模型与现场对比图

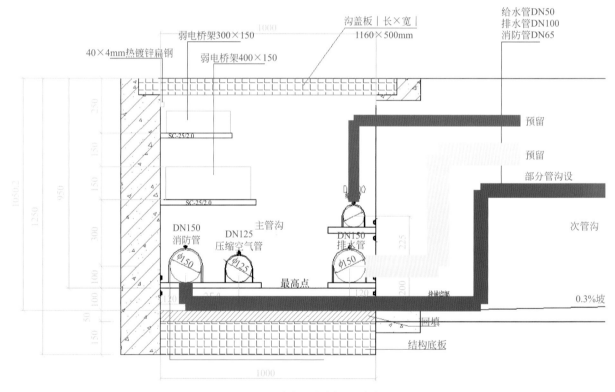

图 6.7-11 原设计主展沟剖面（单位：mm）

展沟施工难点主要为：

A. 主展沟内管线较多且空间较小，支架安装及施工人员在展沟内施工困难、效率低；

B. 展沟内线槽中需敷设大量电缆，现有方案线槽间距减小，电缆敷设困难；

C. 运营单位介入较早，提出需求多，展沟内需增加大量接口以供后期运营使用，现有设计方案已无法满足。

利用 BIM 技术对展沟内管线排布方案进行多次模拟，最终提出解决方案，指导现场施工，提高施工效率，获得业主和运营单位的一致认可与赞赏，见图 6.7-12、图 6.7-13。

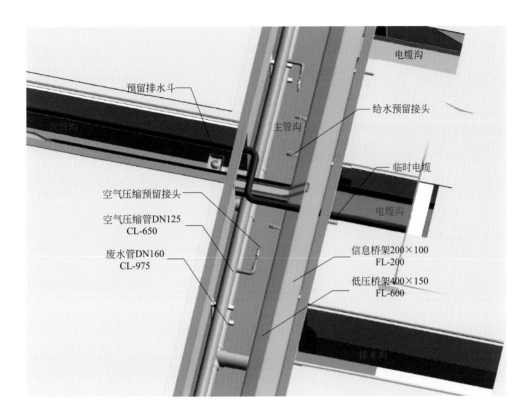

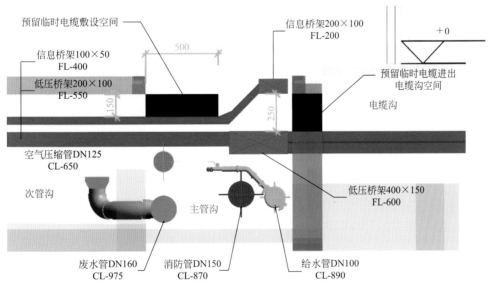

主管沟管线排布剖面图(单位：mm)

图 6.7-12 标准展厅展沟排布方案

② 根据本项目展沟多、施工工序穿插较多、施工时间紧张等特点，通过展沟施工方案优化，展沟内支架通过焊接机器人进行批量预制加工，极大地缩短施工时间，见图 6.7-14。

5）BIM 技术在装配式施工中的应用：

① 狭窄空间、高空管线装配式施工：

在机房、管线密集区域、展沟以及标准展厅、登录大厅大堂、多功能厅、国际报告厅、C11 宴会厅、C12 体育赛事厅等区域，涉及梭形空间管桁架、箱式桁架等多种结构形式的高大空间机电管线实施装配化，见图 6.7-15、图 6.7-16。

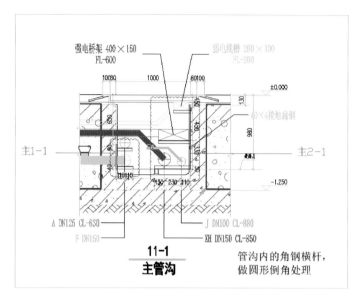

图 6.7-13 优化后主展沟剖面图

图 6.7-14 焊接机器人

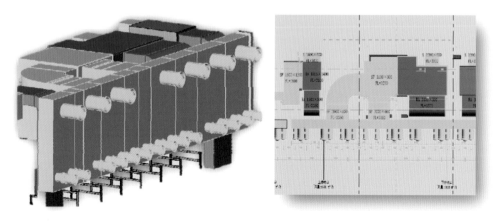

图 6.7-15 高精度模型及风箱预制化加工图

图 6.7-16　风管分段加工、现场拼装图

② 冷冻站装配式施工：

以 2 号冷冻站为例，根据中建安装 BIM 实施标准及发包方要求完成 BIM 模型深化及送审，同时完成现场 3D 扫描，将现场点云模型导入 BIM 模型，完成 BIM 深化模型的调整。利用智能化定尺切割插件完成 2 号冷冻站机房模型模块自动切割，具体流程如下：

A. 完成深化设计模型（图 6.7-17）。

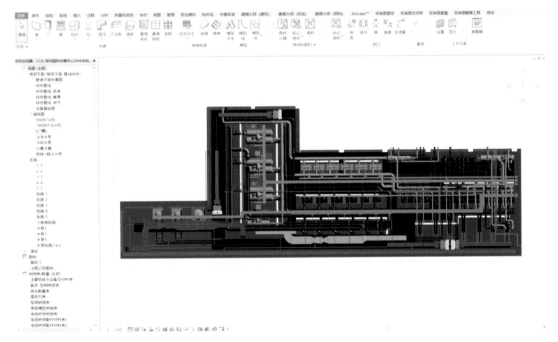

图 6.7-17　深化设计模型

B. 根据现场实测实量和设备材料实际尺寸调整模型至加工模型（图 6.7-18）。

C. 采用中建安装专利技术的智能化定尺切割插件对冷冻站进行模块自动切割，共拆分成 183 个模块，每个模块都配有详细说明，包含管线号、系统名称、连接管线、预制时间等信息，为装配化施工提供详细的信息化数据，见图 6.7-19、图 6.7-20。

D. 每个模块均生成二维码，扫描即可获得对应模块的所有预制化信息，见图 6.7-21。

E. 利用中建安装正等轴测图软件，完成 2 号机房模块加工详图，工厂完成模块的加工制作，见图 6.7-22。

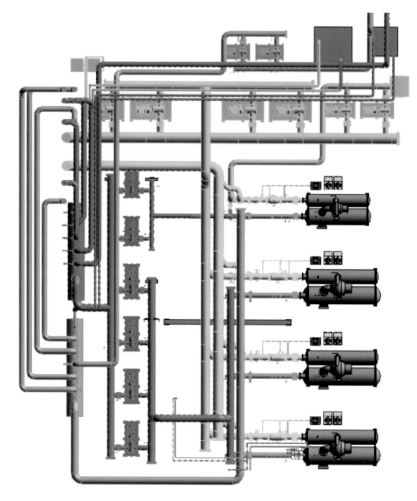

图 6.7-18　加工模型

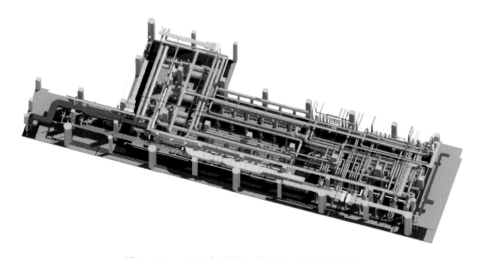

图 6.7-19　BIM 专利技术-智能化定尺切割插件

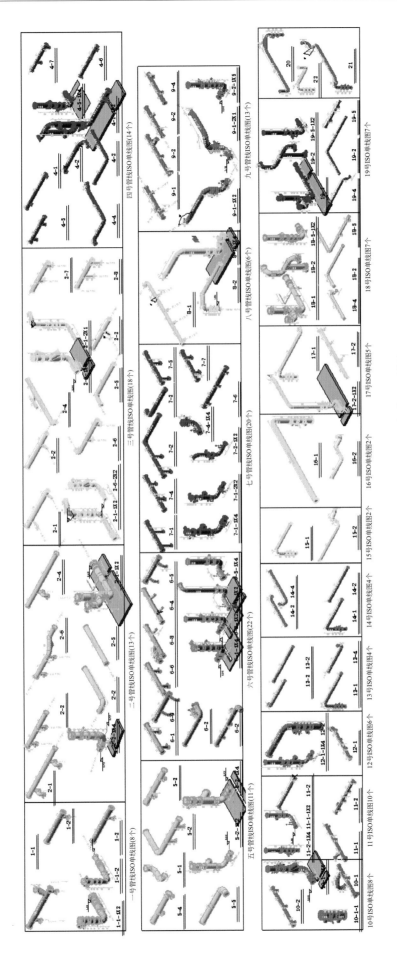

图 6.7-20　拆分为 183 个包含详细构件信息的模块

223

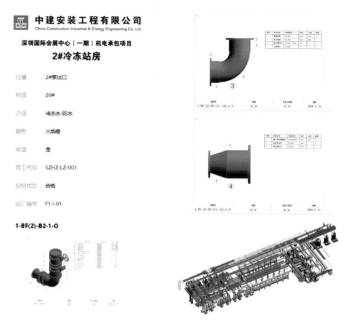

图 6.7-21　模块二维码信息展示

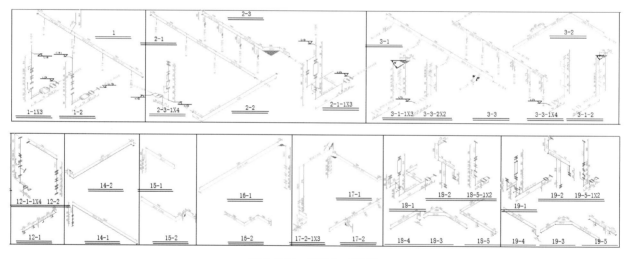

图 6.7-22　模块加工详图

F. 现场模块组装：根据施工工序，依次进行设备就位、支吊架安装、预制泵组安装、预制管线安装，直至完成所有模块的安装，见图 6.7-23～图 6.7-25。

6）BIM 在机电施工管理中的应用：

① BIM5D 平台结合现场施工管理的应用：

本项目采用广联达 BIM5D 平台协同机电施工管理，将模型导入平台，根据施工总进度计划、BIM 进度计划等对 BIM 模型进行流水段划分，便于现场管理，见图 6.7-26。

通过 BIM5D 平台实时协同、管理现场机电施工，对现场质量、安全问题实时把控，做到及时发现、即刻整改，并对整改进度、结果进行更新和汇总，提升整体项目质量，见图 6.7-27。

② 模型轻量化处理及现场应用：

利用 NavisWorks 软件，将施工方案、验收标准等集成到轻量化模型，查看模型时可实时查阅集成信息，扩展模型承载的信息量。

③ 基于 BIM 的进度、质量、安全管理措施（无人机监控体系）：

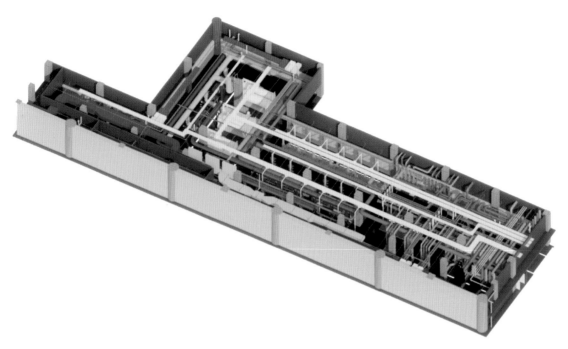

图 6.7-23 模块全部安装完成后效果图

图 6.7-24 整体模块现场施工图片

图 6.7-25　现场模块拼装完成图

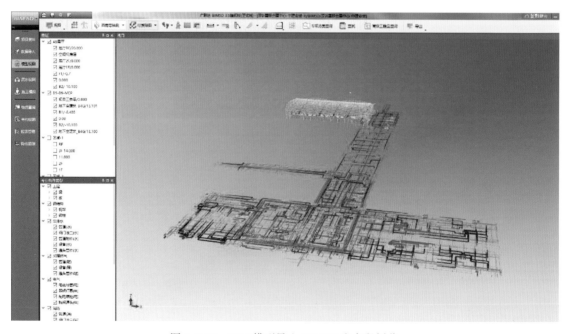

图 6.7-26　BIM 模型导入 BIM5D 流水段划分

　　项目分 7 个工区平铺施工，场地大，为方便项目实时掌握现场形象进度，特采用无人机，结合 BIM 模型定期定航线航拍，并建立时间刻度的竖向对比。结合其他专业现场施工进度，重新调整、规划机电安装进度计划，把控项目整体安全、质量，见图 6.7-28。

　　④ 协筑平台应用：

　　本工程图纸版本多、参建单位多、报审资料种类多，为便于统一有序的管理，本项目采用广联达协筑平台作为资料共享平台（图 6.7-29），主要有以下三大优势：

　　A. 采用网页端登录，账号拓展和权限管理很方便，特别适用于这种参建单位多的项目管理；

图 6.7-27 现场管理人员采用 BIM 模型进行现场管线复查核验

图 6.7-28 无人机航拍路线及 3 月 13 日、23 日航拍进度对比

图 6.7-29　多方协筑平台展示

B. 无需安装应用软件，可以直接在线打开图纸、模型、文档等 50 多种常见文件格式，在 PC 端和移动 APP 端均可，极大便捷了各系统人员；

C. 借助云端的模型轻量化处理技术和动态加载技术，在线打开图纸和模型的速度远快于使用软件打开的速度，手机也可以打开大体量的模型。

3. 应用效果

应用效果综合分析见表 6.7-1。

深圳国际会展中心数字化应用效果 表 6.7-1

应用类别	应用内容	亮点	效果分析
基于 BIM 的深化设计	深化设计预留预埋	机电深化设计基于模型完成，先模型，后图纸，图模一致	直接使用三维模型进行机电深化设计，协同工作，全局考虑，提出最合理的排布方案。严格的标高控制，合理的管线排布，消除碰撞。提供高质量的基础模型，为 BIM 应用打好基础

续表

应用类别	应用内容	亮点	效果分析
应用于 方案优化	1. 标准展厅 2F 管廊区域管线	复杂区域深化设计	在对重点难点区域进行方案检讨时,利用三维可视化的特点,对模型进行方案调整,直观清晰、效果可见,提出最优方案。使空间紧张的区域满足安装检修
	2. 标准展厅管沟管线	主次管沟交汇处优化	
	3. 地下室车道及厨房区域管线	复杂区域深化设计	
	4. 地下室整体空间优化方案	优化后增加可用建筑面积	
	5. 运营马道净宽需求优化方案	在高大空间施工便利的同时满足运营需求	
	6. 超大超长螺旋风管吊装方案	预吊装模拟与支吊架方案优化	
	7. 大型设备冷却塔选型方案	设备选型	
	8. 超高侧送风风墙	预模拟吊装以及优化拆分段	
	9. 大型机电设备吊装运输方案	预模拟提高施工作业效率	

6.8　南京恒生制药标准厂房扩建项目数字化建造应用

1. 工程概况

项目名称：恒生制药注射剂智能化自动生产线扩建项目

项目地址：江苏省南京市溧水区机场路 18 号

建设时间：2019 年 9 月 25 日

建设单位：南京恒生制药有限公司

设计单位：中建石化工程有限公司

工程奖项：第十一届"创新杯"建筑信息模型（BIM）应用大赛（工程建设综合 BIM 应用）二等奖

第五届江苏省安装行业 BIM 技术创新大赛一等奖

恒生制药注射剂智能化自动生产线扩建项目由 3 栋多层建筑组成（图 6.8-1），分别为智能化注射剂车间、综合车间、配套动力站。建设生产线包括制剂、原料药、创新药物及营养健康型食品等。其中建筑面积 38439m²，总高度 27.4m，动力站地下 2 层，综合生产车间地上 2 层，注射剂车间地上 3 层。工程为医药扩建项目，对洁净空调通风要求高，建筑功能复杂且专业单位众多，对工程进度计划管理提出非常高的要求。

项目以深化设计、降本增效、高效协同为基本出发点，从设计阶段到施工阶段，应用机电深化设计、BIM＋FEA 技术、BIM＋CFD 提升设计品质，实现施工过程"零变更"，提高建筑品质。同时搭建 LOD400 级别高精度模型，3D 扫描、AR 交互、施工动画辅助施工管理，实现施工过程精细化管理，减

图 6.8-1　恒生制药注射剂智能化自动生产线扩建项目效果图

少施工周期。

2. 关键技术应用情况

（1）深化设计阶段：

1）BIM＋FEA 分析及优化：

团队使用 Dynamo 创建钢筋混凝土模型（图 6.8-2）进行结构优化设计，利用自行开发的有限元联动插件 Ansys Livesync for Revit（图 6.8-3）提取模型，并与 FEA 分析软件实时联动，在设置完合理的边界条件后，进行求解结构强度、抗震性。根据初步分析结果，不断进行结构优化、计算与比对，并将计算数据反馈至设计方进行结构复核，最终优化方案采用 PKPM 计算后均在合理范围内，目前团队已为项目优化 700 多 t 混凝土与 60t 钢筋用量。

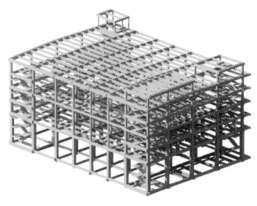

图 6.8-2　Dynamo 搭建钢筋混凝土模型

图 6.8-3　Ansys 结构优化、计算

团队使用 Solidworks 绘制的地下室 B1 层管廊的一个综合支吊架模型（图 6.8-4），利用 Ansys 进行 FEA 综合支吊架有限元分析，进行结构优化与选型（图 6.8-5），良好地弥补了常规计算程序的局限性（立柱受力、工况模拟受限、水平推力、节点受力计算等问题），同时精确度更高，从而合理地控制支吊架的型材用量以达到成本控制的目的。

算例结果

名称	类型	最小	最大
应力 1	VON: von Mises 应力	8.003e+02 N/m^2 节: 137030	5.746e+07 N/m^2 节: 111

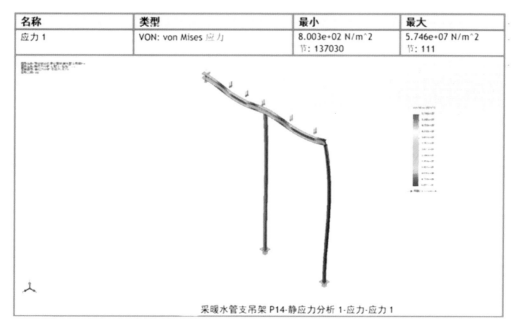

采暖水管支吊架 P14-静应力分析 1-应力-应力 1

图 6.8-4　Solidworks 搭建支架模型

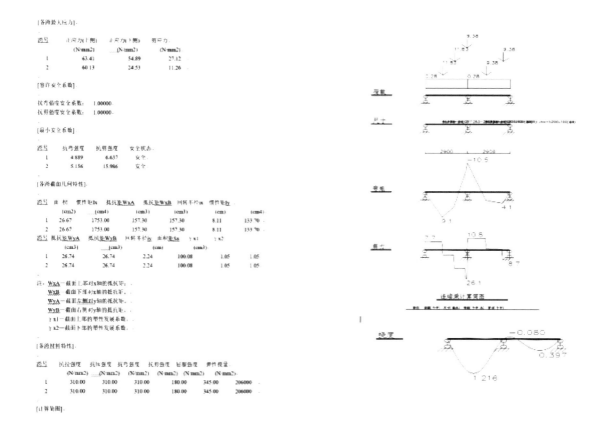

图 6.8-5　支架分析计算结果书

　　根据型材的受力特性及焊接特性综合考虑，最终优化后成果显著。通过对原设计支架的综合受力分析，在保证强度及挠度满足要求的情况下，以成本控制及减少材料类别为方向，对原设计支架进行优化，减少 30% 的型材使用，节省约 40 万元的支吊架成本。

2）BIM+CFD 分析及优化：

在洁净空调风管设计中，项目利用自行开发的有限元联动插件 Ansys Livesync for Revit 提取净化空调系统管道（图 6.8-6），并与 CFX 分析软件实时联动，在设置完合理的边界条件后，根据初步分析结果，找到流场死角、气流分布不均的地方，进行优化、计算，并与传统风管水力计算结果比对，最后将计算数据反馈至设计方进行复核，为项目优化净化空调管道路由 23 处（图 6.8-7、图 6.8-8），大大提升了设计质量。

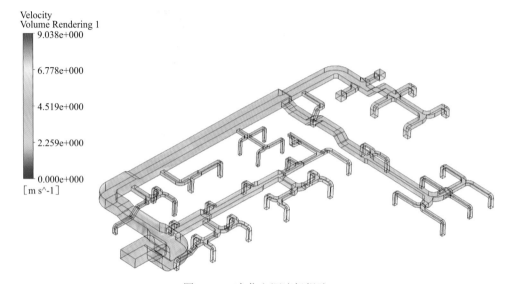

图 6.8-6 净化空调流场提取

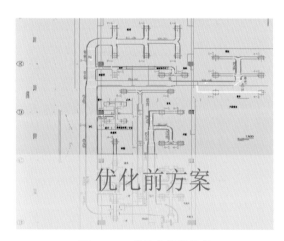

图 6.8-7 净化空调优化前

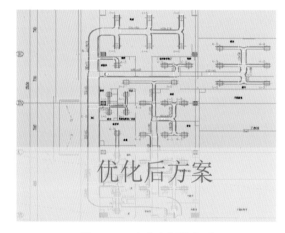

图 6.8-8 净化空调优化后

在机房设备布置中，项目利用流-热-固三相耦合技术研究智能化 GMP 综合车间数据、机房封闭冷通道原设计精密空调排布方案，并根据共轭换热分析结果进行优化（图 6.8-9）。

解决了原设计封闭冷通道内精密空调排布不合理导致的各服务器机柜的冷气流流量分布不均问题。

（2）施工辅助阶段：

1）BIM+预制装配化：

项目 PC 预制装配化工艺（图 6.8-10）如下：

首先基于项目结构以及建筑专业的 BIM 模型，对图纸设计中存在的问题进行检查，排查综合车间建筑、结构图纸存在的问题 30 多处。

再基于 BIM 技术，将预制构件信息模型按照设计要求并结合施工顺序在计算机中进行拼装。对

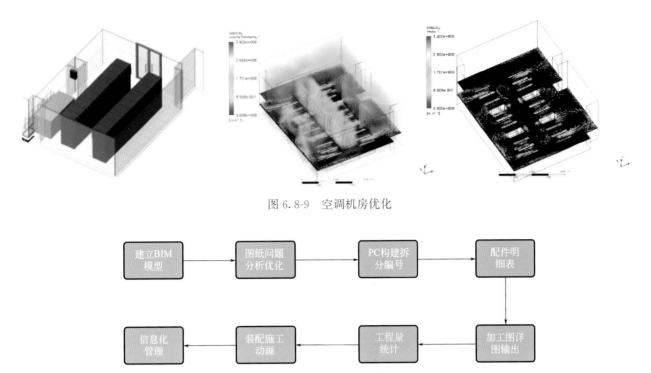

图 6.8-9 空调机房优化

图 6.8-10 PC 构建装配化流程

拼接位置进行碰撞检测，检查预制构件与现浇部分的关系，预制构件与预制构件（包括伸出的钢筋）之间的关系，以及预制构件和机电管道之间的关系，深化设计完成后拆分为 160 个 PC 预制模块（图 6.8-11）。

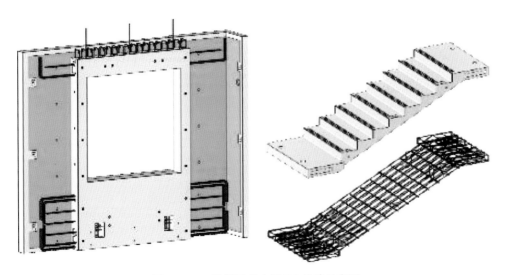

图 6.8-11 楼梯及剪力墙 PC 构建示意图

然后将 PC 预制模块加工信息模型数据导出，进行编号标注，生成预制加工图及配件表，基于已经完成的 BIM 模型对预制构件包含的混凝土、钢筋、各种规格金属预埋件、门窗预埋、机电预埋件、吊件等进行工程量统计（图 6.8-12、图 6.8-13）。

最后按照施工计划制作装配施工动画（图 6.8-14），指导现场施工交底，并将预制 PC 构件图纸、清单及数字化产品使用说明书等上传 BIM 协同平台进行信息维护。BIM＋机电深化平台端的各类信息交流、轻量化模型查看均可使用移动 APP 进行查看和回复，责任人点击信息即可查看观阅览各平台信息。

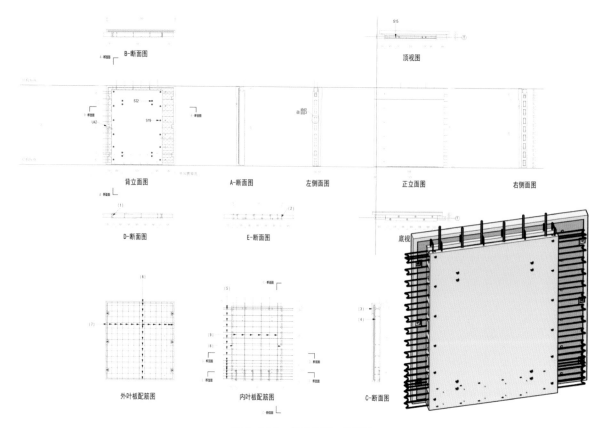

图 6.8-12 剪力墙施工详图

预埋件一览表

编号	功能	数量	规格	备注
D80	叠合脱	4	H=80 L=800	
S15	吊装、调节表盒用INS	4	M20(O) L=200	
S19	模板用INS	12	M14(PO) L=55	
S32	脱模、吊装用INS	8	M20(O) L=120	
S34	接驳用INS	6	M14(O) L=80	
U42	板板连接件	6	M14(P) L=65	

保温工程量统计

名称	体积(m³)	保温层厚度(mm)	保温层面积(m²)
保温层	0.13	30	4.29

混凝土强度等级

楼层	体积(m³)	混凝土强度等级	备注
7F	1.01	C40	

钢筋明细表

标记	钢筋直径(mm)	钢筋长度(m)	钢筋质量(kg)	合计
(1)	8	3.168	1.25	11
(2)	8	4.598	1.82	11
(3)	8	3.544	1.40	8
(4)	8	7.864	3.11	8
(5)	8	12.298	4.86	11
(6)	8	11.660	4.60	11
(7)	8	10.720	4.23	16
(8)	8	25.700	10.15	10
(9)	8	26.880	10.61	8
(10)	8	9.920	3.92	16
(11)	8	26.880	10.61	24
(12)	8	45.120	17.82	24
(13)	8	5.120	2.02	4
(14)	10	48.800	30.11	16
(15)	12	16.928	15.04	8
(16)	12	2.160	1.92	4
(17)	16	2.520	3.98	4
(18)	18	7.834	15.66	4
(19)	20	15.588	38.47	4
(20)	20	15.908	39.26	4
		303.210	220.84	198

①	60 | 240	⑨	3360	⑰	630
②	240 | 190	⑩	110 | 160	⑱	2000; 351 /180 180 \661; 270 3390 270
③	120 | 335	⑪	160 | 360	⑲	2000; 311 /180 180 \621; 300 3350 300
④	120 | 875	⑫	160 | 740	⑳	2000; 351 /180 180 \661; 300 3390 300
⑤	240 | 890	⑬	160 | 2360		
⑥	450 | 160 | 450	⑭	3050		
⑦	210 \ 260 / 200	⑮	2116		
⑧	2570	⑯	2160		

预制板边配梁钢筋表

截面编号	2-8F	9-12F	13-15F
箍	LL3a(1) 200x400	LL3a(1) 200x400	LL3a(1) 200x400
上部筋	2 ⌀18	2 ⌀16	2 ⌀14
下部筋	2 ⌀18	2 ⌀16	2 ⌀14
腰筋			
箍筋	⌀ 8@100(2)	⌀ 8@100(2)	⌀ 8@100(2)

预制板边配梁钢筋表

截面编号	2F	3-9F	10-13F	14-15F
箍	LL3(1) 200x780	LL3(1) 200x780	LL3(1) 200x780	LL3(1) 200x780
上部筋	4 ⌀16	2⌀2+2 ⌀20 2⌀	4 ⌀18 2⌀	4 ⌀20
下部筋	4 ⌀16 2⌀	2⌀2+2 ⌀20 2⌀	4 ⌀18 2⌀	2 ⌀20
腰筋	N6 ⌀10	N6 ⌀10	N6 ⌀10	N6 ⌀10
箍筋	⌀ 8@100(2)	⌀ 8@100(2)	⌀ 8@100(2)	⌀ 8@100(2)

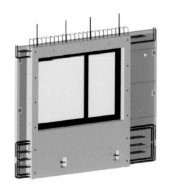

三维正交

图 6.8-13 剪力墙材料及预埋件明细表

图 6.8-14　PC 构建施工动画交底

2）BIM＋机电深化：

机电 BIM 深化设计实施工作严格执行 BIM 实施标准，对全区域进行 BIM 建模及深化，模型元素齐全，设备信息完整，达到 LOD400 标准。本项目 BIM 实施工作严格执行 BIM 实施标准，对全区域进行 BIM 综合。

首先使用 Fuzor 进行模型的碰撞检查，出具机电与其他专业、机电专业内的碰撞问题报告，点选找到碰撞部位自动关联至 Revit 模型并进行合理的管线调整（图 6.8-15）。

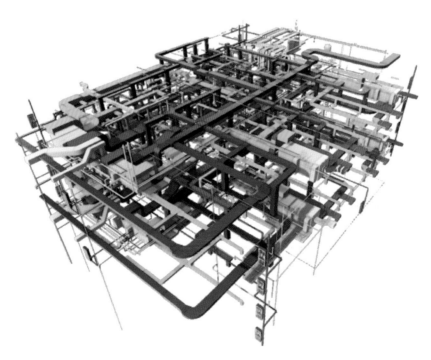

图 6.8-15　Fuzor 碰撞分析检查

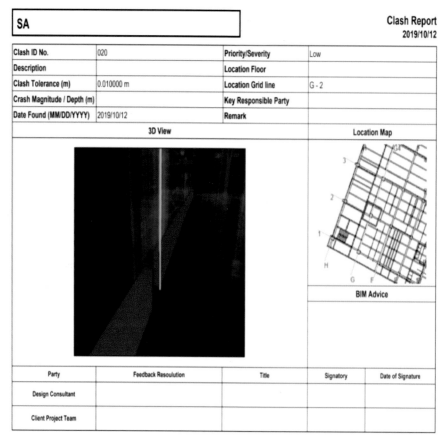

图 6.8-15　Fuzor 碰撞分析检查（续）

在深化设计过程中，精细化建模过程即细致的审图过程，BIM 人员在建模过程中，将发现的问题进行记录，多方交流解决后形成图面分析报告。

项目采用 Fuzor 建立净高控制层，快速统计净高不足区域并导出净高分析报告。管综调整及深化完成后，模型生成综合图、专业图、局部详图、留洞图、剖面图及明细表等（图 6.8-16），用于指导现场施工。

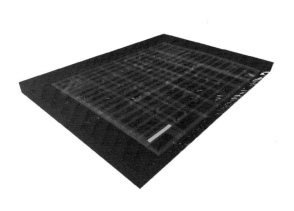
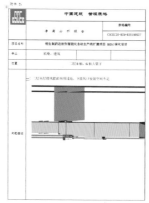

图 6.8-16　Fuzor 净高分析检查

由于医药专业设备复杂，考虑到不同机器处理模型能力的不同，通过 SolidWorks 软件，将精细的医药专业工艺设备模型与 Revit 模型进行整合，并搭载自主研发的模型减面工具 Surface Cruncher for Revit 进行轻量化处理，在保留设备工业级精细外形的情况下，极限压缩模型容量，制成 Revit 族后，容量压缩为原模型的 5%～10%，实现工程行业与制造业的空间数据互通（图 6.8-17）。

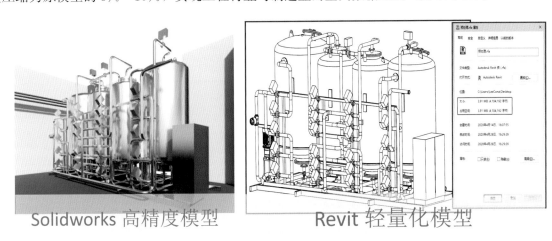

Solidworks 高精度模型　　　　Revit 轻量化模型

图 6.8-17　自主研发轻量化插件数据互通

3. BIM 应用总结

利用原有的医药设计能力，将设计与施工结合。在方案设计、施工图设计、校核、优化的设计过程中，提升了设计水平，进一步完善了建筑功能。而在施工过程中，项目通过 BIM 技术在施工全过程中的参与配合，实现了技术、质量、安全、材料等方面管理的全面提升，提前发现问题，降低项目成本，提高管理人员的水平，赢得业主的赞同，取得了良好的经济效益。同时为公司培养了一批能够利用 BIM 设计施工的人才，为公司在未来数字化建设发展的潮流中奠定竞争基础。

在设计过程中，项目利用 BIM 审图，在图纸会审及建模过程中提出审图意见 120 多条。项目为公司项目族库积累 20 多个医药精细化专业设备族，自主研发了轻量化模型插件。采用新型 BIM＋CFD 洁净空调系统正负压分析技术等手段，提升了设计的产品质量。采用 BIM＋FEA 有限元分析，二次结构深化创造效益 20 多万元，精细化混凝土用量，节约混凝土约 600t。

在施工过程中，采用精细化深化设计预先碰撞检查，避免因专业碰撞而产生的返工，已节省成本 50 万元，节约工期 10%（图 6.8-18）。机电预留预埋及二次结构深化创造效益 20 多万元。运用虚拟施工、3D 交底等方法进行施工指导与交底，辅助重点难点方案实施，确保施工顺利进行。项目生成项目脚手架整体模型及节点详细做法模型，并进行自动计算验证，用于指导现场施工（图 6.8-19）。在项目策划阶段，团队便结合各方的初步规划进行施工场地及临建建模，并根据三维模型进行讨论，最终形成

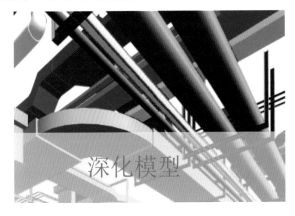

深化模型　　　　　　　　　现场安装

图 6.8-18　机电深化成果展示

布局合理的施工场地模型,用于指导施工阶段的场地区域划分、临建搭建、材料堆放、人流车流等。(图6.8-20)。项目各参建方采用BIM协同平台进行文件收发与管理,明确图纸会审与回复流程,提前解决设计存在的问题,将疑难问题标记至BIM协同平台并进行多方讨论,减少会议时间。团队同时还利用AR技术将模型与图纸建立对应关系,项目人员在进行方案讨论时,其他人只要扫描图纸就能看到对应的三维模型,同时可以进入模型内以预设好的真实效果进行查看,进行虚拟空间布置(图6.8-21)。

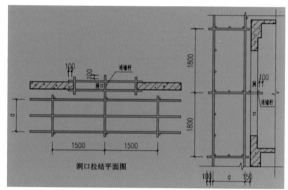

图6.8-19 脚手架计算指导施工

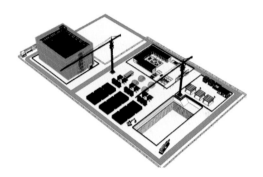

图6.8-20 施工场地布置策划

图6.8-21 协调云平台信息化管理

6.9 特斯拉超级工厂项目数字化建造应用

1. 工程概况

项目名称:特斯拉上海超级工厂

项目地址:上海市浦东新区两港大道与正嘉路交界处

建设时间:2019年4月23日至2019年10月15日

建设单位:特斯拉(上海)有限公司

设计单位:上海市机电设计研究院有限公司

工程奖项:江苏省安装协会第五届江苏省安装行业BIM技术创新大赛二等奖

特斯拉超级工厂位于上海市浦东新区临港重装备产业区,主体结构为钢结构框架,建筑面积86万m²,占地面积约50万m²。一期工程机电专业分包含ST冲压、BW白车身、PT喷涂、GA总装四大车间,车间主体结构为混凝土基础、钢结构框架系统,屋面为钢结构坡屋面及虹吸排水系统,见图6.9-1。

特斯拉超级工厂项目是上海市重大建设项目,关注度高、项目周期紧、工程标准高。项目业主要求

图 6.9-1　特斯拉超级工厂项目实景图

采用数字创新与信息技术，工期紧急，业主对进度要求严格，各方急需高精度高标准的模型指导现场施工。各级领导视察指导频繁，各项高标准需要高效的信息化方法和数字化技术管理手段全方位提高施工质量及进度。

机电专业系统较多，机电管线复杂，综合布线工作量大且要求高。机电专业包括空调水系统、空调通风系统、防排烟系统、压缩空气系统、给水排水系统、消火栓系统、消防喷淋系统、压力污水系统、综合布线系统等。

本项目包含常规机电工程各类管线安装，图纸深化和施工阶段需要解决众多技术难题，其中管线交叉施工工序是控制重点。专业间协调难度大，工程范围包括车间区域内的管道、设备、电气、仪表、弱电、消防、暖通以及电信网络工程的采购、预制、加工、安装、调试。

同一施工区域专业施工交叉较多，协调量大，专业接口及交叉作业存在工程施工的各个阶段，各专业间交叉施工复杂，协调配合要求高，施工组织难度大。

2. 关键技术应用情况

（1）BIM 应用目标：

通过构建成熟的 BIM 组织体系，攻克重点难点技术问题，培养成熟优秀的 BIM 人才，具体应用目标如下：

① 数字建模提高模型精度，通过 BIM 技术提升深化设计质量，提高工程品质，使得真实的建筑信息参数化、数字化。

② 虚拟施工提高施工技术水平，通过 BIM 技术对工程进行建造阶段的施工模拟，可以及时发现工程中存在或者可能出现的问题。

③ 平台管理提高协同工作效率，应用 BIM 技术辅助施工管理，通过协同管理平台，项目各参与方协调有序地开展工作。

④ BIM 5D 施工过程管理，让 BIM 技术在工程建设的投资、质量、进度、成本、安全等领域发挥效益，施工过程精细化管理。

（2）BIM 应用标准：

依据国家标准、企业标准、项目应用方案对本项目 BIM 模型进行标准化构建和应用，见图 6.9-2。

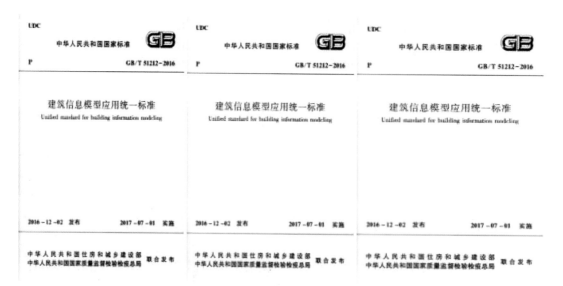

图 6.9-2　建筑信息模型应用统一标准

国家 BIM 标准：《建筑信息模型应用统一标准》GB/T 51212—2016、《建筑信息模型施工应用标准》GB/T 51235—2017、《建筑信息模型分类和编码标准》GB/T 51269—2017、《建筑信息模型设计交付标准》GB/T 51301—2018 和《建筑工程设计信息模型制图标准》JGJ/T 448—2018。

企业 BIM 标准：《中建安装集团有限公司 BIM 实施标准》《中建安装集团有限公司 BIM 应用能力建设管理办法》和《基于 BIM 技术的机电安装工程模块化建造的研究与应用》《机电项目信息分类及编码标准》，见图 6.9-3、图 6.9-4。

图 6.9-3　《中建安装集团有限公司 BIM 应用能力建设管理办法》

项目技术标准：项目部根据国家 BIM 标准和中建安装集团有限公司的 BIM 实施标准，特地编撰了《特斯拉上海超级工厂（一期）冲压、白车身、油漆、总装车间机电专业分包工程技术标准》（图 6.9-5）。

编制项目统一样板：BIM 模型需要建立统一的项目样板，使得 BIM 成员从建模→深化→出图等一系列工作简单，让工作流程更加高效，见图 6.9-6~图 6.9-8。

中建安装集团有限公司文件

机电项目信息分类及编码系统（征求意见稿）

（CSCECIE－MEP－2019）

中建安科字〔2019〕312 号

关于印发《中建安装集团有限公司 BIM 实施
标准》的通知

各子企业、事业部、总部部门、派出机构：

为贯彻习近平新时代中国特色社会主义思想和党的十九大
精神，进一步规范中建安装集团有限公司 BIM 技术应用工作，推
动公司建筑信息模型（BIM）的深度应用，公司制定了《中建安
装集团有限公司 BIM 实施标准》，现予以印发，请遵照执行。

附件：1. 中建安装集团有限公司 BIM 实施标准
　　　2. 中建安装集团有限公司 BIM 实施标准-Revit 机电
样板

中建安装集团有限公司
CHINA CONSTRUCTION INDUSTRIAL & ENERGY ENGINEERING GROUP CO.,LTD

二〇一九年十二月

- 1 -

图 6.9-4　中建安装企业 BIM 标准

特斯拉超级工厂项目（一期）

冲压、白车身、油漆、总装车间

机电专业分包工程技术标准

TESLA

中建安装集团有限公司
CHINA CONSTRUCTION INDUSTRIAL & ENERGY ENGINEERING GROUP CO.,LTD

图 6.9-5　《特斯拉上海超级工厂（一期）冲压、白车身、油漆、总装车间机电专业分包工程技术标准》

（3）实施流程见图 6.9-9、图 6.9-10。

（4）多专业模型：

① ST 车间综合模型展示见图 6.9-11、图 6.9-12。

② PT 车间综合模型展示见图 6.9-13、图 6.9-14。

③ GA 车间综合模型展示见图 6.9-15、图 6.9-16。

④ BW 车间模型展示见图 6.9-17、图 6.9-18。

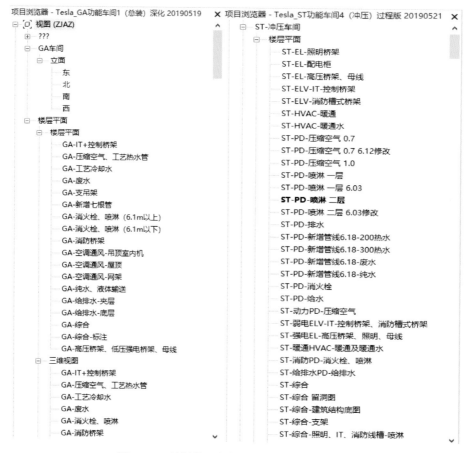

图 6.9-6 特斯拉上海超级工厂 BIM 模型样板

图 6.9-7 BIM 模型各系统颜色

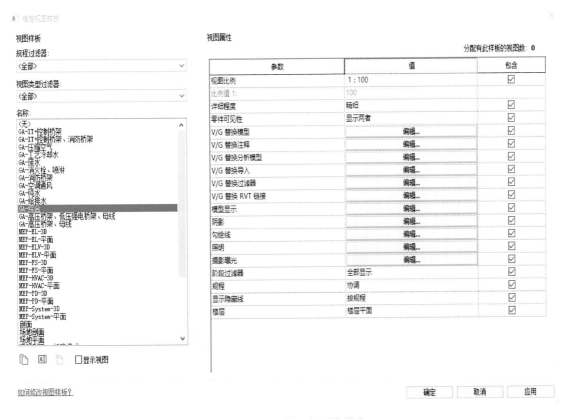

图 6.9-8 BIM 模型各系统设定

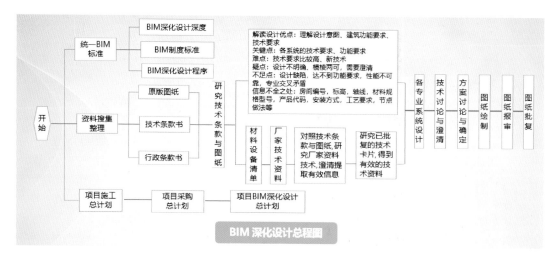

图 6.9-9　BIM 深化设计总图

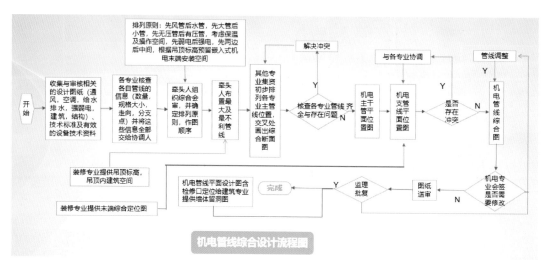

图 6.9-10　机电管线综合设计总图

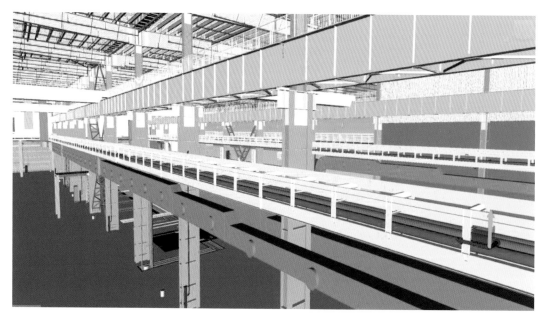

图 6.9-11　ST 车间模型（一）

图 6.9-12　ST 车间模型（二）

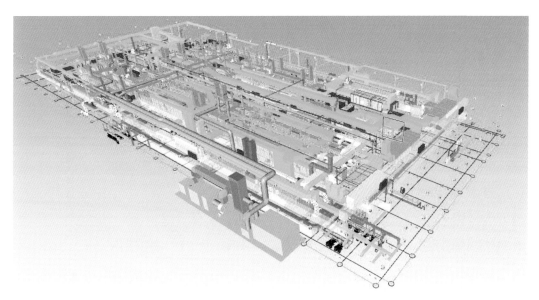

图 6.9-13　PT 车间模型（一）

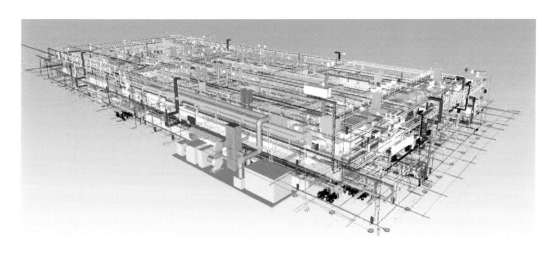

图 6.9-14　PT 车间模型（二）

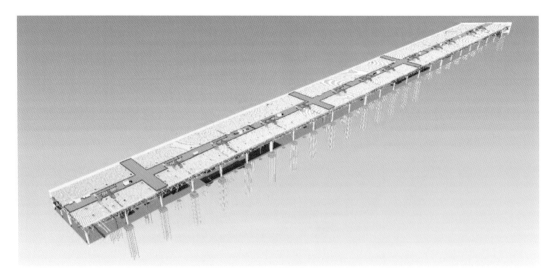

图 6.9-15　GA 车间模型（一）

图 6.9-16　GA 车间模型（二）

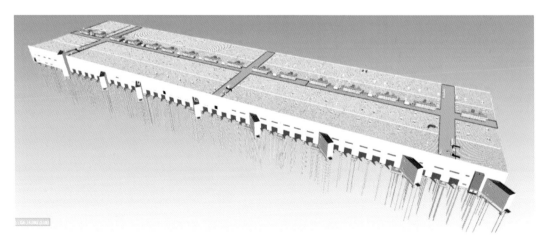

图 6.9-17　BW 车间模型（一）

图 6.9-18　BW 车间模型（二）

（5）多专业模型：

① 机电管线综合优化：整合各专业模型，通过碰撞检查进行管线优化，合理翻转避让，满足空间要求和施工要求，见图 6.9-19、图 6.9-20。

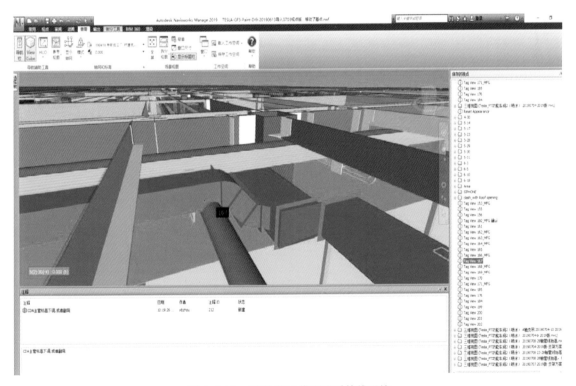

图 6.9-19　利用 BIM 模型查看管线碰撞

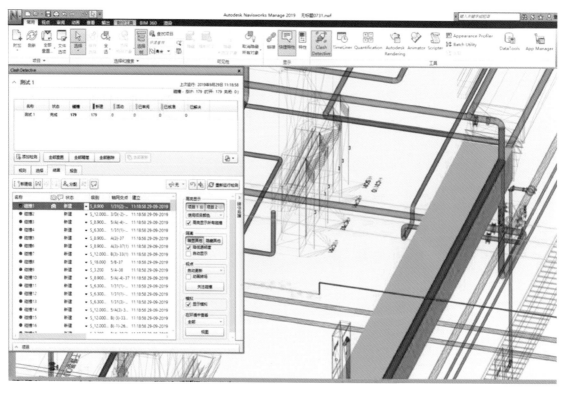

图 6.9-20　利用 NavisWorks 软件进行碰撞检测

各专业 BIM 模型搭建过程等同设计图纸全方位核查过程，基于 BIM 模型评估设计图纸质量，对于图纸存在的错漏碰缺提交碰撞报告，并于图纸会审前提出，然后同时确认设计变更或施工优化项。应用 NavisWorks 进行冲突管理和碰撞检测，将碰撞信息反馈给设计人员并及时做出调整，减少施工现场的管线碰撞及返工，将问题解决在设计阶段，大大提高了管线综合设计能力和工作效率，见图 6.9-21、图 6.9-22。

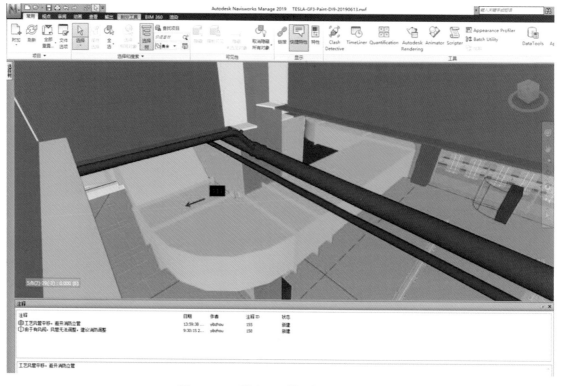

图 6.9-21　利用 BIM 模型优化管线碰撞

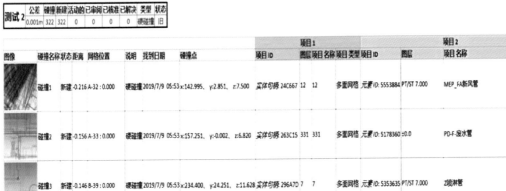

测试2	公差	碰撞	新建	活动的	已审阅	已核准	已解决	类型	状态
	0.001m	322	322	0	0	0	0	硬碰撞	旧

图像	碰撞名称	状态	距离	网格位置	说明	找到日期	碰撞点	项目ID	图层	项目名称	项目类型	项目ID	图层	项目名称	项目类型
	碰撞1	新建	-0.216	A-32 : 0.000	硬碰撞	2019/7/9 05:53	x:142.995、y:2.851、z:7.500	实体 句柄 24C667	12	12	多面网格	元素ID: 5553884	PT/ST 7.000	MEP_FA新风管	实体
	碰撞2	新建	-0.156	A-33 : 0.000	硬碰撞	2019/7/9 05:53	x:157.251、y:-0.002、z:6.820	实体 句柄 263C15	331	331	多面网格	元素ID: 5178360	±0.0	PD-F-废水管	线
	碰撞3	新建	-0.146	B-39 : 0.000	硬碰撞	2019/7/9 05:53	x:234.400、y:24.251、z:11.628	实体 句柄 296A7D	7	7	多面网格	元素ID: 5353635	PT/ST 7.000	Z喷淋管	线
	碰撞4	新建	-0.145	S/B-40 : 0.000	硬碰撞	2019/7/9 05:53	x:246.091、y:32.033、z:6.820	实体 句柄 2777A7	37	37	多面网格				
	碰撞5	新建	-0.140	A-40 : 0.000	硬碰撞	2019/7/9 05:53	x:245.948、y:4.073、z:13.020	实体 句柄 255746	37	37	多面网格				
	碰撞6	新建	-0.135	A-32 : 0.000	硬碰撞	2019/7/9 05:53	x:143.005、y:2.616、z:7.500	实体 句柄 24C667	12	12	多面网格	元素ID: 5553883	PT/ST 7.000	MEP_FA新风管	线

图 6.9-22　碰撞检测结果

② 对于管线密集处，通过优化设备管线在建筑结构废余空间中的布置，提高设备管线的空间利用率，降低空间成本，提升项目建成后的空间品质，见图 6.9-23、图 6.9-24。

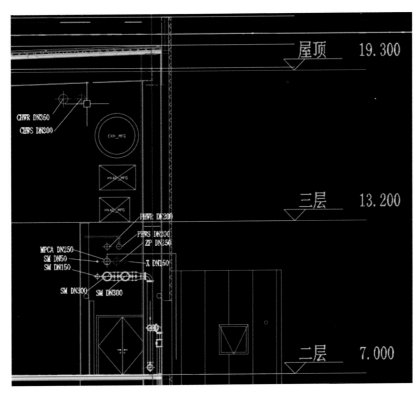

图 6.9-23　利用 BIM 技术优化空间

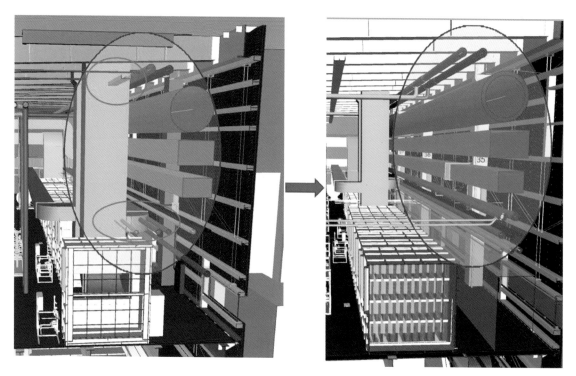

图 6.9-24　利用 BIM 技术优化空间前后对比

③ 对不满足标高要求的区域进行净空分析优化，最终满足业主单位对净空的控制，见图 6.9-25、图 6.9-26。

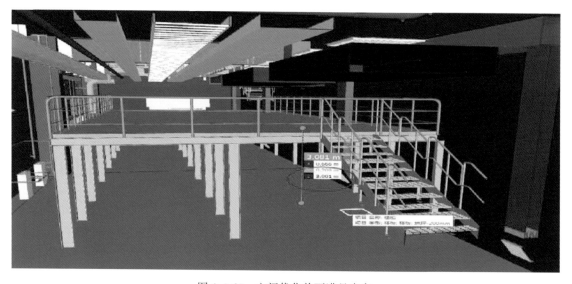

图 6.9-25　空间优化前不满足净高

④ 提出管综优化方案，经设计方、业主讨论并确认后，进行整体机电模型管综优化，见图 6.9-27。

借助 BIM 技术优化管线布局，提高管线综合布置准确率，使管线排布达到最优，布局最合理，现场实施最便捷。

⑤ 预留预埋精准定位：整合专业预留洞口图，精确到洞口尺寸和位置及标高。导出洞口综合图纸，协助现场施工，避免预留洞口错漏碰缺，见图 6.9-28。

⑥ 深化设计图纸：从模型直接输出各专业平面图注释各管线类型、标高、平面定位、综合平面图，有剖面和局部三维视图，确保图模一致，见图 6.9-29、图 6.9-30。

图 6.9-26 空间优化后满足净高

图 6.9-27 BIM 模型与现场对比

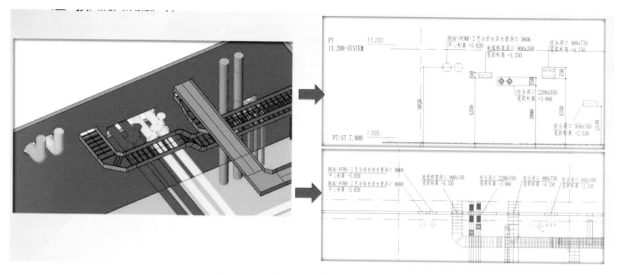

图 6.9-28　利用 BIM 模型导出留洞图

Tesla_PT功能车间2（喷涂）二层纯水平面图 20190707
Tesla_PT功能车间2（喷涂）二层电力平面图 20190707
Tesla_PT功能车间2（喷涂）二层废水平面图 20190707
Tesla_PT功能车间2（喷涂）二层给排水平面图 20190707
Tesla_PT功能车间2（喷涂）二层工艺热水平面图 20190707
Tesla_PT功能车间2（喷涂）二层管道汇总平面图 20190707
Tesla_PT功能车间2（喷涂）二层火灾报警平面图 20190707
Tesla_PT功能车间2（喷涂）二层空调通风平面图 20190707
Tesla_PT功能车间2（喷涂）二层弱电平面图 20190707
Tesla_PT功能车间2（喷涂）二层压缩空气平面图 20190707
Tesla_PT功能车间2（喷涂）二层纯水平面图 20190707
Tesla_PT功能车间2（喷涂）三层电力平面图 20190707
Tesla_PT功能车间2（喷涂）三层给排水平面图 20190707
Tesla_PT功能车间2（喷涂）三层工艺热水平面图 20190707
Tesla_PT功能车间2（喷涂）三层管道汇总平面图 20190707
Tesla_PT功能车间2（喷涂）三层管道汇总平面图 20190707--
Tesla_PT功能车间2（喷涂）三层火灾报警平面图 20190707
Tesla_PT功能车间2（喷涂）三层空调通风平面图 20190707
Tesla_PT功能车间2（喷涂）三层弱电平面图 20190707
Tesla_GA功能车间1（总装）-IT+控制桥架专业深化图 20190610
Tesla_GA功能车间1（总装）-纯水专业深化图 20190610
Tesla_GA功能车间1（总装）-电力桥架、母线专业深化图 20190610
Tesla_GA功能车间1（总装）-废水专业深化图 20190610
Tesla_GA功能车间1（总装）-给排水专业深化图 20190610
Tesla_GA功能车间1（总装）-管道综合深化图 20190610
Tesla_GA功能车间1（总装）-空调通风专业深化图 20190610
Tesla_GA功能车间1（总装）-深化图纸目录 20190610
Tesla_GA功能车间1（总装）-消防桥架专业深化图 20190610
Tesla_GA功能车间1（总装）-压缩空气专业深化图 20190610

图 6.9-29　利用 BIM 模型导出的专业图

⑦ 支架设计计算：

支吊架布置原则：减少浪费，方便施工和提高管线美观度，将距离相近的管道进行调整，采取综合支吊架的方式。

支吊架校核计算：考虑检修空间、结构安全性、建造成本、美观度，确定最终方案，见图 6.9-31、图 6.9-32。

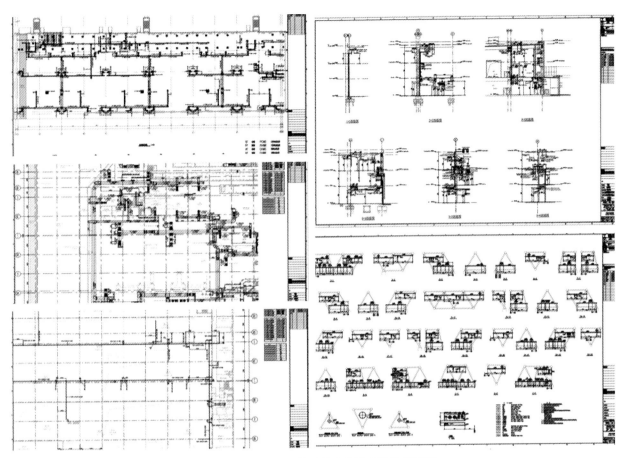

图 6.9-30　利用 BIM 模型导出的综合图及剖面图

图 6.9-31　现场支吊架展示（一）

图 6.9-32　现场支吊架展示（二）

运用有限元分析软件 Midas Gen 对支架局部受力情况进行分析，使支架在荷载作用下的强度、刚度和稳定性满足设计要求，见图 6.9-33～图 6.9-35。

1. 设计条件

设计规范　　　GB50017-03
单位体系　　　: N, mm
单元号　　　　: 5
材料　　　　　: Q235（号:1）
　　　　　　　(Fy = 235.000, Es = 206000)
截面名称　　　C 12.6（号:1）
　　　　　　　(型钢 C 12.6)
构件长度　　　: 1083.50

2. 截面内力

轴力　　　　　Fxx = 13299.3 (LCB: 1, POS:I)
弯矩　　　　　My = -1042508, Mz = -1865171
端部弯矩　　　Myi = -1042508, Myj = 2274446 (for Lb)
　　　　　　　Myi = -1042508, Myj = 2274446 (for Ly)
　　　　　　　Mzi = -1865171, Mzj = 457314 (for Lz)
剪力　　　　　Fyy = -1763.6 (LCB: 1, POS:I)
　　　　　　　Fzz = -3061.3 (LCB: 1, POS:I)

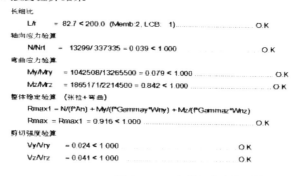

高度	126.000	腹板厚度	5.50000
上翼缘宽度	53.0000	上翼缘厚度	9.00000
下翼缘宽度	53.0000	下翼缘厚度	9.00000
面积	1569.00	Asz	693.000
Qyb	6531.55	Qzb	634.168
Iyy	3885000	Izz	380000
Ybar	15.9000	Zbar	63.0000
Wyy	61700.0	Wzz	10300.0
ry	49.8000	rz	15.6000

3. 设计参数

自由长度　　　　　　Ly = 1083.50, Lz = 1083.50, Lb = 1083.50
计算长度系数　　　　Ky = 1.00, Kz = 1.00
等效弯矩系数　　　　Beta_my = 0.85, Beta_mz = 0.85

4. 强度验算结果

长细比
　　Lr　 = 82.7 < 200.0 (Memb:2, LCB: 1) .... O.K
轴向应力验算
　　N/Nrt　 = 13299/337335 = 0.039 < 1.000 .... O.K
弯曲应力验算
　　My/Mry　 = 1042508/13265500 = 0.079 < 1.000 .... O.K
　　Mz/Mrz　 = 1865171/2214500 = 0.842 < 1.000 .... O.K
整体稳定验算　（张拉+弯曲）
　　Rmax1 = N/(f*An) + My/(f*Gammay*Why) + Mz/(f*Gammaz*Whz)
　　Rmax = Rmax1 = 0.916 < 1.000 .... O.K
剪切强度验算
　　Vy/Vry　 = 0.024 < 1.000 .... O.K
　　Vz/Vrz　 = 0.041 < 1.000 .... O.K

图 6.9-33　支吊架稳定性验算图

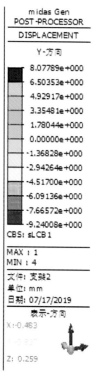

图 6.9-34　支吊架 Y 方向的位移

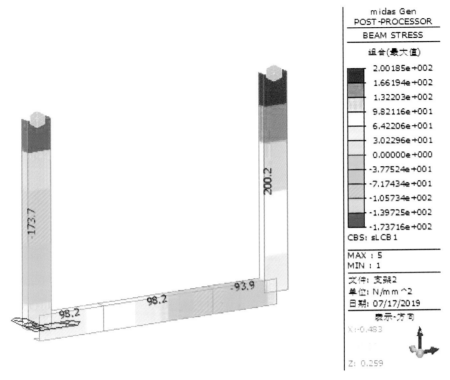

图 6.9-35　支吊架应力图

⑧ 工程量统计：通过 BIM 技术的应用，BIM 模型→工程量提取→工厂化预制，实现快速统计和查询各专业工程量，对材料计划、使用做精细化控制，避免材料浪费，见图 6.9-36～图 6.9-38。

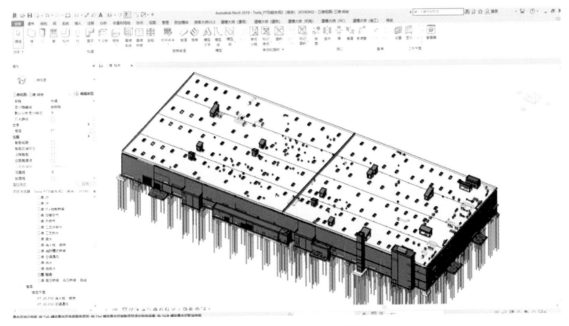

图 6.9-36　BW 车间 BIM 模型

⑨ 关键工序、复杂节点施工模拟：通过 BIM 技术的施工模拟动画，能够直观反映施工工序，突出施工重点难点，全面、详细、动态地展示工程进度状况，见图 6.9-39。

⑩ 三维可视化交底：使用 VR 设备对施工技术负责人进行关键技术节点技术交底，并对部分重要工序制作考核交互程序，提升交底效果，见图 6.9-40。

〈风管明细表〉

A	B	C	D
	尺寸	预算类型	长度
DR	800∅	室内风管 HVAC-DR-工艺特风管	1121
DR	800∅	室内风管 HVAC-DR-工艺特风管	330
DR	800∅	室内风管 HVAC-DR-工艺特风管	3396
DR	800∅	室内风管 HVAC-DR-工艺特风管	796
DR	800∅	室内风管 HVAC-DR-工艺特风管	485
DR	800∅	室内风管 HVAC-DR-工艺特风管	370
DR	800∅	室内风管 HVAC-DR-工艺特风管	261
DR	800∅	室内风管 HVAC-DR-工艺特风管	1049
DR	380∅	室内风管 HVAC-DR-工艺特风管	4714
DR	380∅	室内风管 HVAC-DR-工艺特风管	4637
DR	380∅	室内风管 HVAC-DR-工艺特风管	2514
DR	380∅	室内风管 HVAC-DR-工艺特风管	4637
DR	380∅	室内风管 HVAC-DR-工艺特风管	4814
DR	380∅	室内风管 HVAC-DR-工艺特风管	4637
DR	380∅	室内风管 HVAC-DR-工艺特风管	2714
DR	380∅	室内风管 HVAC-DR-工艺特风管	4637
DR	580∅	室内风管 HVAC-DR-工艺特风管	2464
DR	380∅	室内风管 HVAC-DR-工艺特风管	1377
DR	380∅	室内风管 HVAC-DR-工艺特风管	1224
DR	380∅	室内风管 HVAC-DR-工艺特风管	519
DR	380∅	室内风管 HVAC-DR-工艺特风管	4637
DR	380∅	室内风管 HVAC-DR-工艺特风管	165
DR	380∅	室内风管 HVAC-DR-工艺特风管	135
DR	500∅	室内风管 HVAC-DR-工艺特风管	909
DR	500∅	室内风管 HVAC-DR-工艺特风管	509
DR	500∅	室内风管 HVAC-DR-工艺特风管	2528
DR	700∅	室内风管 HVAC-DR-工艺特风管	2908
DR	700∅	室内风管 HVAC-DR-工艺特风管	22
DR	700∅	室内风管 HVAC-DR-工艺特风管	1259
DR	900∅	室内风管 HVAC-DR-工艺特风管	2952
DR	900∅	室内风管 HVAC-DR-工艺特风管	961
DR	800∅	室内风管 HVAC-DR-工艺特风管	1256
DR	380∅	室内风管 HVAC-DR-工艺特风管	100
DR	380∅	室内风管 HVAC-DR-工艺特风管	100
DR	380∅	室内风管 HVAC-DR-工艺特风管	100
DR	380∅	室内风管 HVAC-DR-工艺特风管	100
DR	380∅	室内风管 HVAC-DR-工艺特风管	4637
DR	900∅	室内风管 HVAC-DR-工艺特风管	27
DR	900∅	室内风管 HVAC-DR-工艺特风管	3571
DR	320∅	室内风管 HVAC-DR-工艺特风管	5354
DR	320∅	室内风管 HVAC-DR-工艺特风管	6854
DR	320∅	室内风管 HVAC-DR-工艺特风管	

〈管道附件明细表〉

A	B	C
预算类型	尺寸	合计
蝶阀（蓝手柄） 标准	150×150	1
蝶阀（蓝手柄） 标准	150×150	1
金属波纹管 150	150×150	1
蝶阀（蓝手柄） 标准	150×150	1
金属波纹管 150	150×150	1
蝶阀（蓝手柄） 标准	150×150	1
蝶阀（蓝手柄） 标准	150×150	1
蝶阀（蓝手柄） 标准	150×150	1
金属波纹管 150	150×150	1
蝶阀（蓝手柄） 标准	150×150	1
金属波纹管 150	150×150	1
蝶阀（蓝手柄） 标准	150×150	1
金属波纹管 150	150×150	1
蝶阀（蓝手柄） 标准	150×150	1
蝶阀（蓝手柄） 标准	150×150	1
蝶阀（蓝手柄） 标准	150×150	1
蝶阀（蓝手柄） 标准	150×150	1
蝶阀（蓝手柄） 标准	150×150	1
蝶阀（蓝手柄） 标准	150×150	1
金属波纹管 150	150×150	1
蝶阀（蓝手柄） 标准	150×150	1
蝶阀（蓝手柄） 标准	150×150	1
蝶阀（蓝手柄） 标准	150×150	1
金属波纹管 150	150×150	1
蝶阀（蓝手柄） 标准	150×150	1
蝶阀（蓝手柄） 标准	150×150	1
金属波纹管 150	150×150	1
蝶阀（蓝手柄） 标准	150×150	1
金属波纹管 150	150×150	1
蝶阀（蓝手柄） 标准	150×150	1
蝶阀（蓝手柄） 标准	150×150	1
金属波纹管 150	150×150	1
蝶阀（蓝手柄） 标准	150×150	1
蝶阀（蓝手柄） 标准	150×150	1
蝶阀（蓝手柄） 标准	150×150	1
金属波纹管 150	150×150	1
蝶阀（蓝手柄） 标准	150×150	1
水流指示器 标准	200×200	1
火灾阀 200 mm	200×200	1
水流指示器 标准	200×200	1
火灾阀 200 mm	200×200	1
蝶阀（蓝手柄） 标准	100×100	1

图 6.9-37　导出的工程量明细表

图 6.9-38　工厂化预制

图 6.9-39　球形节点生根的钢结构网架内综合管线支架支撑体系施工工序模拟

图 6.9-40　VR 沉浸式交底

交底内容由二维变三维，由三维变动画，并将交底模型形成二维码张贴于现场交底栏，动画上传至 BIM5D 平台中的 BIM 模拟建造模块。

BIM 交底方式平台化，管理人员及作业人员可通过手机等移动端随时随地查看，现场施工指导便捷化。

⑪ 设备运输及吊装方案模拟：合理组织吊装方案，采用 BIM 技术对设备吊装、运输各个环节进行施工模拟与预演。对方案的安装顺序、可行性、安全性、经济性及周密性等进行论证，确保施工进度满足要求，见图 6.9-41。

⑫ 管道自动拆分：根据需要拆分行数和列数，创建模块切割网格，设置管线切割后使用的默认连接件，输入切割数据即可自动切割，见图 6.9-42～图 6.9-44。

根据网络位置对机电模型进行切割，切割完成后按照编码规则对模块进行编码。

⑬ 三维自动标注：智能识别管道系统、管件类型、阀门部件，统一定义标注和标记样式，一键添

图 6.9-41　现场吊装图

图 6.9-42　管道拆分工具栏

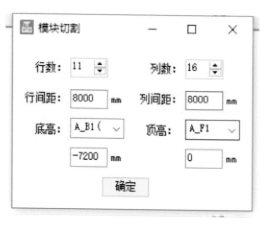

图 6.9-43　切割数据

加尺寸、长度、标高，自动完成管道系统、尺寸、标高、长度，管件、阀门、连接件等构件类型、规格、标记、标注工作并生成图纸，见图 6.9-45、图 6.9-46。

模块平台以构件模型及其携带图纸等文件的实际流转阶段为基础，以时间进度为主线，对机电模块设计、制造、运输、安装等进行有效管理；构件模型搭载自设计至装配全过程的组织、进度、图纸、资料等业务数据，实时追踪以构件为单位的工程进度和质量的管理和控制；移动端 APP 涵盖三维可视化、进度管理、资料管理，可提交照片、视频并可进行数据同步下载、本地缓存管理、离线操作上线后自动提交等多项功能。

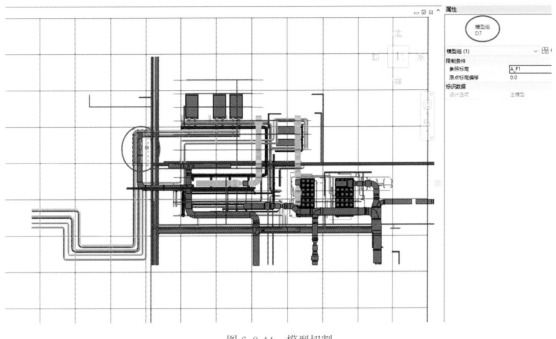

图 6.9-44 模型切割

图 6.9-45 三维自动标注工具栏

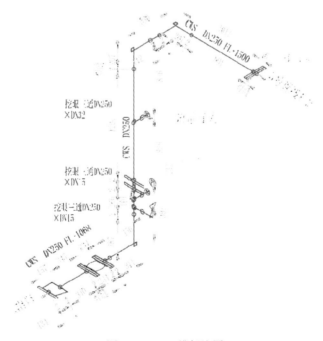

图 6.9-46 三维标注图

3. BIM 应用总结

（1）经济效益：通过 BIM 技术的有效利用，在原有设计的基础上对局部施工图进行优化设计，使原有设计更合理、更经济、更安全、更便于施工；对施工组织设计（方案）进行优化，优化工艺节点，杜绝窝工，减少材料浪费等，实现对工程成本的有效控制，从而提高项目的总体经济收益。

创新性地提出了球形节点生根的钢结构网架内综合管线支架支撑体系，研发了一种支吊架与螺栓球节点的装配式连接件。通过 BIM 技术的应用，进一步提升机电安装的效益和品质，共产生经济效益 109 万元，见图 6.9-47。

中国建筑 管理表格			
技术进步经济效益与节约三材计算认证书		表格编号	CSCEC1E-SQ-B10321
项目名称	球形节点生根的钢结构网架内综合管线支架支撑体系应用技术研究	项目类别	机电
应用工程名称	特斯拉（上海）超级工厂项目一期联合厂房机电安装项目	应用时间	2019.5
认证书编号	技认字（ 2019 ）第 3 号	项目技术负责人	周岩岩
技术进步项目简要内容	项目通过 BIM 软件建模，设计支架节点大样图，场外批量生产，最后通过装配式安装，与螺栓球体螺纹连接，与型钢螺栓连接。解决了特斯拉超级工厂项目主体结构三角锥网架结构斜拉杆密集且杆件不受力，综合支吊架无法生根安装的问题		
经济效益计算范围	人工、机械台班		
技术进步取得的经济效益与三材数量计算方法及说明	GA 车间，BIW 车间均为网架结构，共1972副综合型钢支架，共3900个成品支架构件，原计划两个车间支架安装共80人，2个月工期，创新后实际80人，1个月工期，节约18米曲臂式登高车60个台班、18米剪刀式登高车90个台班。		

项目	传统施工方法	创新后	节省	节省金额/万元
人工/个（平均300元）	80人*60天	80人*30天	2400工日	72
曲臂式登高车（平均300元）	20辆*60天	20辆*30	600个台班	18
剪刀式登高车（平均100元）	30辆*60天	30辆*30	900个台班	9
工期	2个月	1月	1月	工期奖另计
支架成品构件	人工加材料30万	场外加工共计20万	10万	10
合计				109

技术部门认证	复审确认意见：	认证人： 部门主管：
财务部门认证	复审确认意见：	认证人： 部门主管：
材料部门认证	复审确认意见：	认证人： 部门主管：
单位核定意见		填报人： 技术主管：

图 6.9-47 技术进步经济效益与节约三材计算认证书

（2）社会效益：

让世界见证"上海速度"中国首个外商独资整车制造项目，仅用了不到 10 个月就完成建设并投入运营，创造了"汽车工业史上的奇迹"。该项目节能增效，以低成本的方式实现高水平的管控、信息共享、上下左右的无缝对接。树立良好品牌形象，推动企业技术创新，使企业成为具有自主知识产权和核心竞争力的创新型企业。

6.10　新疆天雨煤化 500 万 t/年煤分质清洁高效综合利用项目数字化建造应用

1. 工程概况

项目名称：新疆天雨煤化 500 万 t/年煤分质清洁高效综合利用项目（以下简称新疆天雨煤化项目）

项目地址：新疆维吾尔自治区托克逊县伊拉湖工业园区

建设时间：2019 年 6 月 25 日至 2019 年 10 月 30 日

建设单位：新疆天雨煤化集团有限公司

设计单位：上海新佑能源科技有限公司

工程奖项：第五届江苏省安装行业 BIM 创新大赛一等奖

新疆天雨煤化项目（图 6.10-1）位于托克逊县伊拉湖乡，地处吐鲁番盆地西部，夏季炎热，冬季寒冷，降雨量少，最高气温 47℃。本项目合同额 3.8 亿元，主要包括 30 万 t/年煤焦油轻质化装置、污水处理厂、相关配套储运罐区及装卸车设施、相关配套公用工程系统及辅助生产设施项目。工程涉及建筑、土建、钢结构、电气、暖通、消防等众多专业。

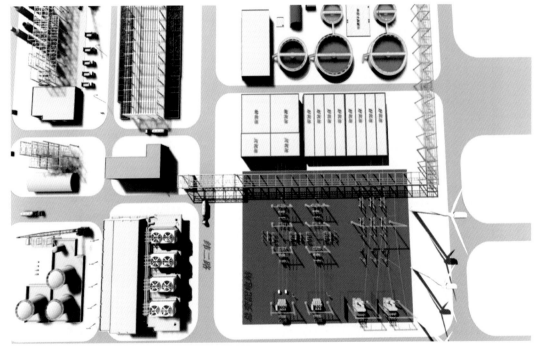

图 6.10-1　新疆天雨煤化 500 万 t/年煤分质清洁高效综合项目效果图

本项目涉及专业多、工期紧（128d）、要求高、施工难度大，需采用 BIM 技术对施工重点、难点问题及区域进行预判，组织并指导现场施工，确保工期，提高工程质量。本项目大型设备共 64 台，设备吨位大，安装精度要求高，吊装危险性高，吊装方案讨论工作量大，需使用 BIM 技术可视化模拟，高效完成吊装方案可行性讨论，保证施工方案科学合理、高效可行。项目所在地夏季高温，有效作业时间不足 6h/日，施工质量要求高，需应用 BIM 技术进行工厂化预制、装配化施工。

2. 关键技术应用情况

本项目从 BIM 深化设计到工业化生产，再到模块化装配式施工、后期运维，全面使用 BIM 技术，实现高效精准的全生命期 BIM 模块化装配式施工应用。

（1）项目 BIM 策划：

根据中建安装 BIM 实施标准，制定技术和管理两个层面的高效流程，精确 BIM 技术在项目中的应用点，形成有针对性的石化工程 BIM 应用方案，有效助力石化项目 BIM 实施标准化，见图 6.10-2。

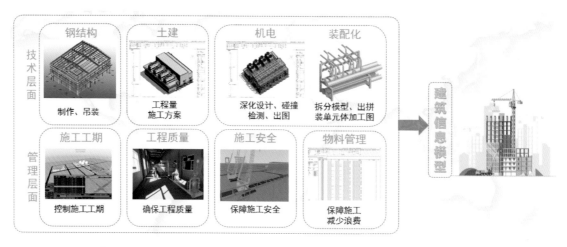

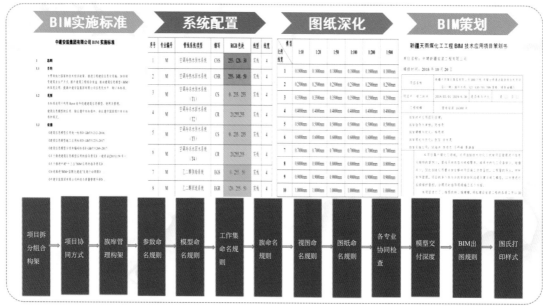

图 6.10-2　项目 BIM 策划流程图

（2）建立模型：

以 BIM 样板为建模基础，以 BIM 实施标准为建模指导（图 6.10-3），以 BIM 族库对精细化建模进行保障，保证建模效率更高、模型质量更好、模型精度更高（图 6.10-4）。基于 BIM 模型的高精度、可视化特点，将管道、支吊架进行一体化整合设计，形成预制管组装配单元（图 6.10-5、图 6.10-6）。

（3）管线定位：

在满足设计要求、标准的前提下，保证最大净高、使用功能的同时，还使得管道排布最优，准确预留预埋、整洁美观，又为设备施工、调试、检测、维修留下足够的空间，使得施工作业更加高效便捷，在保证施工质量、节省材料的同时，节省项目工期。BIM 模型与现场实际施工效果见图 6.10-7。

系统缩写	管线系统/类型	系统/类型缩写	RGB 色块	线型	线宽
A	冷、热水供水系统	CHS	255, 128, 30	实线	5
A	冷、热回水系统	CHR	255, 148, 50	虚线	5
A	冷冻水供水系统	CS	0, 235, 255	实线	5
A	冷冻水回水系统	CR	20,255,255	虚线	5
A	冷却水供水系统(32℃)	CTS	102,153,255	实线	5
A	冷却水回水系统(37℃)	CTR	122,173,255	虚线	5
A	冷媒系统	R	0, 0, 255	实线	5
A	压缩空气管	A	150, 255, 50	实线	5
A	安全管系统	SA	110, 50, 115	实线	5
A	定期排污系统	PW2	160, 110, 10	实线	7
A	排水系统	D	90, 90, 50	虚线	7
A	放气管系统	V	177, 177, 40	实线	5
A	溢流排水管	Y	150, 180, 0,	虚线	7
A	热回收供水系统	HRS	200, 50, 125	实线	5
A	热回收回水系统	HRR	200, 30, 100	虚线	5
A	燃气管	G	255, 10, 255	实线	5
A	燃油供油管	OS	255,100,200	实线	5
A	燃油回油管	OR	255, 50, 100	虚线	5
A	燃油排油管	OE	255, 50, 255	实线	5
A	燃油注油管	OF	255, 10, 150	虚线	5
A	生活热水供水系统	DHS	255, 51, 128	实线	5
A	生活热水回水系统	DHR	255, 71, 148	虚线	5
A	空气冷凝水系统	CD	102, 0, 255	虚线	5
A	空调热水供水系统	HS	200, 0, 200	实线	5

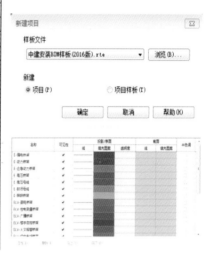

图 6.10-3　BIM 实施标准

150MS-50型水泵	65MFZB-B型水泵	25DNS-32型水泵	稳压泵	清洁通风风机
生活水泵	操作箱	BLT-800型闭式冷却塔	测压装置	定压罐DN1200X1.6
5吨单梁双挂吊	5吨单梁	LHD6-2Z(6000)	钢箅子	地沟盖板

部分族文件三维展示

图 6.10-4　BIM 族库

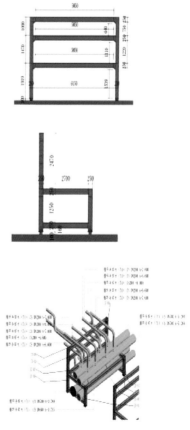

图 6.10-5　预制管组装配单元

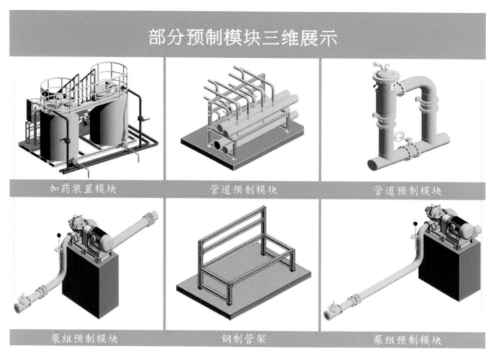

图 6.10-6　部分预制模块展示

图 6.10-7　BIM 模型与现场实际施工效果

（4）可视化应用：

① 方案验证：为方案编制提供可靠佐证，共完成 22 份方案讨论（图 6.10-8），施工方法采用三维分解，形象直观地进行技术交底、指导施工。

08 区预加氢反应器（R-31301）吊装施工：

吊装方法：单主机抬吊递送法吊装作业。

吊装总重量：396.2t。

设备就位顶高度：43.250m。

设备选型：QUY650t 履带式起重机作为主吊车，XGC450 履带式起重机作为溜尾吊车，两台吊车配合进行吊装。

具体吊装过程：采用单主起重机提升卧置设备上部，同时采用辅助起重机递送设备下部，当设备达到直立状态后，辅助起重机松吊钩，主起重机继续提升并回转，将设备吊运到安装位置就位。模拟确定两台起重机站位关系、行走路线、负荷作业先后顺序以及判断作业过程是否互相干扰。吊装模拟及现场实际吊装见图 6.10-9。

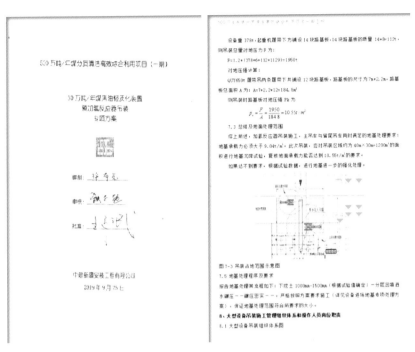

图 6.10-8　吊装专项方案

图 6.10-9　吊装模拟及现场实际吊装

　　② 工艺样板：制作土建施工、钢结构安装、机电装配式施工等样板，利用模型样板代替实体样板，节约项目成本，指导现场施工，辅助项目质量管理，提高了作业人员、管理人员的工作效率，提升了项目的质量管理水平（图 6.10-10）。

　　③ 三维交底：项目充分利用 BIM 三维可视化以及方便简单的三维标注，对施工人员进行交底，使施工人员更好地理解设计意图。

　　主要针对钢结构预留洞口、复杂三维节点、钢结构预留预埋、构件吊装顺序以及吊装作业安全注意事项等进行技术及安全技术交底。交底后施工工序合理有序，减少了因图纸误读造成的工期耽误、材料浪费，节约了项目成本。见图 6.10-11。

　　（5）工厂预制化加工：

　　依据现场安装环境对 BIM 模型进行模块化拆分，拆分包括小模块管段和大模块装置；模型拆分完成后，精细策划预制构件的装配顺序、装配方法等，并且在三维模型中进行虚拟建造，确保装配方案的可行性，无误后输出整套图纸，见图 6.10-12。

　　在公司化工设备制造厂建立预制加工作业组，图纸交付专业预制加工作业组，采用自动化设备进行流水化数控加工生产，加工完成并校核数据无误后运输出厂；产品输出至现场，现场检查无误后进行装配化安装，见图 6.10-13、图 6.10-14。

工艺样板

图 6.10-10　工艺样板

冷却塔配管基座组成简介表

组成	组成介绍
H型钢架	冷却器H型钢构件,起到保护减震蓄水池不受外部撞、碰等破坏。本项目选用HP250x250x14x14x16型钢钢进行加工。
立柱	收集水泵长时间运行时产生的凝结水,汇总至排水管统一排出。采用DN20管压槽或成品不锈钢水槽。
脚座	防止循环水泵运行过程中出现大范围震动,对其进行限位,提高水泵运行的稳定性和安全性。本项目选用10mm厚钢板进行加工,内侧粘结橡胶垫。
排水管	汇总排水槽中的凝结水统一排放。本项目选用DN20钢管制作,端头预留螺纹外丝接头。
混凝土	减震基座的主要组成部分,增加水泵整体运行重量,提高运行稳定性。本项目选用C30混凝土浇筑。
预留孔	通过螺栓与水泵减震弹簧连接,固定减震基座。本项目螺栓孔为M16螺栓孔洞。
预埋螺栓	将水泵固定于减震基座上。本项目选用M16*400地脚螺栓。

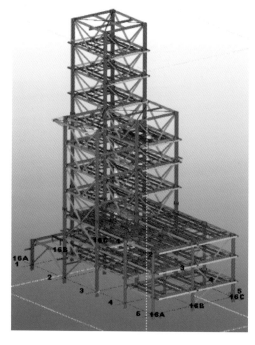

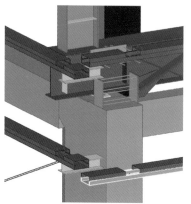

图 6.10-11　三维交底

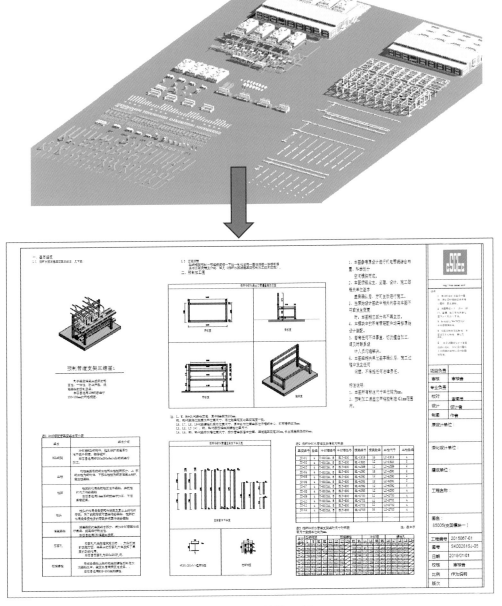

图 6.10-12 预制加工图

图 6.10-13 工厂预制加工

图 6.10-14　装配化 BIM 模型及现场实际效果展示

（6）BIM5D 平台管理：

项目使用广联达 BIM5D 平台解决了传统生产管理难题，利用模型的直观形象，协助管理人员有效决策、精细管理，达到减少施工变更、缩短工期、控制成本、提高工程质量的目的，服务项目整个施工周期以及后期完工交付，见图 6.10-15～图 6.10-20。

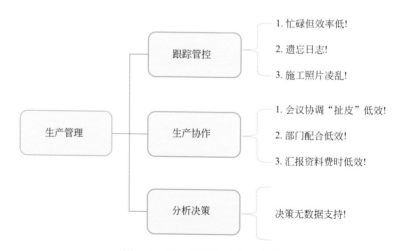

图 6.10-15　传统生产管理难题

图 6.10-16 BIM5D 平台

图 6.10-17 BIM5D 平台进度管理

（7）后期运维：

① 模型三维可视化，可直观了解隐蔽工程信息。

② 信息可视化，轻松实现大屏监控，全方位支撑领导决策。

③ 设备运行状态可视化，故障信息快速响应。

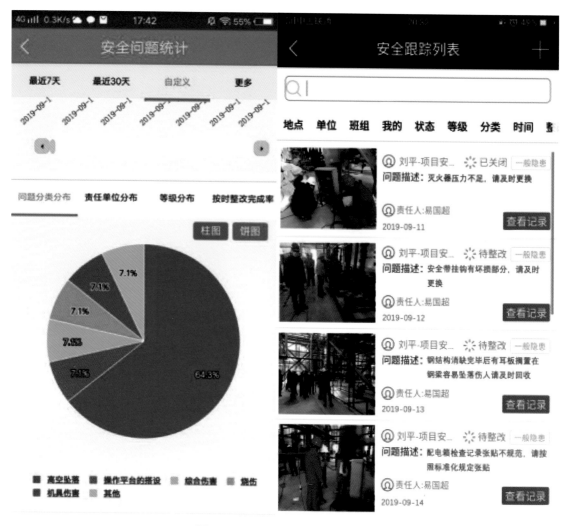

图 6.10-18　BIM5D 平台安全管理

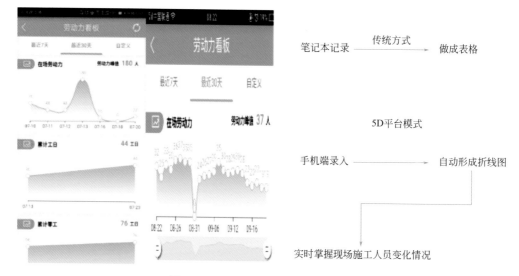

图 6.10-19　BIM5D 平台劳动力管理

④ 每个设备具备唯一二维码，扫码即可识别所有信息，无须查找纸质资料。

⑤ 高效集成各智能系统数据，交叉分析、发掘信息多维度价值，实现数据增值。

图 6.10-20　BIM5D 平台资料管理

⑥ 通过数据长期积累，预判故障。

3. BIM 应用总结

（1）技术方面：

使设计文件具有可行性，通过碰撞检查减少专业冲突，降低施工难度，节约工期 18d，节约成本约 20 万元。

使项目策划更具可行性，通过虚拟建造发现施工组织设计缺陷，减少返工，规避工期风险。

装配化技术的应用为项目节约宝贵工期，减少现场动火作业，极大地减少施工安全隐患、环境污染，节约工期 12d，节约人工费 9 万元。

加大 BIM 技术在工厂预制化阶段的研发，为后期装配化技术进一步研究奠定坚实基础。

（2）生产方面：

通过 BIM5D 平台，实时收集现场真实信息，指导客观决策，提高资源利用率，通过模型提量，实现物料精确投放，提高场地、运输资源的利用率。

（3）社会效益：

通过 BIM 可视化、装配化、BIM5D 平台等技术，整体提高了项目管理水平，节约工期，提高工程质量，减少安全事故的发生，获得业主及监理的一致认可，赢得良好口碑。

6.11　西安市第三污水处理厂扩容工程项目 BIM 技术应用

1. 工程概况

项目名称：西安市第三污水处理厂扩容工程项目

项目地址：陕西省西安市灞桥区中国银行西安客服中心以南

建设时间：2019 年 6 月 10 日至 2021 年 6 月 30 日

建设单位：西安市污水处理有限责任公司

设计单位：中国市政工程西北设计研究院有限公司

工程奖项：中国施工企业管理协会首届工程建设行业 BIM 大赛市政公用类一等奖

中国市政协会第二届"市政杯"BIM 应用技能大赛二等奖

江苏省安装行业协会第五届江苏省安装行业 BIM 技术创新大赛一等奖

西安市第三污水处理厂扩容工程项目（图 6.11-1）位于陕西省西安市灞桥区中国银行西安客服中心以南。场地呈规则梯形，占地面积约 24900m²，建筑面积 46800m²，是陕西省首个采用地下全封闭处理模式的污水处理厂，建成后污水处理规模达 10 万 m³/d，可承担东郊区域污水处理，有效减小西安市污水处理压力，提升污水处理质量。

图 6.11-1　西安市第三污水处理厂扩容工程项目效果图

项目高支模体量非常大，难度高；工艺管道量大，工期紧；设有三个变电所，且电缆型号较大；系统及管线材质繁多、复杂，工程量提取困难；施工工序多且复杂，许多现场交叉施工频繁；工程体量大，涉及专业分包多，人员高峰期可达 2000 多人，人员管理及现场协调难度大。

2. 关键技术应用情况

（1）模板高支撑：

为保证施工安全和质量，运用广联达相关软件创建高支模 BIM 模型（图 6.11-2）、一键生成工程量清单、施工图、施工方案及计算书等（图 6.11-3～图 6.11-5），既能精确计算各构件数量及长度，节省材料、控制成本，又能保证安全性并优选方案。同时根据模型制作可视化交底视频，使施工班组很快理解施工方案，保证施工目标的顺利实现。

（2）装配式施工：

本项目工艺管线量大、工期紧，运用 BIM 技术进行深化并对工艺管线进行工厂化预制、现场装配，有效节约了工期，提高施工质量。

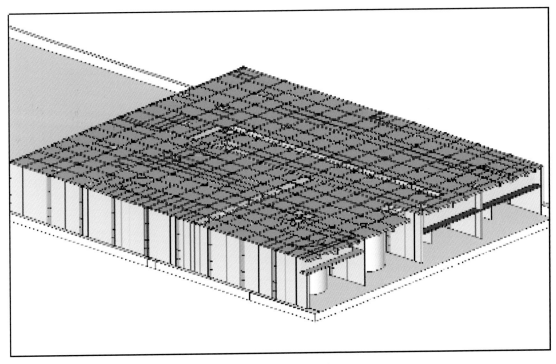

图 6.11-2　模型创建

楼板模板支架(盘扣式)安全计算书

一、计算依据

1、《建筑施工承插盘扣式钢管支架安全技术规范》JGJ231—2010
2、《建筑施工脚手架安全技术统一标准》GB51210—2016
3、《建筑施工临时支撑结构技术规范》JGJ300—2013
4、《冷弯薄壁型钢结构技术规范》GB50018—2002
5、《钢结构设计标准》GB50017—2017

1、计算参数

表1 基本参数

脚手架安全等级	2级	脚手架结构重要性系数γ₀	1
楼板名称	板模板(盘扣式木模)-1	楼板厚度h(mm)	350
楼板边长L(m)	3.775	楼板边宽B(m)	3.5
模板支架高度H(m)	2.5	主楞布置方向	垂直于楼板长边
立杆纵向间距L₀(m)	0.9	立杆横向间距L₀(m)	0.9
水平杆步距h(m)	1.5	结构表面要求	表面外露
作业层竖向封闭栏杆高度H₀(mm)		作业层竖向侧模高度H₀'(mm)	

表2 荷载参数

模板面板自重标准值G₁(kN·m²)	0.1	新浇筑混凝土自重标准值G₂(kN·m³)	24
钢筋自重标准值G₃(kN·m³)	1.1	施工荷载标准值Q₁(kN·m²)	2
脚手架上震动、冲击物体自重Q₀ₖ(kN·m²)	0.5	计算震动、冲击荷载时的动力系数K	1.35
是否考虑风荷载	否	省份、城市	北京(省)北京(市)
地面粗糙度类型	/	基本风压值W₀(kN·m²)	/
楼板荷载传递方式	可调托座传力		

表3 材料选用情况

面板类型	覆面木胶板	面板计算厚度(mm)	18
次楞类型	矩形木楞	次楞规格	50×100
主楞类型	圆钢管	主楞规格	Φ48×3.0
架体类型	B型盘扣架	立杆材质	Q345

图 6.11-3　导出计算书

墙柱材料统计表

用途	材料	规格	单位	-9.100	总量	备注
面板	覆面木胶合板	8mm(纤木平行方木)	平方米	10837.59	10837.59	
次楞	方木50×100mm	L-4000	根	12517.00	12517.00	
		L-3500	根	477.00	477.00	
		L-3000	根	428.00	428.00	
		L-2900	根	99.00	99.00	
		L-2800	根	820.00	820.00	
		L-2700	根	250.00	250.00	
		L-2600	根	78.00	78.00	
		L-2500	根	387.00	387.00	
		L-2000	根	402.00	402.00	
		L-1500	根	174.00	174.00	
		L-1000	根	1250.00	1250.00	
		L-800	根	1069.00	1069.00	
		L-600	根	4575.00	4575.00	
		300	根	8.00	8.00	按空间规格
		200	根	1.00	1.00	按空间规格
		100	根	1302.00	1302.00	按空间规格
主楞	钢管Φ48×3.0mm	L-6000	根	1498.00	1498.00	
		L-4500	根	510.00	510.00	
		L-3000	根	4526.00	4526.00	
		L-2700	根	700.00	700.00	
		L-2400	根	1472.00	1472.00	
		L-2000	根	2376.00	2376.00	
		L-1800	根	1938.00	1938.00	
		L-1500	根	1424.00	1424.00	
		L-1200	根	3677.00	3677.00	
		L-900	根	2790.00	2790.00	
		L-600	根	1330.00	1330.00	
		L-300	根	2348.00	2348.00	
		200	根	20.00	20.00	按空间规格
对拉螺栓	对拉螺栓	M14	套	22236.00	22236.00	
扣件	直角扣件	0KZ48	个	335.00	335.00	

图 6.11-4　工程量清单

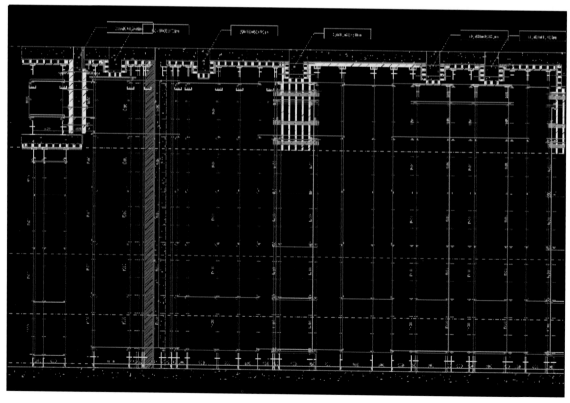

图 6.11-5　出图

传统模块出图通过三视图完成，出图效率低、出错率高。本项目将化工单线图引入装配式机房中，通过 BIM 插件的二次开发，提高了绘图效率、读图效率以及读图的准确性，同时极大地加速单线图的标注效率，见图 6.11-6。

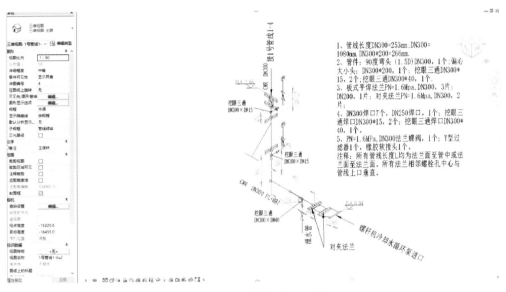

图 6.11-6　管线切割、出图

为了装配式的准确性，需要添加焊缝及出厂复核。本项目自主研发一键添加所有的焊缝族，包含焊口长度、焊接体积、焊接截面积等信息，通过二维码标签添加焊接信息，现场人员只需扫描二维码即能查询，见图 6.11-7。

图 6.11-7　工厂预制、复核

在广联达 BIM5D 平台模拟施工顺序：编号→打印、粘贴二维码→扫描二维码添加信息进行物料跟踪→分区域装车运输，二维码作为物料信息的载体，采集信息上传管理平台，供查询、管控施工整体进程，见图 6.11-8。

图 6.11-8　物料跟踪

（3）电缆精细化排布：

利用 BIM 电缆建模工具，自动寻找最优桥架路径并完成电缆模型的绘制，见图 6.11-9。

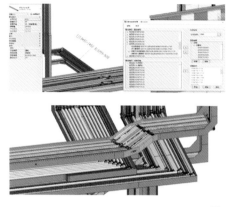

序号	名称	规格	数量	单位
1	热镀锌槽式桥架	600*150	78.5	m
2	热镀锌槽式桥架	800*150	42.2	m
3	热镀锌槽式桥架	1000*150	265.4	m
4	热镀锌槽式桥架	1200*150	177.6	m

1	带配件的电缆桥架：E-低压桥架	规格型号：600x150	71.85	m
2	带配件的电缆桥架：E-低压桥架	规格型号：700x150	97.72	m
3	带配件的电缆桥架：E-低压桥架	规格型号：800x150	28.94	m
4	带配件的电缆桥架：E-低压桥架	规格型号：1000x150	155.51	m
5	带配件的电缆桥架：E-低压桥架	规格型号：1200x150	66.41	m

深化前
深化后
节省桥架用量20%

图 6.11-9　电缆精细化排布

专项开发了电缆清单自动生成工具，根据定额计量及厂家要求一键完成电缆清册的生成，见图 6.11-10。

电缆绘制生成清册

首端低压柜编号	电缆回路	主电缆型号	末端配电柜编号	开关柜到第一个分支头长度	第一个分支头到末端长度	分支头间距	分支头总个数	分支电缆型号	单根分支电缆长度
B1BP09-03	B1BP09-N01	YJY4*16+1*16	BKT15、BKT16、BKT17、BKT18	46.3	13.17	4.2	4	YJY4*10+1*10	8.39
B1BP09-03	B1BP09-N02	YJY4*95+1*50	BPL10、BPL11、BPL12、BPL13、BPL14	33.68	17.28	4.2	5	YJY4*16+1*16	7.87
B1AP09-04	B1AP09-N01	YJY4*25+1*16	BKT10、BKT11、BKT12、BKT13、BKT14	30.19	17.27	4.2	5	YJY4*25+1*16	7.33
B1AP09-04	B1AP09-N02	YJY4*70+1*35	BPL15、BPL16、BPL17、BPL18	53.35	13.18	4.2	4	YJY4*16+1*16	7.29
B1BP09-04	B1BP09-N10	YJY4*50+1*25	BHM15、BHM16、BHM17、BHM18	46.74	13.17	4.2	4	YJY4*10+1*10	9.53
B1BP09-04	B1BP09-N02	YJY4*95+1*50	BLM09、BLM12	25.58	16.2	15.58	2	YJY4*35+1*16	4.05
B1AP09-05	B1AP09-N10	YJY4*25+1*16	BRD10、BRD13、BRD16	31.96	25.74	12.6	3	YJY4*10+1*10	11.56
B1AP09-08	B1AP09-N29	YJY4*35+1*16	BGD15、BGD16、BGD17、BGD18	55.51	13.17	4.2	4	YJY4*10+1*10	7.86
B1AP09-08	B1AP09-N28	YJY4*35+1*16	GD10、BGD11、BGD12、BGD13、BGD1	33.41	17.57	4.2	5	YJY4*35+1*16	6.99
B1AP09-10	B1AP09-N37	YJY4*70+1*35	M10、BHM11、BHM12、BHM13、BHM	35.53	17.28	4.2	5	YJY4*10+1*10	7.7
B1AP09-10	B1AP09-N38	YJY4*95+1*50	BLM14、BPM17	52.75	13.14	12.6	2	YJY4*35+1*16	11.96
B1EP09-02	B1EP09-E03	YJY4*25+1*16	BRD10、BRD13、BRD16	29.3	25.74	12.6	3	YJY4*10+1*10	11.08
B1EP09-05	B1EP09-E21	YJY4*35+1*16	GD10、BGD11、BGD12、BGD13、BGD1	38.22	17.57	4.2	5	YJY4*35+1*16	6.98
B1EP09-05	B1EP09-E22	YJY4*35+1*16	BGD15、BGD16、BGD17、BGD18	52.87	13.17	4.2	4	YJY4*10+1*10	7.29

首端低压柜编号	电缆回路	电缆型号	配电柜编号	电缆总长度
B1AP19-06	B1AP09-N04	YJY4*35+1*16	BKT02-YH	206.91
B1AP19-11	B1AP16-N47	YJY4*150+1*70	BPM02-YH	182.04
B1BP19-04	B1BP19-N12	YJY4*50+1*25	BKSB09-2	97.76
B1EP19-07	B1EP19-E40	YJY4*150+1*70	BPM02-YH	173.23
B1BP09-03	B1BP09-N05	YJY4*35+1*16	BKTTG2	138.68
B1BP09-03	B1BP09-N06	YJY4*70+1*35	BCFTG1	134.43
B1BP09-03	B1BP09-N03	YJY4*70+1*35	BFJ09	43.78
B1BP09-03	B1BP09-N09	YJY4*16+1*16	BPM09	26.32
B1BP09-03	B1BP09-N04	YJY4*25+1*16	BPMB01-BG	75.43
B1AP09-04	B1AP09-N04	YJY4*50+1*25	BKTTG1	142.87
B1AP09-04	B1AP09-N03	YJY4*50+1*25	BKSB09-1	34.44
B1BP09-04	B1BP09-N13	YJY4*35+1*16	BPMTG2	138.65
B1BP09-04	B1BP09-N12	YJY4*25+1*16	BKT02-BG	68.07
B1AP09-06	B1AP09-N11	YJY4*70+1*35	BDT01-BG	80.75
B1AP09-06	B1AP09-N15	BTTVZ70	BXF14	56.07
B1AP09-06	B1AP09-N15	BTTVZ70	BXF14	56.08
B1AP09-06	B1AP09-N15	BTTVZ70	BXF14	55.93
B1AP09-06	B1AP09-N15	BTTVZ70	BXF14	55.93
B1AP09-06	B1AP09-N16	BTTVZ50	BXF18	74.32

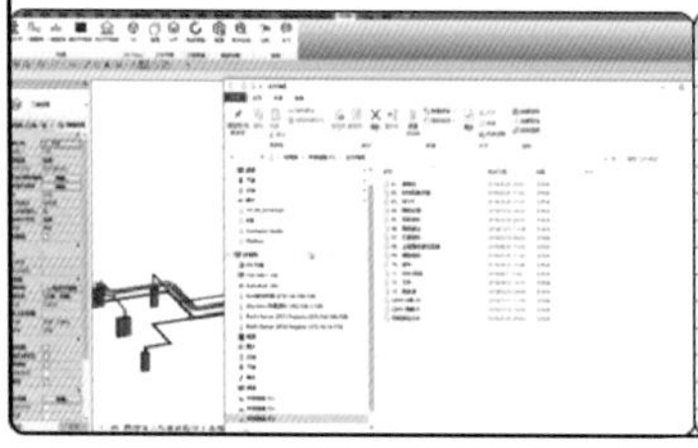

图 6.11-10　电缆清册

完成电缆综合排布优化之后，进行 4D 施工模拟，进一步优化电缆综合排布；电缆综合排布优化后，利用电缆开发的标注插件，出具电缆敷设施工图，见图 6.11-11、图 6.11-12。

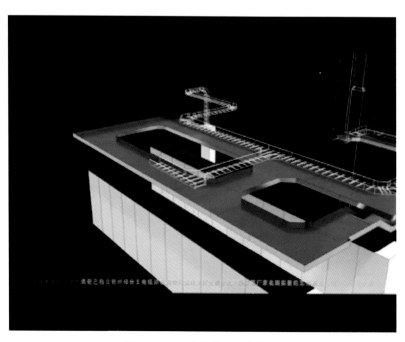

图 6.11-11　电缆敷设工序模拟

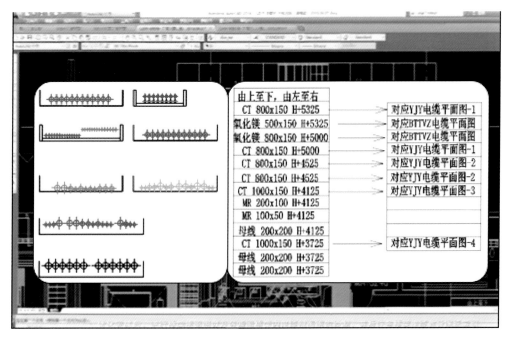

图 6.11-12　电缆施工图展示

（4）工程量统计、成本管控：

利用自主研发的 BIM 协同云算量工具，根据设置规则及计算公式，快速、灵活、准确地完成工程量提取，见图 6.11-13。

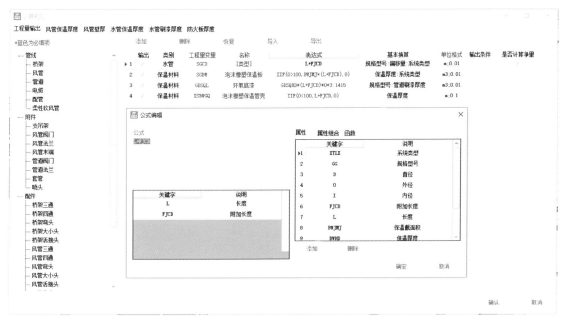

图 6.11-13　工程量提取

利用自主研发的物资采购效益分析系统，通过导入标书清单、合同清单并与工程量相关联，进行物资采购效益分析，提升项目效益，见图 6.11-14。

（5）三维技术交底：

利用 BIM 可视化特点进行施工方案模拟，实现直观精确的施工方案交底。同时通过各施工步骤效果图及施工动画，使施工人员更加直观地理解交底意图，提高交底的效率和理解的准确性，为后期施工质量提供很好的保障，见图 6.11-15～图 6.11-18。

图 6.11-14　物资采购效益分析系统

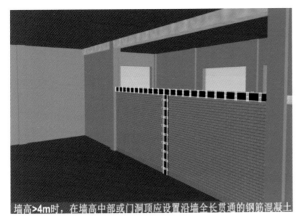

墙高>4m时，在墙高中部或门洞顶应设置沿墙全长贯通的钢筋混凝土

图 6.11-15　砌体抹灰施工技术交底

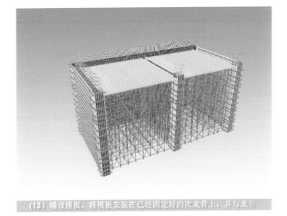

(13) 铺设模板，将模板安装在已经固定好的次龙骨上，并与龙骨

图 6.11-16　模板支架施工技术交底

混凝土模板支架施工技术交底　　大体积混凝土三维可视化交底　　抗拔桩施工工艺模拟

落地式双排脚手架施工技术交底　　混凝土浇筑停泵点部署　　混凝土模板支架施工技术交底

图 6.11-17　生成视频交底二维码 30 多项

图 6.11-18　项目部交底照片

（6）图纸审核：

运用 BIM 技术发现、解决图纸问题及图纸优化 400 多项，为项目顺利实施提供有力的保障，见图 6.11-19。

图 6.11-19　图纸会审

（7）施工样板模型：

项目通过 BIM 技术生成虚拟质量样板，使用二维码或打印三维图片的方式加以展现。减少传统施工样板区建设及维护支出，降低工程成本，保证施工质量及进度；可提高施工效率，有利于工人及现场管理人员理解图纸，及时发现问题并提出解决方案，排除隐患，减少损失，见图 6.11-20、图 6.11-21。

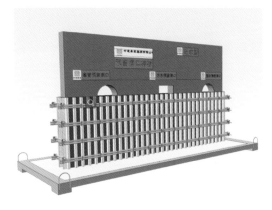
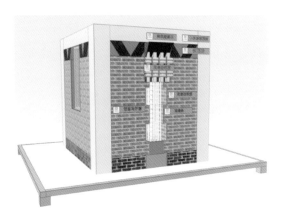

图 6.11-20　预留洞口样板　　　　　　　图 6.11-21　砌体抹灰样板

（8）施工进度模拟与管控：

通过 Synchro4D 软件实现轻量化模型整合，自由查看各种尺寸的项目模型；同时将 BIM 模型与计划任务关联，通过进度模拟后协作探索方法，解决方案并优化结果，最终形成合理有效的进度；通过施工过程可视化模拟，进行施工进度计划的合理安排，见图 6.11-22。

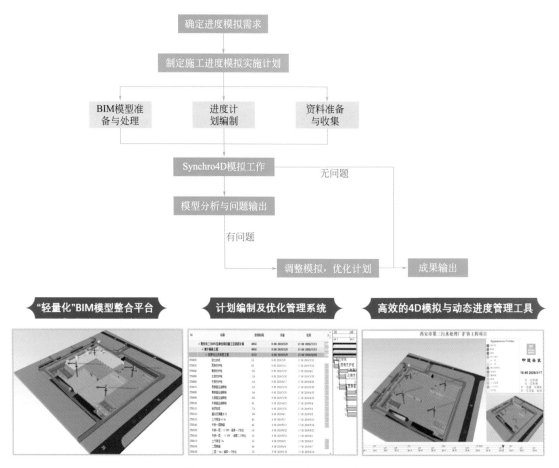

图 6.11-22　Synchro4D 应用工作流程

（9）BIM5D＋智慧工地项目管理平台：

1）生产管理系统：

项目应用人员将计划录入广联达 BIM5D 平台中，现场施工人员通过软件反馈实时进度情况，在实施过程中及时检查和控制，确保完成进度目标，见图 6.11-23。

图 6.11-23　生产系统首页

2）项目质量把控：

通过移动端 APP 将现场检查的信息录入系统，整改人收到消息后及时整改并回复，问题发起人复查通过，问题闭合，见图 6.11-24。本项目通过此方式增强质量意识，降低能力要求，提高现场效率，改善作业行为。质量管理全部在线化，为项目管理人员搭建质量监管平台，见图 6.11-25。

项目通过自动分析的质量问题结论，在质量动态分析会上，针对占比较高的问题制定详细的整改方案，并确定下一步质量管控方向及管理动作，见图 6.11-26。

图 6.11-24　PDCA 闭环

3）技术管理：

PC 端构件关联相关资料生成二维码，APP 端通过扫描二维码可以提取构件基本属性及关联的数据信息，应用于现场实测实量及构件跟踪，见图 6.11-27。

通过图纸关联表单变更，可以在看图时显示当前图纸涉及的变更问题，根据施工进度提醒变更问题，减少变更问题遗忘导致的返工，见图 6.11-28。

4）BIM＋VR 安全教育体验：

BIM＋VR 通过 VR 设备结合 BIM 创建的施工现场模型，对高处坠落、火灾、机械伤害、物体打击等安全教育项目的虚拟化、沉浸式体验。把以往的"说教式"教育转变为亲身"体验式"教育，让施工从业人员亲身感受违章操作带来的危险，强化安全防范意识，见图 6.11-29。

5）塔式起重机监测及功效分析：

通过广联达 BIM＋智慧工地平台，将物联网技术（IOT）和 BIM 技术相结合，直观呈现现场塔式起重机运行情况，实时显示吊装重量、风速等多维度的监测数据，实现塔式起重机运行状态的多方位监控。

一旦现场发现隐患，立即语音告警，提示设备操作人员规避风险，同时告警信息会推送到项目管理人员的移动端，以便督促现场施工人员进行整改，避免发生安全事故，见图 6.11-30。

图 6.11-25　移动端 APP 操作记录

图 6.11-26　项目质量例会

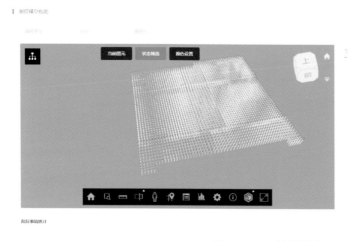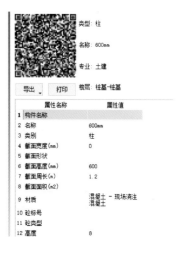

图 6.11-27　构件跟踪

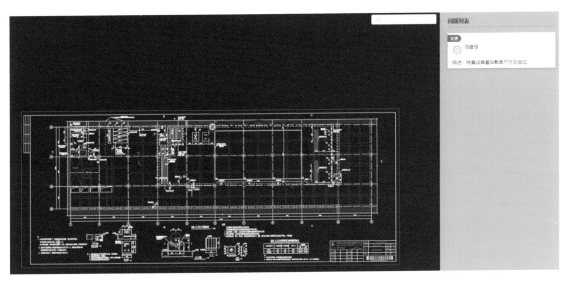

图 6.11-28　图纸变更管理

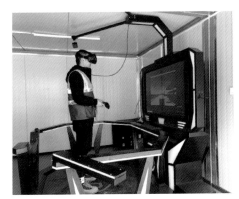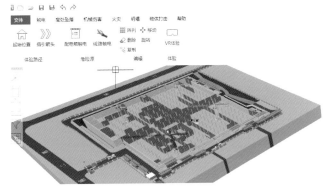

图 6.11-29　VR 体验

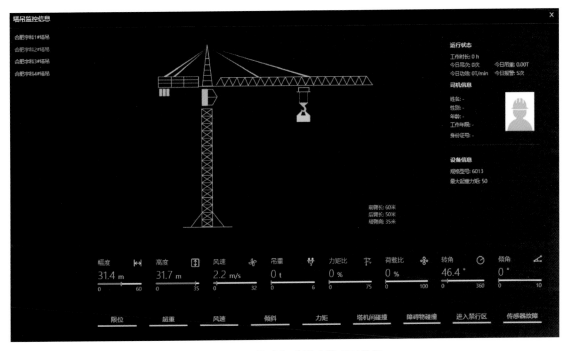

图 6.11-30　塔式起重机监控实时数据

6）智能视频监控：

通过项目远程在线实时视频监控，公司领导层能实时、直观地掌握项目现场动态情况，见图6.11-31。

图6.11-31　项目数字监控

7）项目劳务管理：

① 针对招工难的问题，广联达劳务实名制系统内置吉工宝网址，为项目寻找队伍和人员等信息提供便利。

② 针对现场复杂的情况，采用第二代工地宝＋智能安全帽＋闸机的方案协助项目管理人员对劳务进行管控。

③ 将劳务人员和智能安全帽绑定，在不同场馆布置工地宝，智能检测施工现场各个部位的劳务人员工种及数量，人员长时间滞留预警推送给管理人员，精准预警。

④ 及时准确的人员考勤：当施工人员进入施工现场，通过考勤点设置的工地宝，主动感应安全帽芯片发出的信号，记录时间；通过4G上传到云端，再经过云端服务器按设定规则计算，得出人员出勤信息，生成个人考勤表，见图6.11-32。

图6.11-32　门禁系统

8）环保措施：

项目现场管理人员通过智慧工地平台落实和掌握政府对于项目施工现场的环保要求。

施工现场设置全自动专用车辆清洗装置、洒水车及雾炮，在塔架和围挡上设置喷淋系统，减少整个施工作业面扬尘；采用PM2.5检测仪和噪声监控系统进行现场扬尘和噪声检测；生活垃圾日产日清，保护环境卫生，见图6.11-33、图6.11-34。

图6.11-33 环境监测

图6.11-34 扬尘检测仪及自动洗车台

3. 应用效果

（1）经济效益：

通过设计协同审核，在施工图阶段解决设计问题400多项，节约造价300万元，减少返工，节约时间成本，为项目正常推进提供技术支撑；通过工艺管线工厂化预制、现场装配式施工，节约工期一个月。

（2）社会效益：

通过广联达 BIM5D＋智慧工地，将传统粗放式的项目管理转变为基于 BIM 技术的精细化管理，不但使得管理留痕、避免扯皮，而且通过信息传递，有效避免了"拍脑袋"式的决策，使得决策有理有据；并获得示范项目、观摩项目荣誉，获得业主的一致好评；进行高支模、装配化、电缆排布、成本动态管控等多项深度应用，并取得良好的成果，见图 6.11-35、图 6.11-36。

图 6.11-35　广联达示范项目、观摩项目

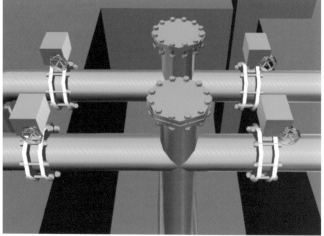

图 6.11-36　BIM 深化设计成果

（3）企业效益：

通过本项目 BIM 应用的落地，获得业主及业界的一致好评，为公司未来项目合作创造良好机会；实践和完善了企业及地方 BIM 管理的相关标准；提高了企业 BIM 人才梯队建设和技术提升，见图 6.11-37～图 6.11-39。

图 6.11-37 项目沙盘展示

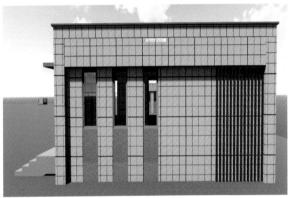

图 6.11-38 坡道入口及楼梯间效果图

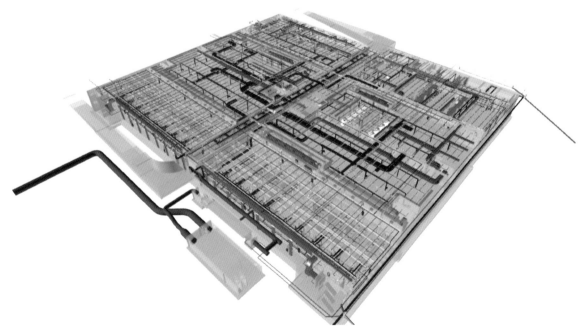

图 6.11-39 西安市第三污水处理厂扩容工程项目 BIM 模型展示

6.12 雄安新区起步区 1 号供水厂工程（净水厂）数字化建造应用

1. 工程概况

项目名称：雄安新区起步区 1 号供水厂工程（净水厂）

项目地址：雄安新区容城县大河镇王路村南侧

建设时间：2020 年 4 月至 2021 年 6 月

建设单位：中国雄安集团生态建设投资有限公司

设计单位：中国市政工程中南设计研究院总院有限公司

工程奖项：河北省智慧工地示范工程三星工地

起步区作为雄安新区的主城区，肩负着集中承接北京非首都功能疏解的时代重任，承担着打造"雄安质量"样板、培育建设现代化经济体系新引擎的历史使命，在深化改革、扩大开放、创新发展、城市治理、公共服务等方面发挥先行先试和示范引领作用。

雄安新区起步区 1 号供水厂工程（净水厂）（图 6.12-1）位于雄安新区容城县王路村南侧。本工程红线东西长 500m，南北宽 300m，占地面积 150000m²。雄安新区起步区 1 号供水厂工程（净水厂）工程规模为 15 万 m³/d，厂内预留 5 万 m³/d 扩建用地。净水厂工程设计内容主要包括净水构筑物、净水回收及泥砂处理构筑物，以及水厂内辅助工程建筑物。

图 6.12-1 雄安新区起步区 1 号供水厂工程（净水厂）

本项目共包括组合池 A、组合池 B、清水池、排水池、膜车间、加药间、污泥浓缩脱水车间、送水泵房、臭氧发生间、配电间、综合楼、大门及值班室等 13 个单体工程。

2. 关键技术应用情况

项目建设内容严格按照雄安新区关于智能城市建设的相关要求，需充分考虑数字化、智能化。以大数据和区块链为基础，全过程产生的建筑信息模型（BIM）数据需统一接入新区城市信息模型（CIM）管理平台；通过区块链资金管理平台对本项目的全过程资金进行管理，落实雄安新区关于建设者工资保障等相关规定。

（1）BIM 数据＋CIM 平台管理：

以大数据和区块链为基础，全过程产生的建筑信息模型（BIM）数据需统一接入新区城市信息模型

（CIM）管理平台；整个项目的构件需要进行编码设置（由前缀码、功能建筑物码、土建对象码组成），见图 6.12-2。

图 6.12-2　数字雄安建设管理平台

（2）标准化建造技术：

基于项目前置编制的 BIM 实施标准，在模型设计过程中使用标准文件架构、标准化族库命名、标准化构件分类与命名，在实施过程中严格管控模型质量，并根据各单体各专业类别进行模型整体拆分，见图 6.12-3。

图 6.12-3　项目整体模型搭建

（3）无人机＋GIS模型搭建：

通过无人机进行多航道定点航拍，真实地反映场地的实际情况，并按照新区要求制作生成倾斜摄影模型，直观反映施工进度，见图6.12-4。

图6.12-4　项目建设过程航拍实景图

（4）BIM可视化施工交底：

利用BIM机电模型的可视化、直观性及互动性特点，结合深化设计平面图纸，用三维模型展示工艺流程及操作方法，形象、直观地对施工作业人员进行施工交底，提高大家在施工作业层面对项目的整体认识。此外，避免BIM/施工"两层皮"的情况。

3. BIM应用总结

雄安新区起步区1号供水厂工程（净水厂）项目基于无人机＋GIS模型搭建技术，快速采集数据并搭建BIM模型，形成可视化动态三维模型。应用CIM平台管理推广BIM应用技术，实现了模型的快速阅读、快速操作，深度还原现场真实建造情况，对施工图纸深化、管线综合、碰撞检查、工程量统计、实时监控、技术交底等起了关键性作用，减少材料和能源的浪费，实现绿色建筑、工程质量，降低建设成本。

BIM应用并不是换一个软件画图的事情，从传统的主要应用CAD制图的方法到BIM软件设计制图，需要画图习惯与设计观念上的革新、计算机网络环境的支持以及团队协同意识的培养等方面的铺垫。同时建立了可以储存、共享数据资料的网络工作平台，开始尝试CAD参照与图纸集的应用，并与结构专业应用参照配合设计。图纸集的应用使得大家对BIM软件的框架界面能够迅速适应，多人应用CAD参照与协同则逐步建立BIM设计中协同工作的意识与习惯。

最后，BIM设计绝不可能代替设计师技术层面的控制和项目经验的积累，这些素质是决定性的关键因素，是计算机永远无法代替人脑的部分。另外，想要搭建BIM体系全程设计平台，对人力资源和项目管理的要求反而更高，例如时间节点控制、科学的人力资源配置体系、项目管理推进与质量评价标准，都是保证BIM设计顺利推进不可替代的人为因素，这方面的积累也许是一条更漫长的道路。

6.13　国家级极限运动溧水训练基地数字化建造应用

1. 工程概况

国家级极限运动溧水训练基地项目位于南京市溧水区无想山北侧，距离无想山山脚下直线距离约 600m。基地周边环境非常优美，东侧紧邻溧水幸庄公园，南侧为创源无想墅，北侧为幸庄公园绿地及公共停车场。基地周边交通条件非常便利，北临西旺路，南临高岩路，西临珍珠南路，东临随园路，基地距离 S7 宁溧线幸庄站和无想山站直线距离均约 2km。

建设单位：南京溧水城市建设集团有限公司

设计单位：南京大学建筑规划设计研究院有限公司

监理单位：南京旭光建设监理有限公司

总包单位：中建安装集团有限公司

承包范围：工程总承包

工程规模：项目基地规划总用地面积 56305m²，总建筑面积约 42300m²，建筑容积率为 0.75，建筑密度为 48.3%。建筑功能为极限运动场馆，包括极限运动比赛区以及相关比赛附属配套用房。比赛区为单层通高，附属配套用房为 3 层，层高 5.4m，建筑高度 23.15m，其中檐口高度 19.0m，坡屋面最高点 26.7m，室内外高差 0.3m，见图 6.13-1。

图 6.13-1　整体效果图

工程介绍：建筑规划设计理念充分注重与环境有机、与用地契合、与运动关联，营造绿色节能、生态环保，健康舒适的极限运动空间。建成后将成为国内最大的室内极限运动场馆。打造集专业性、挑战性、趣味性于一体的极限运动场地，通过丰富的服务内容及完善的配套设施，不仅可以推动极限运动项目的普及，而且可以全面提升体育事业水平。场馆落成后将举办一场五星街式赛和一场碗池世锦赛，赛事前 3 名可直入奥运会。

2. 关键技术应用情况

（1）数字化应用概况：

本项目属于大型场馆综合体，钢结构体量大，管桁架杆件交汇节点复杂，现场安装变形及精度控制

291

难度高。并且对装修吊顶标高要求较高，吊顶造型多样，并要求各机电系统必须满足设计要求，空调系统必须进行复核计算及气流组织模拟确保满足设计要求；各机电管线排布要求经济、合理，并有合理的施工及检修空间，以便于施工、使用、维护等工作正常进行。故项目从施工前期策划开始进行数字化建造技术，通过 BIM 模型分析优化施工方案，反复比对方案的可实施性及经济型，满足施工要求，保证施工质量，提升施工进度。

（2）全过程数字化建造：

① 基于 BIM 的场地规划三维布置：在前期的场地施工方案布置中，运用中建安装自有的 CI 标准化族库进行三维场地布置，进行综合管理策划，BIM 直接出图用以指导现场，提高总平面布置的科学性，有效节约人材机的投入，见图 6.13-2～图 6.13-4。

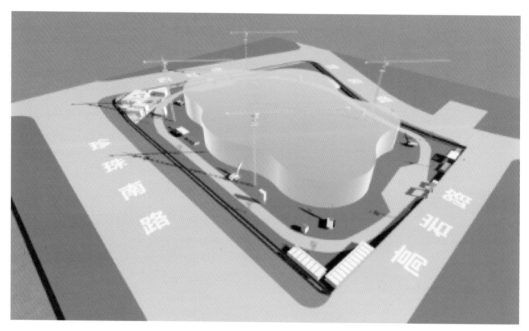

图 6.13-2　场区布置图

图 6.13-3　办公区

图 6.13-4　工人生活区

② 基于 BIM 的区域流水段划分：通过 BIM 在基础施工阶段基坑模型的创建指导现场施工，并在 BIM 模型中进行区域流水段划分，清晰地划分出各施工区域，提高施工效率，见图 6.13-5。

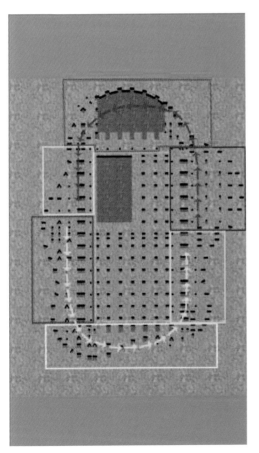
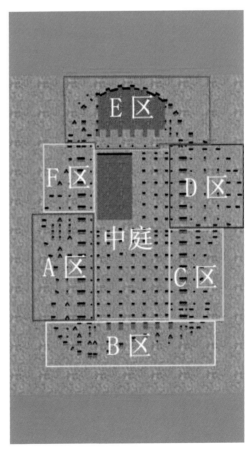

图 6.13-5　流水段划分

③ 全过程各阶段、各区域施工步骤的数字化模拟：对各阶段施工步骤进行施工方案演示，明确各区域施工范围，见图 6.13-6～图 6.13-12。

图 6.13-6　地基与基础施工阶段

图 6.13-7　首节柱施工步骤

图 6.13-8　二节柱施工步骤

图 6.13-9　三节柱施工步骤

图 6.13-10　二层梁施工步骤

图 6.13-11　顶层梁施工步骤

图 6.13-12　施工效果图

④ 施工方案模拟：在各施工方案中进行数字化施工模拟，并对施工班组进行班前交底与形象直观地指导施工，避免现场返工，提高施工质量，见图 6.13-13～图 6.13-16。

⑤ 工程量一键提取：通过 BIM 模型提量并精准采购，减少材料采购、运输环节的浪费，减少商务算量人员工作，降低项目材料工程量偏差，实现材料消耗控制，见图 6.13-17。

图 6.13-13　扶手绳施工方案

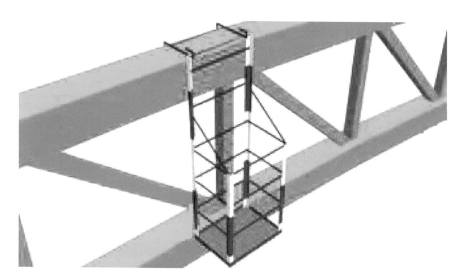

图 6.13-14　吊篮施工方案

图 6.13-15　预埋螺栓施工方案

图 6.13-16 钢柱角施工方案

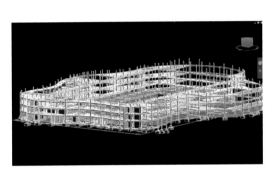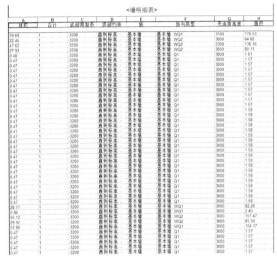

图 6.13-17 工程量提取

⑥ 钢结构深化：采用 Tekla 人机交互完成梁、柱、支撑、桁架等全部构件详图。采用 Tekla 人机交互完成所有构件现场安装平、立面布置图，并根据现场吊装设备配置的变化，对构件布置图、构件加工详图进行实时调整。基于 BIM 模型进行错漏碰撞核查，以确保各专业管线综合顺利施工，见图 6.13-18、图 6.13-19。

图 6.13-18 地上三层钢框架整体结构示意图

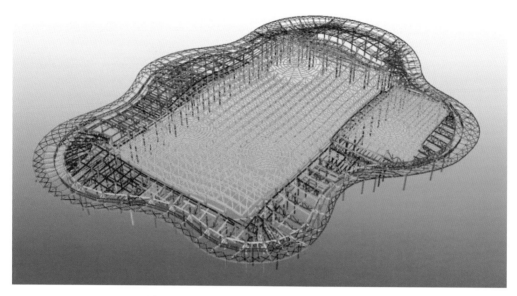

图 6.13-19　屋面桁架及网架整体结构示意图

　　⑦ 机电深化及各专业间碰撞检查：通过各专业模型整合后，进行各专业碰撞检测，包括结构、建筑、装饰、幕墙等，并进行净高优化、管线排布优化；出具管综净高图以及复杂部位的详图；配合施工现场对施工模型进行更新，并出具管线优化综合图、预留预埋套管图、预留洞口图，指导现场施工，见图 6.13-20～图 6.13-23。

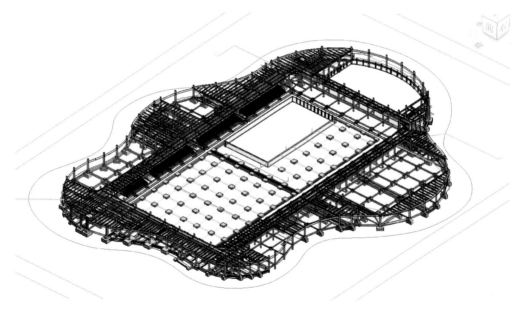

图 6.13-20　一层机电深化模型

　　（3）数字化创新应用：

　　① 三维激光扫描仪：利用 Trimble TX8 三维激光扫描仪拥有大范围场景扫描的能力，可以在现场采集数据，为设计及分析人员提供更加精准的点云数据。通过点云数据对网架进行逆向建模，见图 6.13-24、图 6.13-25。

　　② 无人机进度管控：通过无人机对施工进度进行航拍，将施工进度与 BIM 模型进度进行对比，实时根据现场情况对施工进度进行调整，见图 6.13-26。

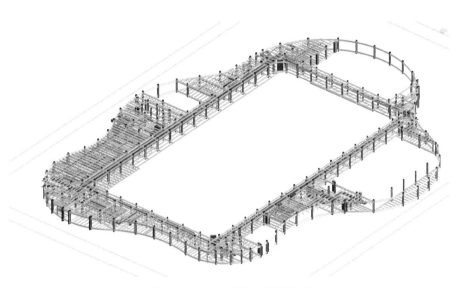

图 6.13-21　二层机电深化模型

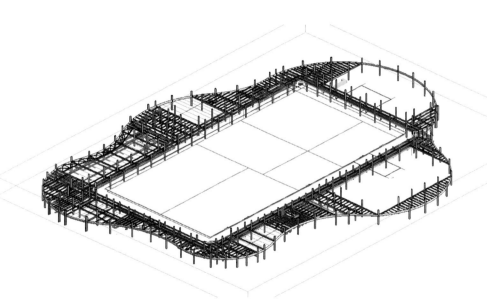

图 6.13-22　三层机电深化模型

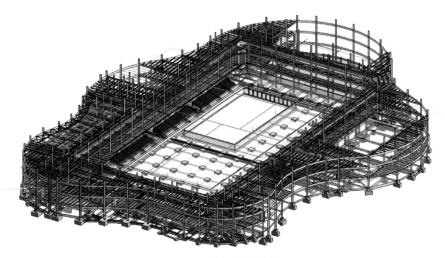

图 6.13-23　整体机电深化模型

工作设备：

Trimble TX8
Scanner

图 6.13-24　三维激光扫描仪

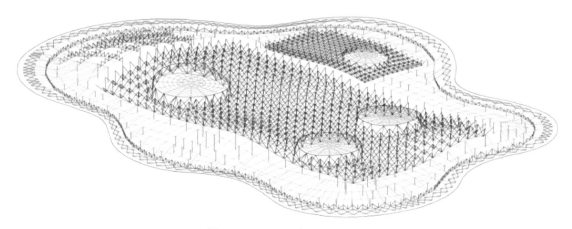

图 6.13-25　逆向建模网架模型

图 6.13-26　现场实时进度图

③ 云筑智联智慧工地平台：运用各阶段各专业 BIM 模型进行整合并上传至云筑智联平台进行轻量化应用，通过 BIM 技术、物联网、云技术、大数据、移动技术等软硬件技术集成到施工现场，与传统信息化平台集成实现优势互补，通过在进度管理、质量管理、安全管理、商务管理、绿色施工等方面的应用，使得施工现场信息化应用呈现数字化、智能化、在线化和可视化，见图 6.13-27。

3. BIM 应用总结

通过本工程全过程数字化快速建造技术，不仅保证项目施工质量，缩短项目施工工期，还通过可视化的总平面管理，减少现场材料转运次数，提升施工现场面貌，并实现项目多方、多专业协调管理提质增效，获得社会各界的一致好评。本项目共计节省约 3000 多人工日，累计经济效益约 810 万元，实现了形象与效益的双赢，见图 6.13-28。

图 6.13-27　云筑智联智慧工地

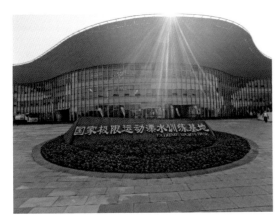

图 6.13-28　建成后场馆图

6.14　南京禄口国际机场 T1 航站楼改扩建工程全过程数字化建造应用

1. 工程概况

南京禄口国际机场 T1 航站楼（以下简称禄口机场 T1 航站楼）建成于 1997 年，开创了中建机场建设的先河，截至 2017 年，年旅客吞吐量突破 2500 万人次，客流量持续大幅增长。经鉴定，原 T1 航站楼安全性等级、综合抗震能力等已无法满足使用要求。

为提升航站区使用效能，优化旅客出行体验，本工程对禄口国际机场 T1 航站楼、连廊及北指廊进行改扩建，同时配套进行陆侧和站坪系列改造，总建筑面积 161244m²（新建 40178m²，加固改造 121066m²），见图 6.14-1。

图 6.14-1　项目效果图

2. 关键技术应用情况

（1）BIM 应用概况：

禄口机场 T1 航站楼为大型场馆改扩建工程，原结构图纸存在图纸不全或偏差较大等问题；改扩建设计难度大，涉及专业广，深化设计多；机场涉及专业广，各专业界面交叉繁杂。因此运用数字化建造技术，通过 BIM 模型精确指导现场施工，提前发现问题并解决问题，减少变更，实现降本增效、提质创优。

（2）全过程数字化建造：

1）3D 扫描技术（逆向出图）：

老航站楼存在图纸不全、与实际不符等问题，采用三维扫描＋BIM 技术获得原结构点云数据，通过扫描的结果与点位，逆向生成图纸，优化模型，为钢屋盖加固方案提供依据。三维激光扫描仪现场扫描获取主钢结构三维模型点云数据，精度控制在毫米级。Arena4D 三维点云管理应用软件，可以浏览、编辑、分析、拼接、逆向工程等功能，以点云为基准建出实景模型，优化原设计方案的不足之处。与 BIM相结合，依据设计图纸完善基层和面层模型，见图 6.14-2～图 6.14-4。

2）各专业 BIM 模型创建：

通过对主楼结构、连廊结构、人防换乘大厅、钢结构、屋面、建筑、机电、行李、幕墙、精装 BIM模型进行创建并整合，指导现场施工，见图 6.14-5～图 6.14-12。

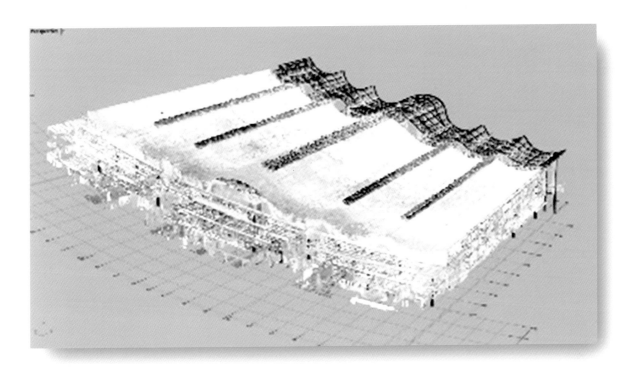

图 6.14-2　三维点云模型

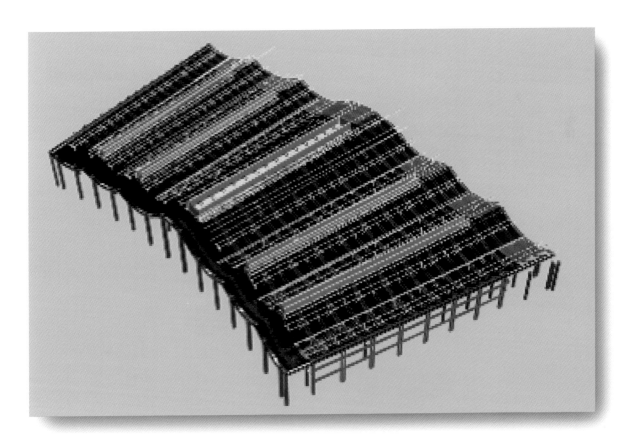

图 6.14-3　优化后模型

图 6.14-4 实际效果

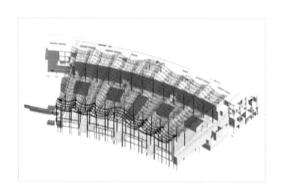
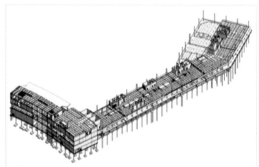

图 6.14-5 主体、连廊、换乘大厅结构

图 6.14-6 钢结构

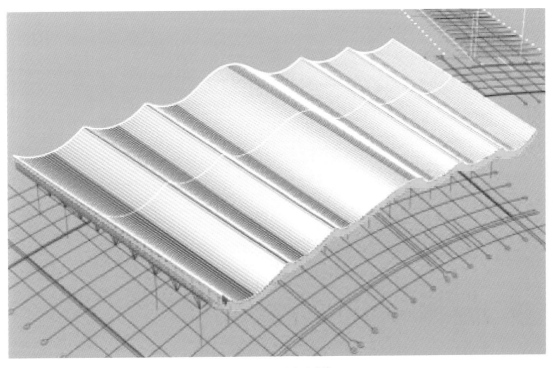

图 6.14-7 屋面系统

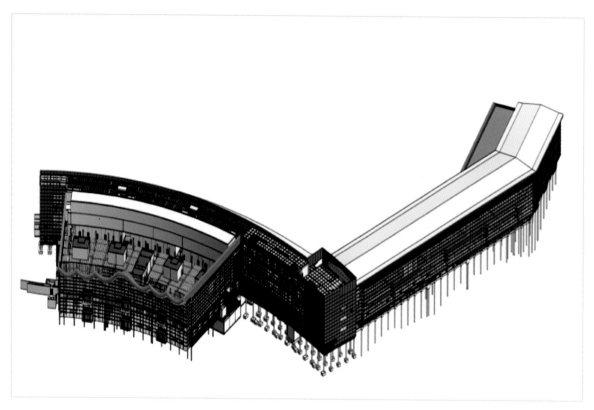

图 6.14-8 建筑模型

图 6.14-9 机电模型

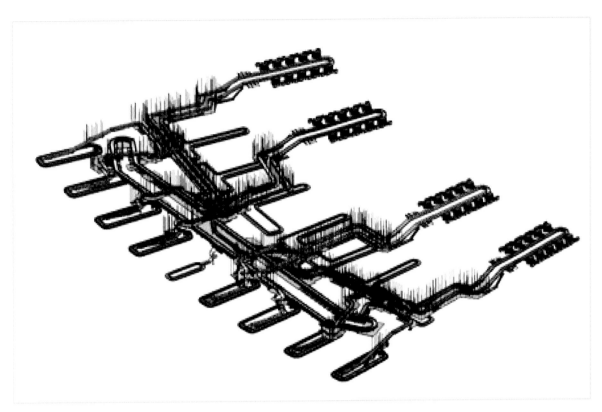

图 6.14-10　行李系统模型

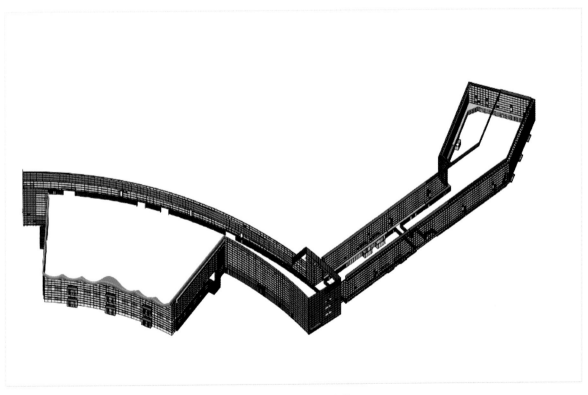

图 6.14-11　幕墙系统模型

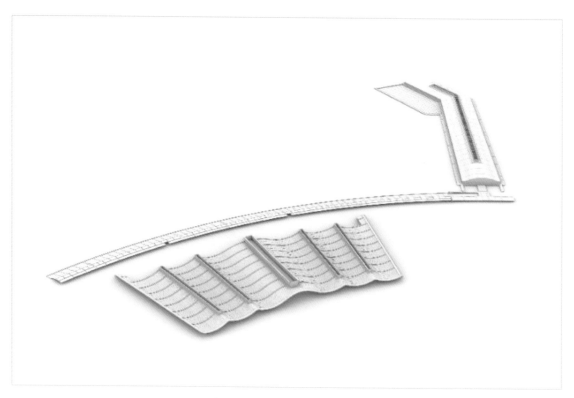

图 6.14-12　精装吊顶系统模型

3）可视化应用：

① 平面三维化：通过三维可视化的呈现，不再受限于传统 2D 图面，形象直观，减少双方想象的落差，缩短沟通的时间，见图 6.14-13。

图 6.14-13　行李系统可视化

② 多角度、动态化：通过漫游等一系列功能，不再受限于传统的"上帝视角"，以漫游视角身临其境，多角度、动态化感受建筑设计，见图 6.14-14。

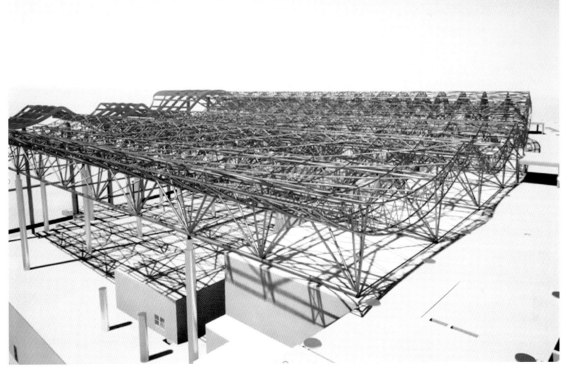

图 6.14-14　行李系统可视化

③ 样板展示：选取样板段 BIM 模型，结合 Lumion、3D Max 等渲染软件，通过可视化呈现，形象展示预计成型效果，利于推进选样封样等工作，见图 6.14-15。

图 6.14-15　精装样板展示

④ 可视化交底：在复杂钢筋节点、冷冻机房、结构粘钢加固、电梯组装、土方开挖中进行可视化交底，并与 VR 技术结合进行实景交底，见图 6.14-16～图 6.14-20。

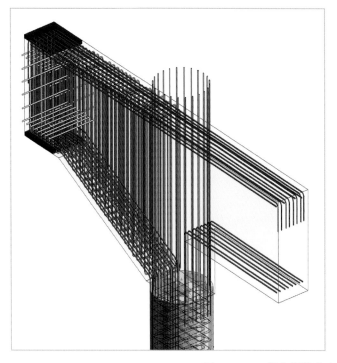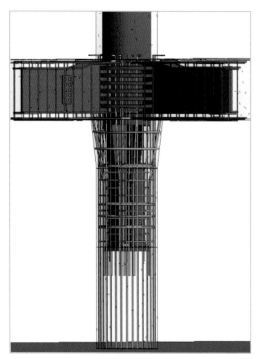

图 6.14-16　复杂钢筋节点可视化交底

图 6.14-17　冷冻机房 VR 交底

图 6.14-18　结构粘钢加固可视化交底

图 6.14-19　电梯组装可视化交底

图 6.14-20 土方开挖可视化交底

4）碰撞检测：

借助 BIM 模型、NavisWorks 等软件进行碰撞检测，发现各专业的碰撞点。通过调整节点设计、修改标高尺寸等，配合相关专业的二次优化，解决机电、行李、装饰装修等系统碰撞点 6000 多处，达到功能和成型外观双优的施工效果，见图 6.14-21～图 6.14-24。

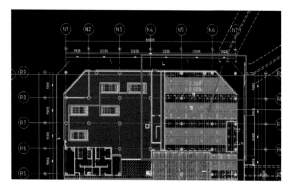
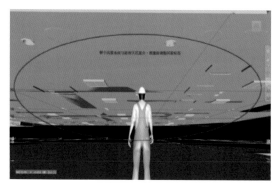

图 6.14-21 风管系统与装饰顶棚重合，需重新调整风管标高

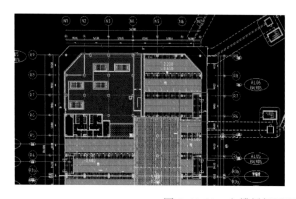
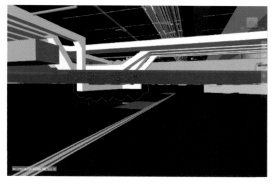

图 6.14-22 电缆桥架下翻部分超出装饰顶棚标高

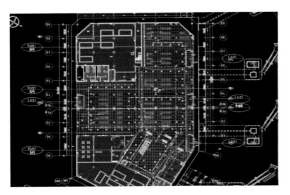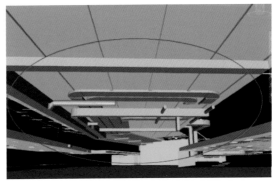

图 6.14-23　全部主管、支管超出完成面

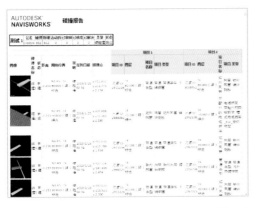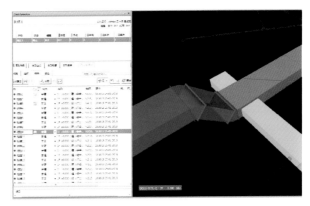

图 6.14-24　碰撞检测报告

5) 管线综合：

机电专业管线密集复杂、交错排布。通过管线综合，合理分布各专业管线位置。通过各专业设备管线建模，并将建筑、结构模型与机电各专业模型整合，将综合模型导入相关软件进行碰撞、净高检查，根据结果对管线进行调整、避让，见图 6.14-25。

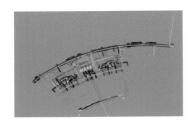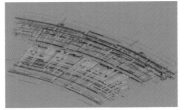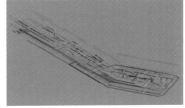

图 6.14-25　管综模型

6) 双曲蜂窝板深化设计：

本工程正立面檐口蜂窝板为双曲蜂窝板，施工难度大、精度要求高。蜂窝板是复合板材，只能采用模具一次冲压成型后，再进行蜂窝板的复合制作。双曲板制作采用犀牛建模、数字化放样，确保制作精度；龙骨安装使用点位数据重新建模，与设计图纸和模型进行比对，确保安装精度，见图 6.14-26～图 6.14-29。

7) BIM＋工况分析及优化：

① 钢屋盖加固：原钢屋盖在使用 20 年后，由于钢结构设计标准变化以及屋盖荷载增加，原钢桁架屋盖部分杆件平面外稳定性不足，极少杆件轴力不满足要求，需要对原钢屋盖进行加固。由于设计团队并未给出具体的加固方案，需项目部自行提供方案并进行工况分析，见图 6.14-30～图 6.14-32。

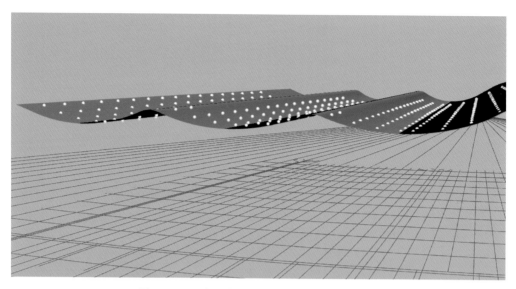

图 6.14-26　全站仪点位数据导入犀牛模型复核

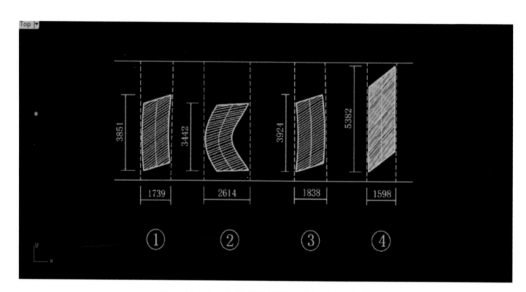

图 6.14-27　典型板件选取、板面展开深化

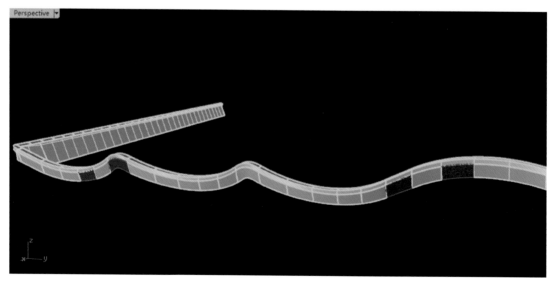

图 6.14-28　檐口双曲蜂窝板模型

图 6.14-29　檐口双曲蜂窝板外观效果

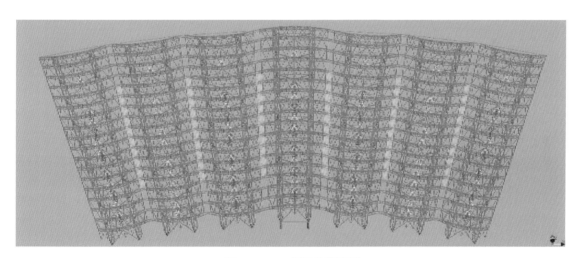

图 6.14-30　钢屋盖模型图

图 6.14-31　钢屋盖现场施工图

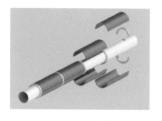

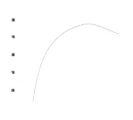
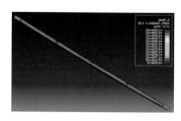

图 6.9-32　管箍包管加固模型、Abaqus 软件有限元分析、荷载位移曲线及应力分布

② 一柱一桩半逆作：运用 BIM 技术进行航站楼东侧半逆作法一柱一桩施工工况模拟，将方案优化为半逆作法提前闭水以代替原顺作施工方案，使得航站楼内精装作业可提前施工。通过工况分析，提前发现施工难点，并结合 BIM 辅以方案交底、重要节点工序优化等，指导现场施工，见图 6.14-33。

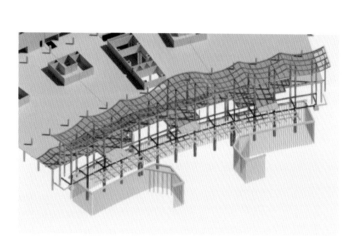
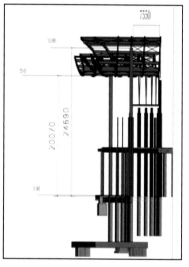

图 6.14-33　一柱一桩半逆作施工模拟

③ 钢结构拆除、安装：进行北指廊原钢屋盖拆除工况模拟，并进行新建钢屋胎架应力、变形工况分析，见图 6.14-34、图 6.14-35。

图 6.14-34　拆除工况模拟

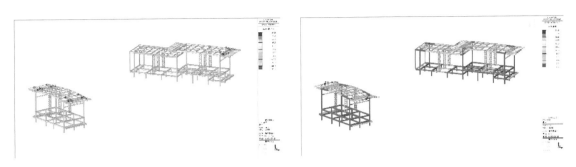

图 6.14-35 钢屋盖胎架应力、变形工况分析

（3）模块化组织技术：

在建立本工程制冷换热机房系统标准模型后，经过严格计算与合理规划，通过 BIM 技术制作相互配套且精度较高的模块。

本次设计将制冷换热机房内 5 台制冷机组、30 台循环水泵、8 台水处理设备、约 800m 大型管道整合成 21 个循环泵组模块（7 种形式）、若干预制管段及设备。合理利用法兰分段，方便管道场外预制及运输、实现现场安装无焊接操作，见图 6.14-36。

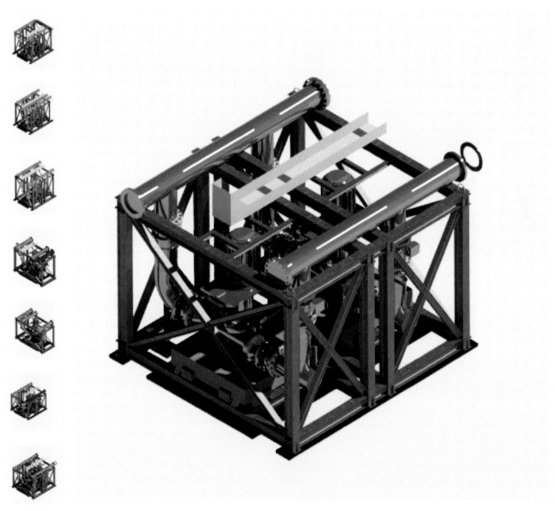

图 6.14-36 模块化组装

（4）数字化加工技术：

全自动化下料，将 BIM 模型转换为工厂加工数据后导入自动下料机，数控完成全部管道下料过程。

机械化焊接，采用焊接机器人完成焊接打底、填充和盖面的全部作业工序，见图6.14-37。

图6.14-37 加工图、管道组装、框架组装、泵组拼装

（5）BIM协同管理平台：

帮助项目一线人员通过不同的设备，随时随地查看模型，全方位了解相关情况，提高工作效率与施工质量。将项目中遇到的相关材料都保存在BIM协同管理平台中，方便各级人员查看、使用，见图6.14-38。

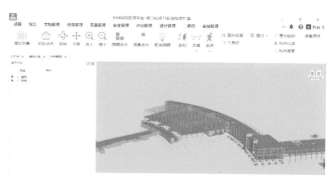

图6.14-38 协同管理平台

3. BIM应用总结

通过南京禄口国际机场T1航站楼改扩建项目的全过程数字化建造技术的应用，数字化建造技术的普及度对项目进度影响巨大，从项目经理到劳务队长都会利用数字建造技术，快速推进施工进度，受到业主，监理及分包单位的一致好评。

此外，现阶段模型精度已达到LOD400-500，已经达到运维需求，并且已经录入了相关运维信息。在项目竣工之后交付业主，业主即可直接作为运维模型使用。

6.15　江宁医院可视化运维应用

1. 工程概况

项目地址：南京市江宁区湖山路169号

建设时间：2016年12月至2019年3月

建设单位：南京市江宁区城建集团/南京市江宁医院

设计单位：上海市卫生设计院

项目重点难点：

利用可视化运维管理平台软硬件集成能力，将建造过程中产生的模型、资料等各项数据及物联网设备关联接入平台，通过平台为客户运维管理提供服务支撑，实现建造业务向运维业务的延伸。机电工程建造不仅交付工程实物产品，最终实现实物和数字双重产品的交付，见图6.15-1、图6.15-2。

图 6.15-1 江宁医院实景图

图 6.15-2 可视化运维展示图

2. 关键技术应用情况

（1）应用关键技术：

可视化运维管理平台以 3D 虚拟化技术为基础，以数字化、可视化、智能化理念为目标，实现建筑周边、室内结构、物联网设备的逐级可视。建筑内需要重点展示或说明的内容以信息牌的形式直观展示，重点管线及工作原理以高亮、动画的形式展示，能耗以统计图表的形式综合展示，需要操作控制或应急处理的物联网设备通过系统智能控制。通过一整套可查、可管、可控的可视化运维管理解决方案，打造更加绿色节能、现代化、数字化、智能化的建筑。

（2）应用效果：

1）楼宇可视化：

以智能楼宇为中心，直观展示楼宇周围的建筑、道路、桥梁等信息，环境中标志性的楼宇、道路及桥梁以顶信息牌的方式展示，方便用户快速确认智能楼宇在城市中的位置，同时在三维场景中支持以多种视角查看了解周边环境，见图 6.15-3。

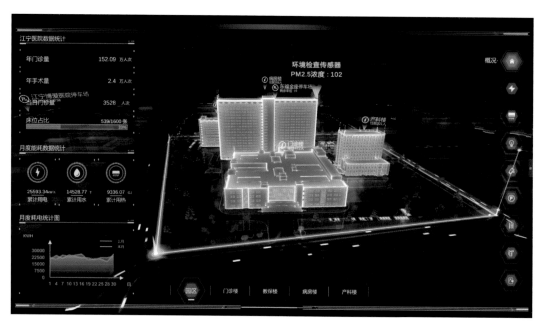

图 6.15-3　环境可视化

实现以虚拟仿真的形式完整呈现建筑物内部每层的结构，根据楼层实际建筑结构或导入既存模型完成平台内建模，可按楼层展开查看，展示不同功能楼层的平面图并标注尺寸，展示楼宇内部不同结构的空间布局、在整体楼层中的位置、功能说明等信息，见图 6.15-4。

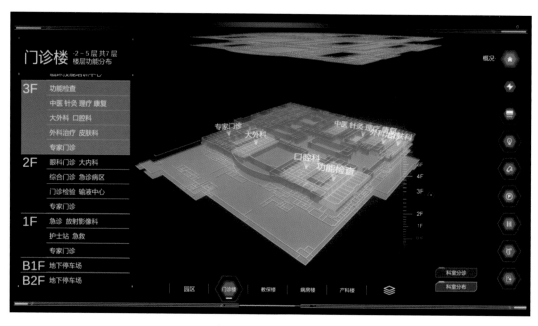

图 6.15-4　结构可视化

在系统中以智能楼宇建筑模型为基础，按照智能楼宇的功能区域对楼宇三维模型按照楼层进行分解展示，并标注区域的起止楼层及功能说明，方便用户或管理者直观了解楼宇不同的功能区域，见图 6.15-5。

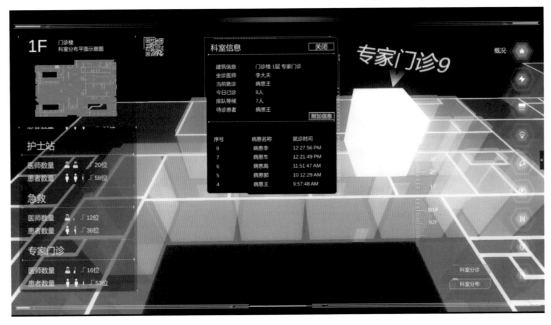

图 6.15-5 区域可视化

2）智慧化集成管理：

① 变配电管理：在平台中，集成智能供电监控系统，展示楼宇供电线路及供电设备的空间分布，不同颜色展示设备的不同工作状态，不同的颜色块标识变电所供电区域。可以用顶信息牌的方式展示每个电表的实时监测数据，还可以用信息面板、图表的形式分类展示不同用途的用电量统计信息，方便用户直观了解楼宇的耗电量。系统中支持设置用电量阈值，当用电量超过阈值时系统自动高亮、闪烁提示用户，提醒用户检查是否存在漏电、异常工作的设备等情况。当楼宇中发生用电量异常或有其他突发情况时，可通过系统远程关闭/开启智能电闸设备，方便管理者处理应急情况，见图 6.15-6。

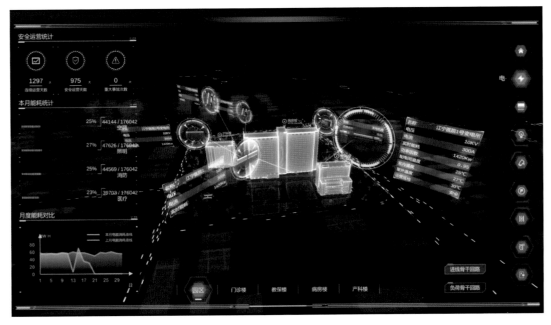

图 6.15-6 变配电管理

② 消防设施管理：在平台中，用不同颜色可视化展示所有消防相关类管线、消防避难点在楼宇内的分布情况，并通过动画方式展示管线流向情况。可视化展示消防监控设备的空间分布及统计信息，方便楼宇管理者快速定位设备或管线。通过高亮、声音、闪烁等方式直观展示探测报警值及报警位置，并系统联动进行排烟防火操作。集成消防监控管理系统，在三维场景中展示各种设备的实时工作状态，并用不同颜色、不同形状的图例进行区分，见图 6.15-7。

图 6.15-7 消防设备分布图

③ 空调系统：在三维环境中展示所有空调设备（例如冷水泵、VAVBOX、出风口、空调箱等）的空间分布及工况（正常的、异常的，用不同颜色区别标识），用动画方式展示设备间、管道的流向。直观展示各楼层的温度、湿度、空气质量值等信息，根据统计数据形成温湿度云图、温湿度趋势图。对于重点监控的冷源调设备，用顶信息牌的方式展示监测值，例如实时压力值、实时频率等信息。对于超出正常值的设备，用不同颜色的信息牌及数值区别，方便用户快速定位超压、超频设备。在三维空间中展示空调设备的实时工作数值，例如温度值、湿度值等，方便用户实时监控楼宇环境状况，见图 6.15-8。

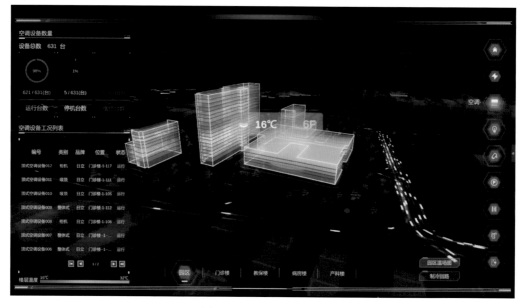

图 6.15-8 楼层温场图

④ 智能照明：在平台中，通过集成智能照明系统，可展示所有照明设备的空间分布。用顶信息牌的方式展示楼宇内的所有照明设备的运行状态（用不同颜色标识开、关等状态）。进入楼层可查看当前楼层的场景和进行场景控制。点击每个照明设备，可查看照明设备的位置信息、状态信息并可进行开关控制。照明系统提供远程操作功能，使管理人员可在三维场景中进行反向的开关、场景控制或其他操作，见图 6.15-9。

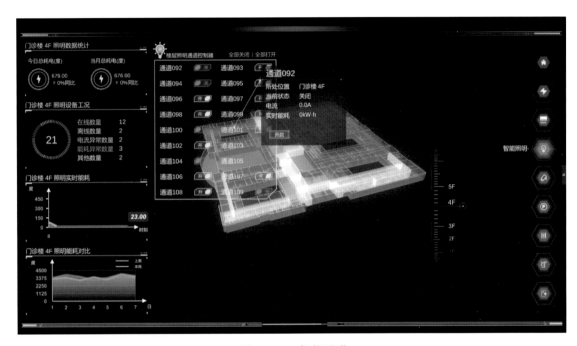

图 6.15-9　智能照明

⑤ 安防监控：在平台中，直观展示楼宇内视频监控系统的摄像机空间布局及工况。系统支持单个摄像机实时视频调取、多摄像机视频墙查看及摄像机名称、参数搜索，单点、多点选中可弹出实时视频或视频墙显示，在三维场景中直观呈现摄像机视锥，方便快速把握管理范围，见图 6.15-10。

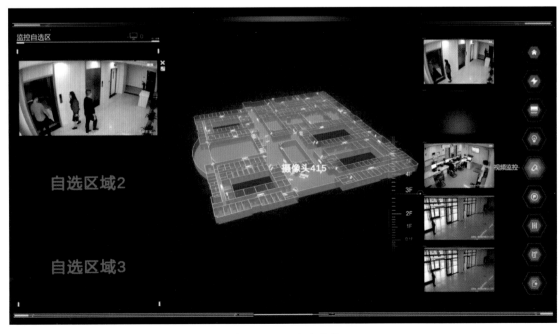

图 6.15-10　安防监控

⑥ 智能电梯管理：在三维场景中，可将建筑透明，更加直观地展示电梯轿厢在建筑中的空间位置、实时动态的运行过程（当前楼层及运行方向等），同时可调取轿厢内的监控视频查看电梯运行的实时状态。如果有电梯故障告警，会在系统中高亮、闪烁、颜色区分显示，提醒管理人员及时处理故障，同时可调取轿厢内的监控视频快速查看故障情况，见图 6.15-11。

图 6.15-11　智能电梯管理

⑦ 能源管理：系统根据实时能耗监控数据，在三维场景中综合展示空调、电梯、照明、供水、通风、通信、安防、机房等各项耗电情况，包括分类统计面板、分区统计面板、历史趋势图表等。分项详细展示每个统计项的能耗情况，用顶信息牌的方式显示实时数据，用信息面板显示分区统计信息，见图 6.15-12。

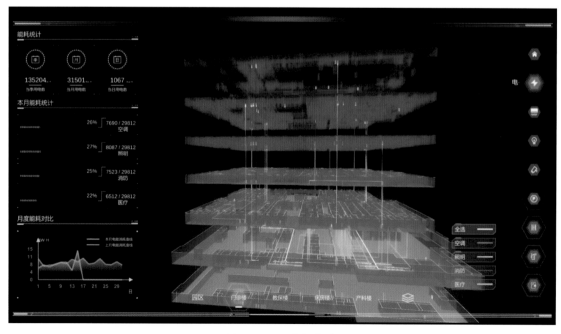

图 6.15-12　能耗统计

3）行政服务管理：

① 资产设备管理：在平台中，展示设备与资产的空间分布、移动状态，并用顶信息牌的方式显示设备的工况及基本信息，对于故障设备用突出颜色标识，点击设备可显示设备的详细信息，方便用户在场景中快速定位故障设备。

② 医护对象管理：在平台中，实时显示医护对象在楼宇中的位置及人员基本信息，例如姓名、联系方式等，实时展示人员活动轨迹。如果系统采集数据异常，还可调取附近监控视频，查看人员状态。在系统中显示监控区域的人员分布统计数据，并以人力分布热力图的形式展示监护区域或整个楼宇的人员分布情况。

③ 床位管理：在系统中基于建筑模型，用顶信息牌的形式展示各科室门诊量数据（人、费）信息；按照周期、维度（例如日、月、季度、年度等）以信息面板的形式展示门急诊、住院病床占用、医院运行、医疗器械的统计信息。

④ 智能会议系统：在智能会议室中，可以在三维空间中高亮标注展示所有会议室，还可以展示不同类型会议室的占比情况。用列表的形式展示每个会议室的容纳人数及开放时间，每个会议室预定占用部门、占用时间段及会议主题等信息。用时间轴加色块的方式展示各个会议室的日程安排表，展示每个会议室的占用时间段、空余时间段等信息。会议室集成视频监控系统，可查看会议室实时情况，方便用户快速找到合适的会议室、沟通会议室使用问题等。

⑤ VIP 迎宾服务：将 LED 广告屏、停车系统、灯光照明、空调、门禁、电梯、会议室、微信数据打通，按不同的预设方案，协同一致迎接宾客。

⑥ 远程 VR 巡检：将建筑物内的人、设备、设施信息相互打通，协同互动。结合 VR 与管控平台，将 BIM 模型与 3D VR 场景数据打通并相互映射。在设计阶段，可以提前演练运维管理方案，模拟事故应急状态，提前准备及验证；在运维阶段，可以高效打通不同层级用户间的数据沟通渠道，提升响应速度，提高运维管理品质。

⑦ 区域医疗事件管理：为保障和促进区域医疗安全，通过不良事件网络管理系统，实现对医疗安全（不良）事件信息实时收集、动态监控、定期汇总分析和持续改进。

3. BIM 应用总结

项目利用 BIM 技术可视化、信息化、多元化的特点，深入开展 BIM 技术应用，提高工程质量，使安全教育可视化，通过明确各专业工序减少交叉施工影响，缩短施工工期，通过管综优化节约材料和人工，进一步提升项目信息化管理水平。

通过本工程全过程数字化快速建造技术，不仅保证了项目施工质量，缩短项目施工工期，还通过可视化的总平面管理，减少现场材料转运次数，提升施工现场面貌，并实现项目多方、多专业协调管理提质增效，获得社会各界的一致好评。

6.16　312 国道数字化建造应用

1. 工程概况

项目地址：江苏省南京市栖霞区

建设时间：2019 年 2 月至 2021 年 5 月

建设单位：江苏省南京市公路事业发展中心

设计单位：中设设计集团股份有限公司

312 国道南京绕城高速公路至仙隐路段改扩建工程 G312NJ-SG5 标段采用全预制拼装施工工艺。高架桥施工不再依靠封闭交通、现场搭设脚手架、绑扎钢筋、浇筑混凝土的工艺，而是将数千块预制构件运输到现场直接拼装而成。作为江苏省交通系统首座全预制装配式桥梁，全长 4.97km。全桥钢筋 3.6 万 t，混凝土 24 万 m²。最宽桥面宽度 53.3m，预制盖梁节段最重 342t，是目前国内桥面最宽、预制盖梁节段最重的全装配式桥梁。

施工范围为从起点至仙新路枢纽段的装配式桥梁及沥青混凝土路面。本标段主要构造物为 G312 主线高架桥、仙境路互通（L1、R1、L2、R2）匝道桥和仙新路枢纽（L3、R3）匝道桥。G312 主线高架桥起于九乡河，沿现状 312 国道依次跨越九乡河西路（红枫街）、仙境路、学海路、金创路、仙新路后落地。6 座匝道桥均为主线上下匝道，分别设置于仙境路两侧及学海路西侧仙林高铁站处，见图 6.16-1。

图 6.16-1 项目整体效果图

2. 关键技术应用情况

（1）BIM 应用概况：

本工程应用 BIM 技术提高土建、钢结构等工程深化设计的质量和效率，协调项目各方信息整合，提高项目信息传递的有效性和准确性，提高施工质量，减少图纸中错漏碰缺的发生，使设计图纸切实符合施工现场操作的要求，并能进一步辅助施工管理，达到管理升级、降本增效、节约时间的目的。

根据本工程特点，BIM 技术应用主要集中在预制场及桥梁施工过程中，并根据其施工特点的不同，分块实现；应用 BIM 技术主要实现按场地管理、进度管理、物料管理、质量安全管理；在桥梁实体工程实现施工工艺模拟/可视化施工交底、钢筋碰撞检查、成本管理及质量安全。

（2）全过程数字化建造：

① 基于 BIM 模型的临建三维布置。基于 Revit 的三维模型功能，对项目经理部、构件预制场建设进行场地模拟布置，规划现场施工平面，主要包括临建布置、施工堆场定位、施工道路规划等。协助优化场地建设方案，展示各功能区空间结构，指导项目部 CI 建设，提前发现和规避问题，有效地提高对施工现场规划的合理性和有效性，见图 6.16-2、图 6.16-3。

图 6.16-2　临建布置效果图

图 6.16-3　预制厂区效果图

② 基于 BIM 模型的图纸深化及工厂化预制。通过 Revit 模型并结合施工经验，在创建预制墩柱、盖梁、箱梁模型施工图深化的过程中，对设计的合理性进行模拟检查，对设计变更的合理性和可行性进行模拟和判定，尽可能保证在面对各种可能出现的变化因素时，不盲目、不反复，做到有的放矢，见图 6.16-4。

③ 基于 BIM 模型的钢筋放样绑扎三维可视化。通过钢筋三维可视化，对复杂节点、重点难点部位钢筋进行预排布、动态化交底，使管理人员和劳务作业人员明白标准要求，明白如何施工，确保工程质量，见图 6.16-5。

④ 基于 BIM 模型的工程量提取。利用 Revit 三维模型提取导出工程量，工程量统计数据整理后供相关部门作为工程量概预算参考，混凝土量、钢筋量等作为三方会算的对比量，见图 6.16-6。

图 6.16-4 预制构件效果图

图 6.16-5 钢筋深化图

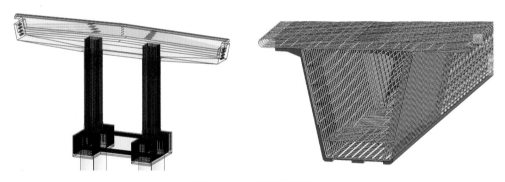

<结构框架明细表 9>

A	B	C	D	E	F	G	H
类型	体积	墩柱长度	墩柱	桩长度	承台	盖梁	桩基
A-桥墩-51							
承台	142.50 m³				A-承台-51		
墩柱 1	31.84 m³	8000	A-墩柱-51-1				
墩柱 2	31.84 m³	8000	A-墩柱-51-2				
桩 1	46.06 m³			18000			A-桩基-51-1
桩 2	46.06 m³			18000			A-桩基-51-2
桩 3	46.06 m³			18000			A-桩基-51-3
桩 4	46.06 m³			18000			A-桩基-51-4
垫层	8.55 m³						
盖梁	216.24 m³					A-盖梁-51	
A-垫石-51	0.07 m³						
A-垫石-51	0.07 m³						
A-垫石-51	0.07 m³						
A-垫石-51	0.07 m³						
A-垫石-51	0.07 m³						
A-垫石-51	0.07 m³						
A-垫石-51	0.07 m³						
A-垫石-51	0.07 m³						
A-垫石-51	0.07 m³						
A-垫石-51	0.07 m³						
A-垫石-51	0.07 m³						
A-垫石-51	0.07 m³						
A-垫石-51	0.07 m³						
A-垫石-51	0.07 m³						
A-垫石-51	0.07 m³						
A-垫石-51	0.07 m³						
A-桥墩-52							
承台	142.50 m³				A-承台-52		
墩柱 1	31.88 m³	8010	A-墩柱-52-1				
墩柱 2	31.88 m³	8010	A-墩柱-52-2				
桩 1	68.96 m³			27000			A-桩基-52-1
桩 2	68.96 m³			27000			A-桩基-52-2
桩 3	68.96 m³			27000			A-桩基-52-3
桩 4	68.96 m³			27000			A-桩基-52-4
垫层	8.55 m³						
盖梁	216.24 m³					A-盖梁-52	
A-垫石-52	0.07 m³						
A-垫石-52	0.07 m³						
A-垫石-52	0.07 m³						
A-垫石-52	0.07 m³						
A-垫石-52	0.07 m³						
A-垫石-52	0.07 m³						
A-垫石-52	0.07 m³						
A-垫石-52	0.07 m³						
A-垫石-52	0.07 m³						
A-垫石-52	0.07 m³						

图 6.16-6 工程量提取

⑤ 基于 BIM 模型的复杂节点施工可视化模拟。将复杂节点准确建立模型后进行施工交底。另外，在 Revit 模型中通过三维技术进行结构深化设计，以确保尺寸完全吻合，设计完成后再将得到的数据交给工厂进行加工，见图 6.16-7。

图 6.16-7　盖梁安装、千斤顶调平、灌浆施工

⑥ 基于 BIM 模型的施工进度策划。通过 4D（三维模型加项目的发展时间）仿真、动画和照片级效果制作功能，对施工进度进行仿真模拟，从而加深对项目运作的理解，提高可预测性，见图 6.16-8。

图 6.16-8　施工进度仿真模拟

⑦ 地下管网碰撞检查。通过数字化建模并结合施工经验以及地下管网及墩柱模型的创建，提前规避地下管网对施工带来的影响，见图 6.16-9。

图 6.16-9　地下管网

⑧ 基于 BIM 施工方案模拟。由于 60 号~63 号墩间存在一处 110kV 高压线，最低点距梁面 7.9m，检验设计是否符合标准要求。根据标准要求，净空无法满足架桥机和起重机作业要求，进行多种方案模拟施工，见图 6.16-10。

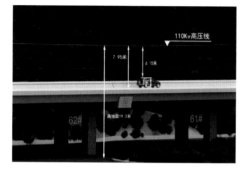

图 6.16-10　施工方案模拟

⑨ 施工现场组织规划。在项目计划桩基施工中，以 64 号~80 号墩进行首开，首先对地面交通进行分流，道路进行导改，施工现场使用标准围挡进行封闭，计划将原 312 国道地面交通导向南侧文成路保障通行，此段进行封闭施工，见图 6.16-11。

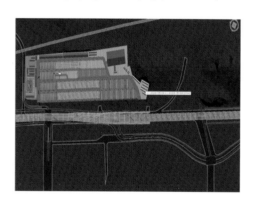

图 6.16-11　场地规划

⑩ BIM＋施工导行。通过 BIM 模型并结合 Vissim 软件进行一级分流、二级导改、三级导行，见图 6.16-12。

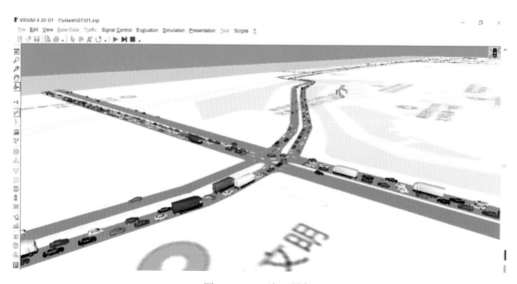

图 6.16-12　施工导行

一级分流：通过 G205、S338 等周边路网疏解过境、过江等长距离、穿越性交通。

二级导改：利用新建的两侧非机动车道和人行道路基及南侧的文成路通行导改。

三级导行：根据施工组织安排，分幅、分段、分时段组织施工。

（3）施工工序、工艺动画模拟及可视化交底：

利用 BIM 技术，通过动画制作使施工工序可视化，对管理人员和劳务作业人员进行可视化、动态化交底，确保工程质量。

① 预制盖梁模拟见图 6.16-13。

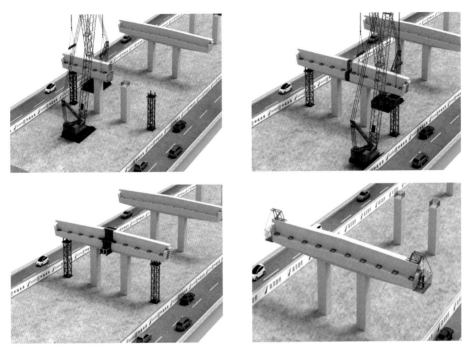

图 6.16-13　预制盖梁施工模拟

② 现浇盖梁模拟见图 6.16-14。

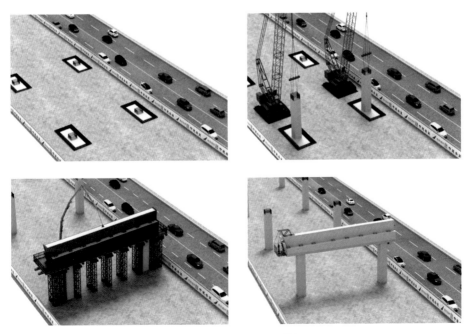

图 6.16-14　现浇盖梁模拟

③ 双吊抬吊架梁模拟见图 6.16-15。

图 6.16-15　双吊抬吊架梁模拟

④ 架桥机架梁模拟见图 6.16-16。

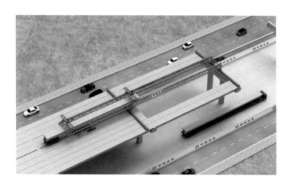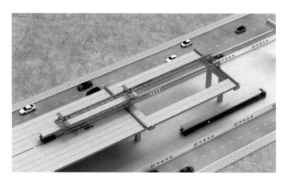

图 6.16-16　架桥机架梁模拟

3. BIM 应用总结

（1）数字化建造在道路桥梁建设的探索及计划：

① 交通疏导、基于 BIM 技术的交通监测预警方案模拟分析；

② 预制预应力箱梁及钢箱梁构件跟踪、材料管控；

③ 基于 BIM 技术的安全监测：现浇箱梁模架变形监测；钢箱梁吊装、应力监测、支座荷载形变监测等深入研究应用；

④ 扫描机器人与 BIM 技术相结合，辅助实测实量继续深入研究；

⑤ 通过无人机、BIM＋GIS 技术，进行深入探索研究应用。

（2）实施总结：

① 深化设计：

完成预制盖梁节段、预制箱梁构造等设计优化，并出具深化设计图纸后用于施工，不仅节约成本创效，还缩短工期。

② 可视化管理：

通过 BIM 模型的建立，结合智慧工地的应用，对施工现场实时监控，为现场实现可视化管理起到重要作用。

③ 优化施工：

通过 BIM 技术＋装配式桥梁新工艺的应用，使施工人员直观地掌握施工关键技术，优化施工方案，为确保预制构件顺利拼装起到重要作用。

④ 精细化管理：

针对复杂构造节点、交叉协调及重点难点施工，通过 BIM 技术提前预警消除，提高施工效率，控制预制构件精度，减少返工，为实现精细化管理起到关键作用。

6.17　西安市幸福林带建设工程 PPP 项目 BIM 技术应用

1. 工程概况

幸福林带位于陕西省西安城东幸福路与万寿路之间。项目初始规划始于 1953 年，在西安市第一轮总体规划中由中苏专家共同规划设计。长 5.85km，宽 200m，建筑面积约 80 万 m^2，总投资 200 亿元，是全国最大的城市林带建设项目、全球最大的地下空间综合体，见图 6.17-1。

图 6.17-1　西安市幸福林带建设工程 PPP 项目

（1）项目概况

项目地址：陕西省西安城东幸福路与万寿路之间

建设时间：2018 年 5 月 11 日至 2021 年 7 月 1 日

建设单位：中建西安幸福林带建设投资有限公司

设计单位：中国建筑西北设计研究院有限公司

　　　　　中国市政工程西北设计研究院有限公司

（2）项目重点难点

项目西到万寿路，东至幸福路，南至西影路，北至华清路，长 5.85km，宽 200m，项目全线较长，机电管线有牵一发而动全身的效应；项目工程质量目标为"鲁班奖"，质量要求高；机电工程系统复杂、体量大；与各单位交叉作业较多；地下一层为高大空间，施工难度大。因此必须借助 BIM 技术确保现场合理有序的施工。

2. 关键技术应用情况

（1）项目 BIM 策划：

结合建设单位 BIM 实施方案、公司 BIM 实施标准，制定本项目施工 BIM 应用标准、应用效果，见图 6.17-2。

图 6.17-2　BIM 实施方案

（2）建立标准化模型：

以精细、严格的企业 BIM 标准、BIM 样板绘制精细化模型。幸福林带项目要求深度达到 LOD400，根据项目具体要求建立精细化模型。应用企业族库及样板，极大地确保项目 BIM 建模的高效性和准确性，见图 6.17-3。

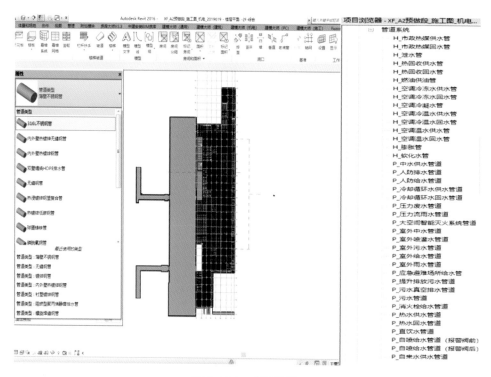

图 6.17-3　项目样板

图 6.17-3　项目样板（续）

（3）施工图纸会审：

本项目联合设计方召开 BIM 辅助设计图纸审查会 10 多次。根据 BIM 模型与设计图纸对比，提前发现施工图错误及疏漏 100 多处，为项目施工创造经济效益 50 多万元，并省节工期，见图 6.17-4。

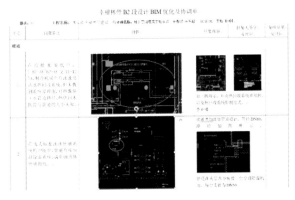

图 6.17-4　项目实施协调单

（4）净高、功能区域优化：

项目地下一层为商业区，净高要求较高，层高较高的地方还需预留装饰转换层，机电管线完成标高不能满足装饰设计的要求。最终深化管线，在不影响使用功能的前提下，调整管线路径、调整管线方式或更改功能区。与装饰设计协调，机电设计优化机电管线路径及大小，与建筑设计协调功能区，装饰设计优化吊顶方案，见图 6.17-5。

（5）支吊架应用：

幸福林带项目地下二层 80% 的顶板均为密肋梁结构，结构板厚均为 120mm，地下二层功能为车库及设备间，机电管线较多，受力集中，支吊架数量庞大。密肋梁四周均为斜梁，支吊架无法生根，结构设计要求机电管线支吊架生根只能在密肋梁底或主次梁上，不允许在板底，且设计要求每个吊点不得大于 10kN 且支吊架折算面载不得大于 $1kN/m^2$，同时业主提出需要支吊架选型及管线对结构荷载编制计算书，但支吊架建模难度大、形式多样、标准不一，荷载计算周期长，工作效率低。因此运用自主开发的支吊架插件，可进行支吊架的布置、选型、出图及工程量统计等。

具体实施过程如下：

① 在管线深化过程中考虑支吊架的生根位置。

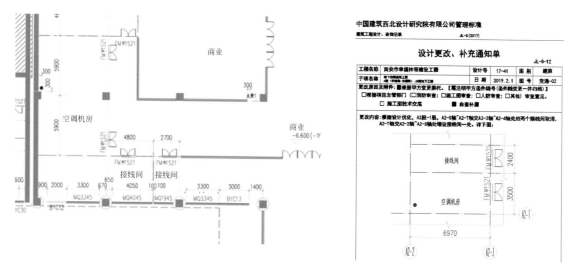

图 6.17-5　深化设计后出具变更单

② 管线深化完成后进行支吊架选型，利用插件进行复核计算。

支吊架选型先预判，运用公司二次开发的插件，进行规格优化选择，也可以手动更改，查看型钢使用的有效值、满不满足安全性能要求、有没有造成浪费，最后可以直接更新支吊架选型，见图 6.17-6。

图 6.17-6　支吊架规格优选

③ 导出支吊架计算书：

根据综合支吊架的排布，运用插件选择需要计算的支吊架，一键导出支吊架计算书，上报业主，见图 6.17-7。

④ 支吊架一键编号：

利用支吊架编号及剖面图一键生成功能（图 6.17-8），大大增加了出图效率，而且避免人工出图产生的错误。一般来说，平均出一副支吊架剖面图需要 1.5min，10 副支架就是 15min，但是利用插件出 10 副支吊架剖面图，只需要 1min，大大节约了时间。

⑤ 支吊架一键出图：

一键生成剖面图，剖面详图同时生成，其中包含管线的系统、尺寸及标高，支吊架的形式、选型大小、支吊架的完成标高以及支吊架的编号。支吊架平面图包含支吊架的编号、生根形式、定位尺寸。结合平面图、剖面图，图纸信息一目了然，见图 6.17-9。

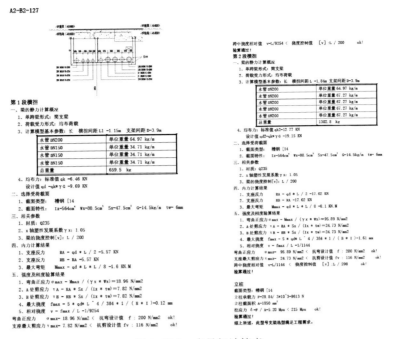

图 6.17-7 支吊架计算书

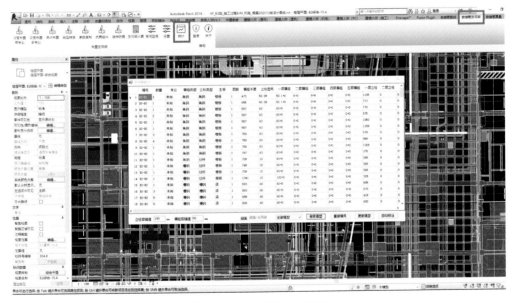

图 6.17-8 支吊架一键编号

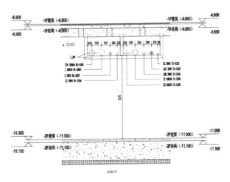

图 6.17-9 支吊架剖面图

（6）机电专业出图：

图纸是 BIM 模型和现场的桥梁，也是现场施工、结算等工作的重要依据，因此公司开展多项技术探索，一方面定制符合国标出图标准的 BIM 机电样板，同时创建的族库能够支持各类出图要求，再通过软件开发，从而真正实现了快速、标准的出图需求，确保项目 BIM 模型到现场的顺利落地，见图 6.17-10。

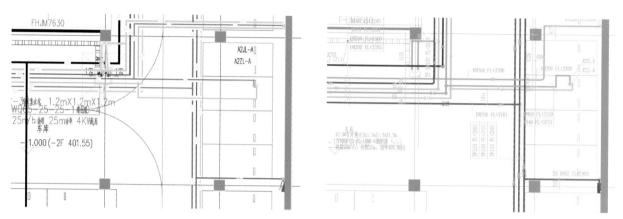

图 6.17-10　设计图纸与深化图纸对比图

（7）预留洞出图：

设置洞口参数，可以一键生成二次砌体预留洞口。预留洞图纸可以清晰地看到预留洞的定位尺寸、标高、大小。通过管线深化，砌体施工前出预留洞平面图，避免后期二次结构的破坏、垃圾的产生以及工序的影响，造成经济损失，见图 6.17-11、图 6.17-12。

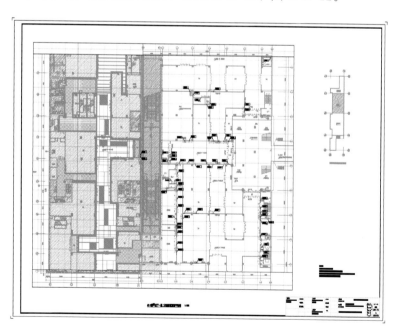

图 6.17-11　预留洞出图

（8）项目云平台管理：

云平台实施流程如下：

BIM 模型深化：BIM 中心对模型进行深化，形成可指导施工的 BIM 施工模型。

BIM 模型导入：将 BIM 模型导入 EBIM 平台，供项目各方人员协同应用（包括移动端、IPAD 端、PC 端等），见图 6.17-13。

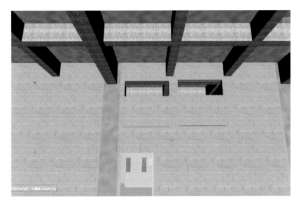

图 6.17-12　模型预留洞与现场对比图

图 6.17-13　采用 BIM 模型进行现场管线复查核验

账号权限设置：项目管理员按工作岗位职责进行用户账号权限设置，对项目 BIM 模型进行可见性设置。

材料跟踪模板流程设置：项目管理员结合工程管理人员和加工厂负责人，由现场和加工厂提供加工、施工流程，项目管理员将流程模板提前设置完成，例如 PC 构件加工→加工厂堆场→PC 构件运输→项目堆场→PC 构件吊装→验收完成。

话题专业类型设置：项目管理员结合现场和加工厂情况，由现场和加工厂提供可能应用的话题专业和类型，例如电气专业、质量话题。

表单模板导入：将项目部需要填写的表单模板导入 EBIM 平台，项目部人员根据不同权限可进行表单填写、审批等工作。

资料共享：将项目部需要应用的图纸、表单、文档、视频等资料上传至 EBIM 平台，与相应的 BIM 模型构件关联，供项目各方人员协同应用，见图 6.17-14、图 6.17-15。

EBIM 云平台采用云＋端的应用模式，所有数据（BIM 模型、资料管理、安全管理、质量管理、物资管理、4D 进度模拟等协同数据）均存储于云平台，各应用端可以随时随地调用数据，见图 6.17-16。

通过平台的设计施工一体化全程动态配合管理，使得各参建方基于 BIM 轻量化模型和相应权限跨组织进行工作协同，将项目设计施工信息（图纸、变更、进度、质量、安全、管理等信息）透明化，确保施工数据信息融合的及时性、流畅性和真实性。消除传统模式下各单位信息系统割裂造成的各单位、各层级的信息阻塞和失真。

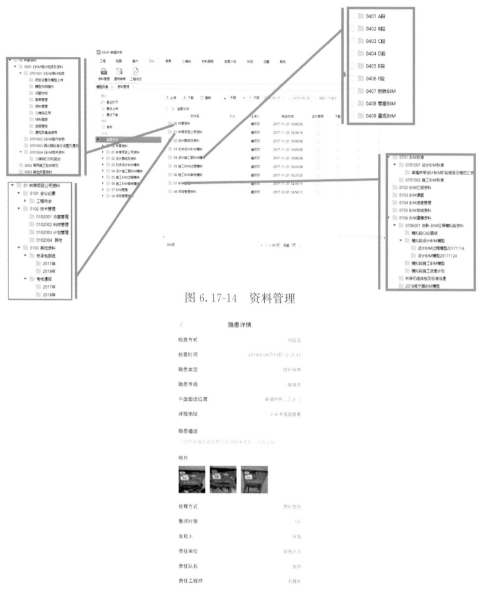

图 6.17-14 资料管理

图 6.17-15 安全管理

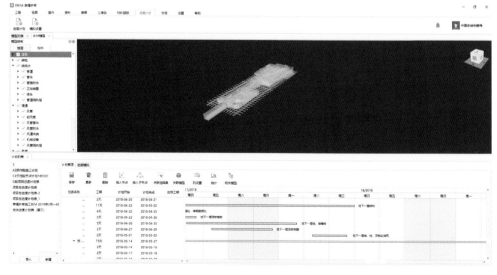

图 6.17-16 4D 进度模拟

3. BIM 应用总结

利用 BIM 技术，提高项目规划、控制工期、降低成本；利用统一、准确的模型数据和可视化沟通，实现项目高效沟通，提升协作能力，便于发现施工难点及存在的安全隐患，见图 6.17-17、图 6.17-18。

通过支吊架插件的应用，2 万 m² 全专业支吊架的布置、选型、出图及工程量统计仅需要 2d 就能完成；若是人工布置、选型、出图及工程量统计，至少需要两周才能完成。幸福林带项目深化设计面积约 22 万 m²，仅支吊架应用便可至少节约深化设计时间约 130d。

通过应用云管理平台，可以将使用过程中的数据全部数字化、结构化，方便数据的价值挖掘，为本项目及后续项目提供宝贵的数据仓库，提升管理决策能力。

图 6.17-17　西安市幸福林带局部效果图

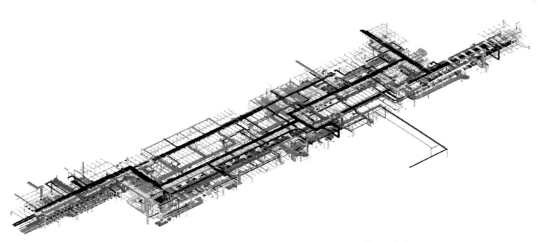

图 6.17-18　西安市幸福林带局部机电 BIM 模型展示

6.18　西安市地铁 14 号线项目 BIM 技术应用

1. 工程概况

项目地址：陕西省西安市未央区北辰路与元朔大道交叉口至灞桥区港务大道与港兴二路交叉口

建设时间：2018 年 8 月 1 日至 2021 年 6 月 1 日

建设单位：西安市轨道交通集团有限公司

设计单位：中铁第一勘察设计院集团有限公司

工程奖项：西安建筑业协会 BIM 大赛二等奖

（1）项目概况：

西安市地铁 14 号线一期工程（北客站～贺韶村）施工总承包 2 标段，包含辛王路站（不含）至港务大道站（不含）共 3 站 4 区间，标段长度 6.552km。主要工程内容为土建、人防、轨道、车站设备安装及装修工程。车站分别为体育中心站、双寨站、三义庄站，体育中心站为岛式站台地下 3 层，双寨站及三义庄站为岛式站台地下 2 层，三站均为双柱三跨箱形框架结构。西安市地铁十四号线与已开通的机场城际铁路在北客站实现对接，形成陆港、空港高效联结的客流走廊，有效地促进西安"三个经济"的发展。同时还承载着 2021 年第十四届全运会客流的重要任务，体育中心站与全运会的主场馆在地下互通，不但方便市民出行，也能确保大型赛事人流快速疏散，见图 6.18-1。

图 6.18-1　体育中心站地下结构

（2）项目重点难点：

地铁工程施工专业较多，受作业面相互交叉影响，成品损害严重，管线排布密集，管线冲突层出不穷，对工程进度、质量、安全等管理工作带来极大困难，甚至严重影响成品感观质量及后期运营效果。从设计到施工阶段进行质量、安全、进度、验收等维度辅助管理，提升建设单位及参建单位对本工程管理的时效与深度，为后期运维提供有效保障，本项目利用 BIM 技术对现场临设、车站综合管线、精装修排版等进行精细化设计。

2. 关键技术应用情况

（1）通过 BIM 技术进行施工现场场地布置：

通过 BIM 技术模拟施工现场场地布置（图 6.18-2），需要进行安全防护和安全警示的地方在模型中做好标记，提醒现场施工人员。在模型中标记出安全检查需要重点查看的地方，切实保证施工现场人员安全。

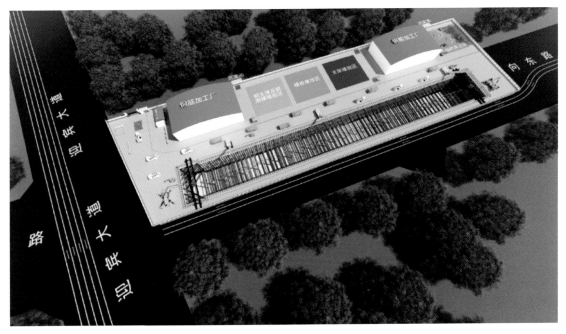

图 6.18-2 体育中心站主体结构阶段场平布置

1）临时设施布置：

在 BIM 模型中，现场办公、生活区与作业区分开设置，保持安全距离，工地办公室、现场宿舍、食堂、厕所、饮水、休息场所符合卫生和安全要求，见图 6.18-3。

图 6.18-3 项目现场办公区布置效果图

2）安全、文明施工设施布置（图 6.18-4）：

① 在施工区域设置安全警示标志牌。

② 在施工区域布置现场围挡。

③ 在施工区域布设牌图。

④ 在施工区域布设企业标志：现场出入的大门模型中设有本企业标识。

⑤ 场容场貌布置：道路畅通，排水沟、排水设施通畅，工地地面硬化处理，绿化在模型中真实还原。

⑥ 材料堆放区布置。

⑦ 现场防火设施布置。

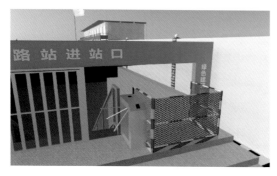

图 6.18-4　安全文明设施布置效果图

（2）使用 BIM＋VR 技术进行可视化安全技术交底：

传统的可视化交底采用书面、体验馆形式，受现场条件限制和成本过高等原因，已不能满足安全管理的需求，需要对可视化交底方式进行创新。项目在日常安全管理方面，针对地铁项目施工中易发的坠落、火灾、触电、机械伤害等事故，采用 BIM＋VR 技术，对施工现场临边洞口防护、轨行区防护、机械设备防护、供配电设施防护等用 VR 技术使工人置身于三维虚拟环境中体验，使安全交底效果达到更佳，见图 6.18-5、图 6.18-6。

（3）管线综合优化：

项目根据设计蓝图建立 BIM 模型，并进行综合优化工作。深化设计过程中持续向设计单位提供问题报告及管线综合优化建议，设计单位根据建议调整设计图纸后，BIM 实施人员根据调整后的设计图纸更新到 BIM 模型中，并再次进行管线综合优化工作，直至综合管线优化成果满足高质量、安全性、方便实施、经济及美观要求。若多次调整仍不能满足要求，则需要向设计单位反馈或通过业主协调总体设计单位组织修改土建设计。见图 6.18-7、图 6.18-8。

在机电管线综合优化阶段，结合精装修 BIM 模型，对风口等机电末端点位进行排布、优化，从而确保机电管线排布的合理性及装修效果的美观性，见图 6.18-9。

（4）利用 BIM 模型进行设计符合：

在机电系统管综优化后，为保证原设计系统的准确性，利用开发的基于 Revit 的机电设计风力、水力复核计算软件进行系统校核计算。该插件可直接提取 BIM 模型中的相关计算参数并准确获取符合标准的局部阻力系数等快速、准确地计算，并可根据计算结果进行模型更新，极大地提高了复核计算的准确性及效率。

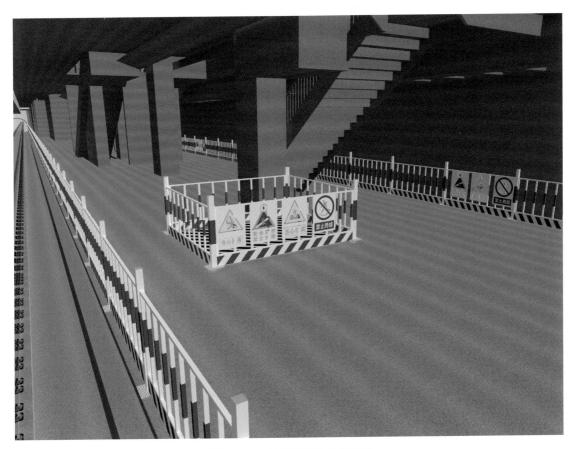

图 6.18-5　轨行区防护效果模拟

图 6.18-6　现场供、配电柜防护模拟

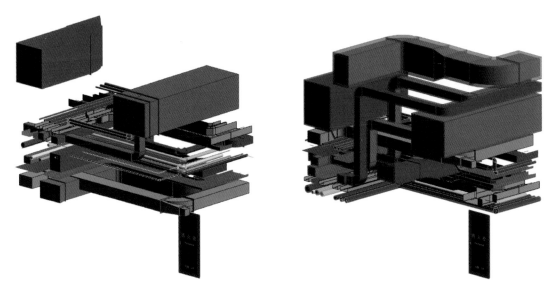

图 6.18-7　设备区走廊管线综合优化效果

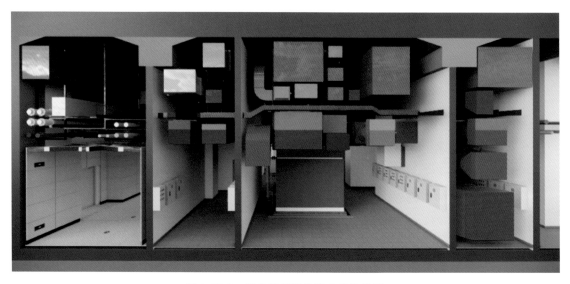

图 6.18-8　设备机房管线综合优化效果

　　1）计算前，需保证所要计算的系统完整无误。风系统计算模型应包括空调机组、静压箱、消声器、管道、管件、阀门及风口等系统所有构件，且系统模型应保证全部连接无断点，见图 6.18-10。

　　2）参数校核：

　　根据设计图纸，对模型中添加的企业族库中的厂家设备族参数进行校核，确保族参数符合项目需求，见图 6.18-11。

　　同时检查插件中局阻系数等是否合理，并可根据项目实际情况进行调整，见图 6.18-12。

　　3）模型计算参数的提取：

　　根据标准及项目情况设置计算参数，见图 6.18-13。

　　借助软件一键提取风系统模型计算参数信息，见图 6.18-14。

　　4）校核计算：

　　进行复算校核平衡便可完成相应风系统的校核计算，见图 6.18-15。

　　一键导出计算书，以便报设计院审核，见图 6.18-16。

图 6.18-9　设备用房吊顶排版效果

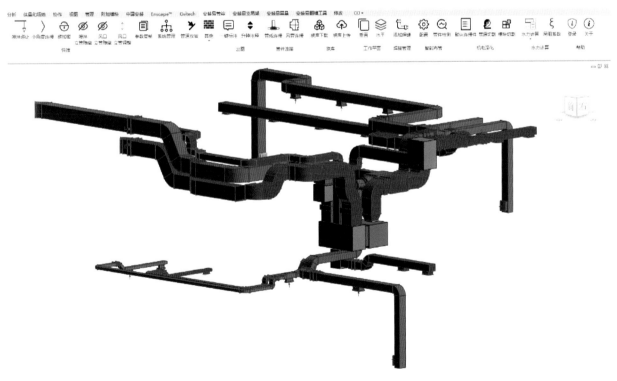

图 6.18-10　风系统模型整理

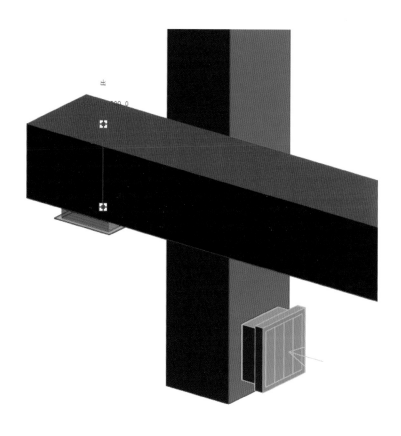

图 6.18-11　风口风量参数校核

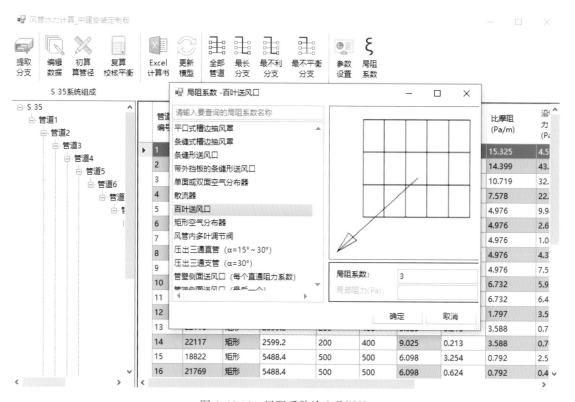

图 6.18-12　局阻系数检查及调整

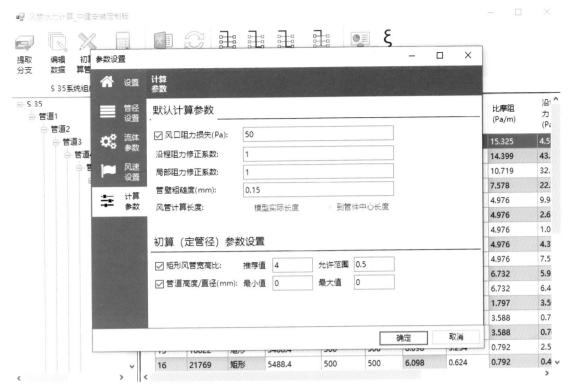

图 6.18-13　参数设置对话框

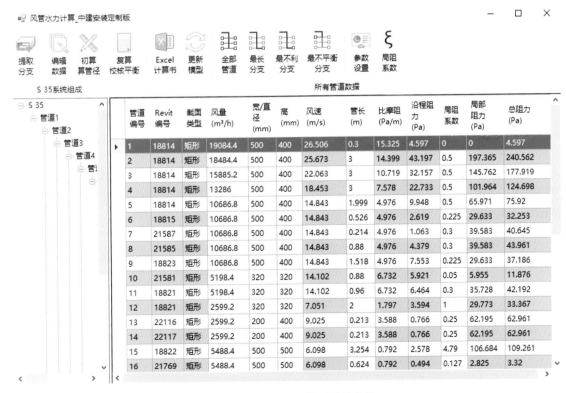

图 6.18-14　提取的模型计算参数

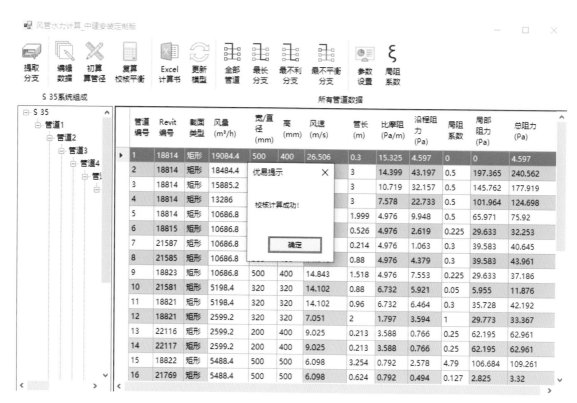

图 6.18-15　校核计算

	A	B	C	D	E	F	G	H	I	J	K	L	M
						风系统水力计算书							

一、计算依据

假定流速法：假定流速法是以风道内空气流速作为控制指标，计算出风道的断面尺寸和压力损失，再按各分支间的压损差值进行调整，以达到平衡。

二、计算公式

a.管段压力损失 = 沿程阻力损失 + 局部阻力损失 即：ΔP = ΔPm + ΔPj。

b.沿程阻力损失 ΔPm = Δpm×L。

c.摩擦阻力系数采用柯列勃洛克-怀特公式计算：

$$\frac{1}{\sqrt{\lambda}} = -2\lg\left(\frac{2.51}{Re\sqrt{\lambda}} + \frac{K}{3.71*de}\right)$$

d.局部阻力损失 ΔPj =0.5×ζ×ρ×V^2。

三、计算结果

1、SA 25(假定流速法)

a.SA 25水力计算表

SA 25(分流)

管道编号	Revit编号	截面类型	风量(m³/h)	宽/直径(mm)	高(mm)	风速(m/s)	管长(m)	比摩阻(Pa/	沿程阻力(P	局阻系数	局部阻力(P	总阻力(Pa)
1	14960	矩形	4650.00	404	404	7.91	4.29	1.68	7.21	0.000	0.00	7.21
2	14958	矩形	4650.00	404	404	7.91	0.90	1.68	1.51	0.300	11.25	12.77
3	15206	矩形	2250.00	400	500	3.13	0.51	0.26	0.13	0.500	2.92	3.06
4	14700	矩形	2250.00	800	200	3.91	0.63	0.60	0.38	0.280	2.56	2.93
5	15207	矩形	2250.00	800	200	3.91	1.29	0.60	0.77	0.300	2.74	3.51
6	14644	矩形	2250.00	800	200	3.91	0.46	0.60	0.28	0.300	2.74	3.02
7	14745	矩形	2250.00	800	200	3.91	0.61	0.60	0.36	0.115	1.05	1.41
8	14744	矩形	2250.00	800	200	3.91	2.45	0.60	1.46	0.115	1.05	2.51
9	14701	矩形	2250.00	800	200	3.91	3.40	0.60	2.03	0.080	0.73	2.76
10	14735	矩形	2250.00	800	200	3.91	1.88	0.60	1.12	0.080	0.73	1.85
11	14734	矩形	2250.00	800	200	3.91	0.62	0.60	0.37	0.094	0.86	1.22
12	14773	矩形	2250.00	800	200	3.91	0.66	0.60	0.39	0.094	0.86	1.25
13	14732	矩形	1350.00	630	160	3.72	1.12	0.72	0.81	0.500	4.14	4.95
14	14699	矩形	1350.00	630	160	3.72	2.55	0.72	1.84	0.300	2.49	4.33

图 6.18-16　导出校核计算书

（5）综合支吊架应用：

支吊架的安装基于机电系统，由于地铁站系统多、设备管线复杂且支吊架的安装对建筑物的主体结构依赖性强，下层管线安装时，支吊架生根困难，同时空间利用率较低。项目利用 BIM 技术在管线综合深化完成后，对平行管线进行综合支吊架设计，可有效节约支吊架材料，提升安装美观性。

综合支吊架形式复杂多样，且选型是否合理对安全性极为重要。针对上述问题，项目使用中建安装华西公司自主研发的基于 BIM 技术的支吊架布置系统，可一键实现支吊架的布置、载荷计算、选型、出图、工程量统计等，极大地提高了支吊架选型的安全性、准确性及设计效率，见图 6.18-17～图 6.18-19。

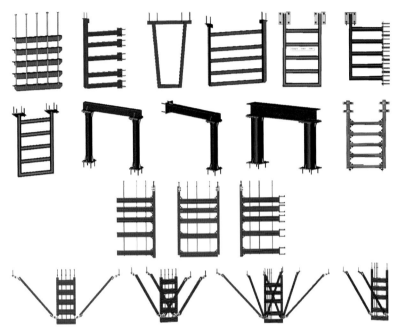

图 6.18-17　支吊架族库的建立

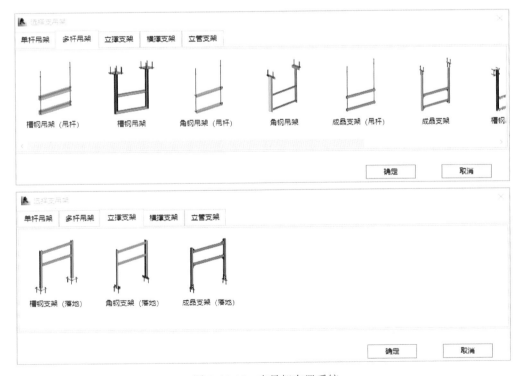

图 6.18-18　支吊架布置系统

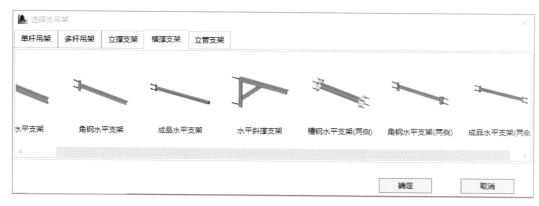

图 6.18-18　支吊架布置系统（续）

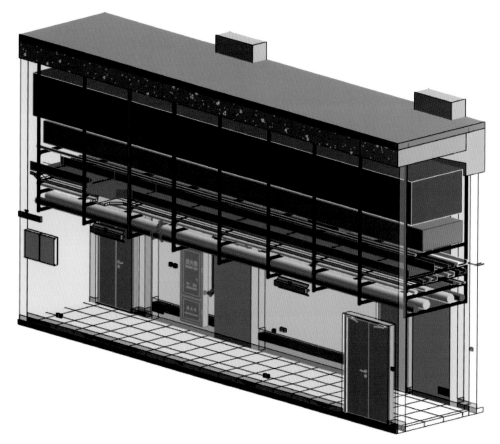

图 6.18-19　设备区走廊综合支吊架布置效果

（6）土建预留预埋 BIM 技术应用：

项目利用中建安装华西公司自主研发的，满足施工要求，能够在墙、梁、柱、板等任意结构位置开设洞口、识别保温，并自动加设预埋套管的 BIM 开洞插件，提高了预留预埋的准确性，大幅降低留洞图的出图时间，避免现场二次开洞造成的人力浪费和对结构稳定性造成的破坏，见图 6.18-20～图 6.18-22。

（7）BIM 协助物料成本管理：

项目利用中建安装华西公司自主研发的物资提量系统，根据项目特点及设计要求自主编辑算量公式及规则，满足项目各阶段工程量提取的需求，快速、准确、灵活地完成所需区域系统的机电工程量提取。

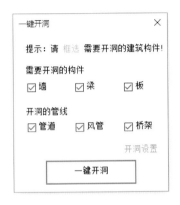

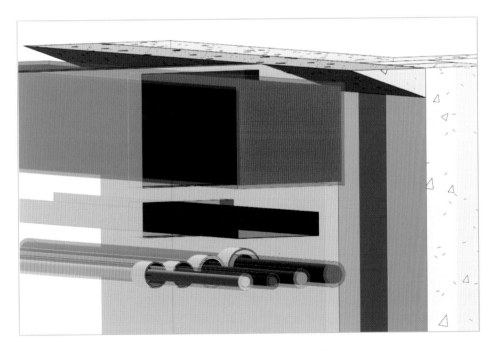

图 6.18-20　预留洞口开设插件操作界面

图 6.18-21　模型洞口开设效果

1）基础参数设置：

提取工程量之前，在计算规则中进行所需统计或区分的属性添加以及输出条件的设置。以防火板提量举例，首先进行防火板属性添加，设置需要统计防火板的系统及对应防火板的厚度，见图 6.18-23。

然后进行输出条件的设置，根据需求确认需要提取防火板厚度的范围，见图 6.18-24。

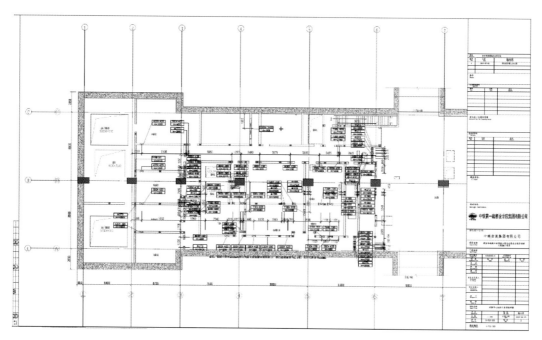

图 6.18-22　预留洞口图纸导出

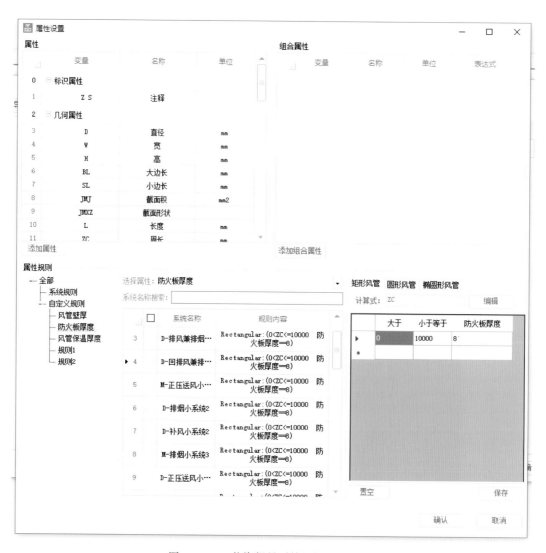

图 6.18-23　物资提量系统属性添加界面

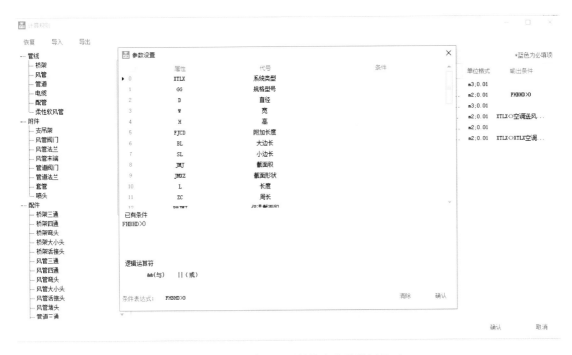

图 6.18-24 物资提量系统输出条件设置界面

2）数据导出：

打开创建的项目，进行工程量提取。在模型中通过点选、框选等多种方式，灵活、快速地完成工程量的提取，并根据需要完善材料的项目信息，导出 Excel 统计表，图 6.18-25。

图 6.18-25 工程量提取结果

（8）利用 BIM 技术进行施工模拟：

BIM 技术可应用在施工组织的工序安排、资源组织、平面布置、进度计划等工作中。工序安排模拟通过结合项目施工工作内容、工艺选择及配套资源等，明确工序间的搭接、穿插等关系，优化项目工序组织安排。平面布置模拟应结合施工进度安排，优化各施工阶段的材料堆放区、加工区以及施工道路布置等，在满足施工需求的同时，减少二次搬运，确保施工道路畅通等。

在对相关施工方案进行比选时，通过创建相应的三维模型对不同的施工方案进行三维模拟，并自动统计相应的工程量，为施工方案选择提供参考。图 6.18-26、图 6.18-27 为机电管线不同布置方案对比及施工工序模拟。

（9）BIM 协助竣工验收：

在施工过程中不断完善 BIM 模型并添加模型构件信息，形成最终的竣工模型，在竣工阶段协助竣工验收并提交竣工模型，以便后期运维等，见图 6.18-28、图 6.18-29。

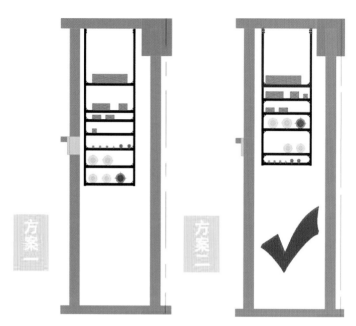

图 6.18-26　机电管线优化方案对比

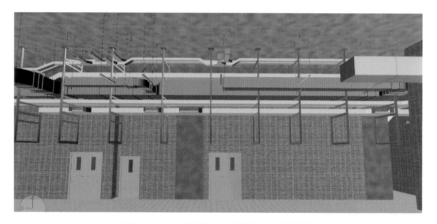

图 6.18-27　设备区走廊施工工序模拟

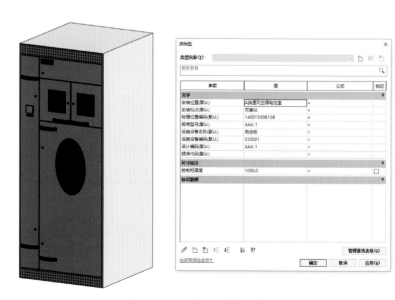

图 6.18-28　设备运维参数添加

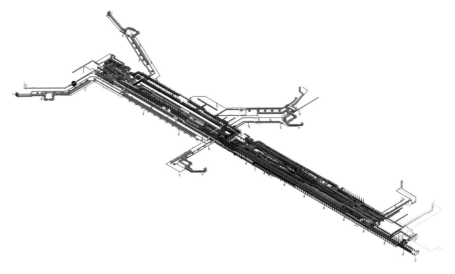

图 6.18-29　双寨站机电竣工模型

3. BIM 应用总结

项目利用 BIM 技术可视化、信息化、多元化的特点，深入开展 BIM 技术应用，提高工程质量，使安全教育可视化，通过明确各专业工序减少交叉施工影响，缩短施工工期，通过管综优化节约材料和人工，进一步提升项目信息化管理水平，见图 6.18-30、图 6.18-31。

图 6.18-30　体育中心站及双寨站公共区效果图

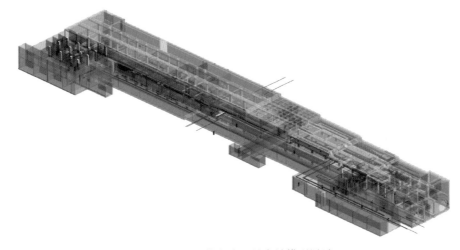

图 6.18-31　体育中心站车站模型展示

在项目成品支吊架招标阶段，BIM人员利用支吊架布置插件，仅用了2d就完成两个车站共892套支吊架的布置，以及376个剖面的出图工作。极大地推进了成品支吊架招标工作的进行，使材料进场时间提前两周，加快项目进度。通过物资提量系统，将模型导出的工程量与技术人员根据设计图纸的算量结果进行对比，仅支吊架深化产生的效益约120多万元。

6.19 杭州地铁5号线一期工程车站（含区间）设备安装及装修工程Ⅳ标

1. 工程概况

（1）项目概况：

项目名称：杭州地铁5号线一期工程车站（含区间）设备安装及装修工程Ⅳ标

项目地址：杭州市

建设时间：2018年7月至2019年12月

建设单位：杭州市地铁集团有限责任公司

设计单位：中铁第四勘察设计院集团有限公司

中铁第六勘察设计院集团有限公司

杭州地铁5号线一期工程车站（含区间）机电设备安装及装修工程Ⅳ标（以下简称杭州地铁5号线工程），由包含位于城市中心的打铁关站、建国北路站、宝善桥站、平海路站个座重点车站及其区间组成。其中打铁关站、建国北路站为换乘车站，分别与地铁1号线、地铁2号交叉换乘，见图6.19-1。

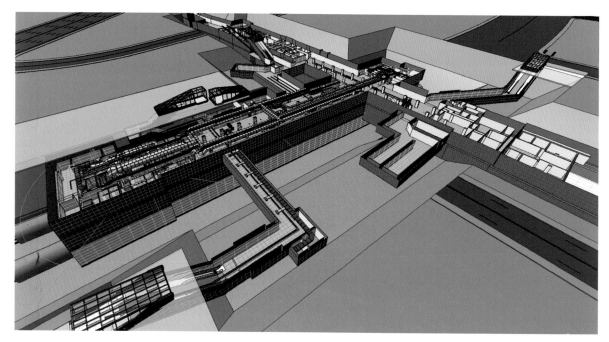

图 6.19-1　杭州地铁 5 号线打铁关站模型

（2）项目重点难点：

① 本工程位于城市中心，环境复杂，运河穿越、路网交织、高架毗邻。打铁关站位于路网交汇点，与1号线换乘，同时车站地上与运河、高架相邻，土建结构复杂，BIM管综要求高，见图6.19-2。

② 装修工程量大、工期短、装修要求高，换乘车站不能影响正常运营。本工程四个车站中的打铁

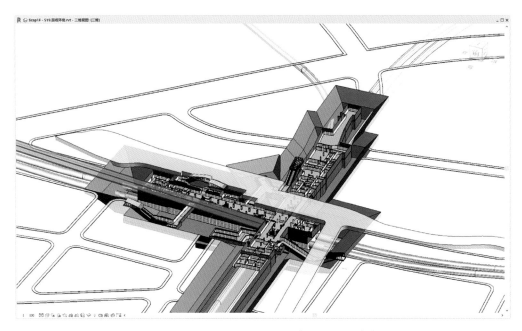

图 6.19-2　杭州地铁 5 号线打铁关站-周边环境关系图

关站、建国北路站为换乘车站，交叉区域装饰不规则拼接，需要综合考虑导视看板、墙面设施、插座、消火栓的开孔定位，BIM 排版要求高，定位精度要求高，见图 6.19-3。

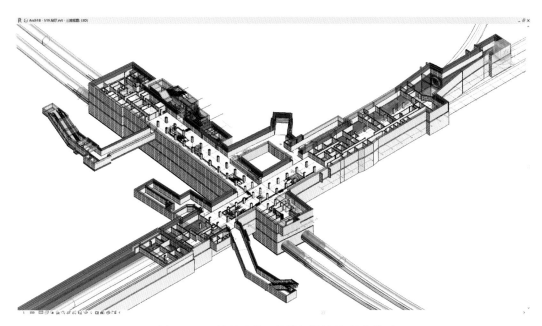

图 6.19-3　杭州地铁 5 号线打铁关站-铺装模型

③ 曲面顶棚标高多变，BIM 管综设计精度要求高，见图 6.19-4。

④ 换乘车站交汇点：与现有管线精确避让，降低施工影响。机电管线穿过换乘车站交汇区域时，有大量结构梁柱交叉、中央垂直电梯碰撞，在 BIM 模型中精确核对避让，最大限度地减少对现有运行车站的影响，见图 6.19-5。

2. 关键技术应用情况

（1）二次砌筑与一次土建的总体模型设计：

在一次结构施工图纸的基础上，建立基本框架模型。同时，分区域、分专业层层分解 BIM 深化设

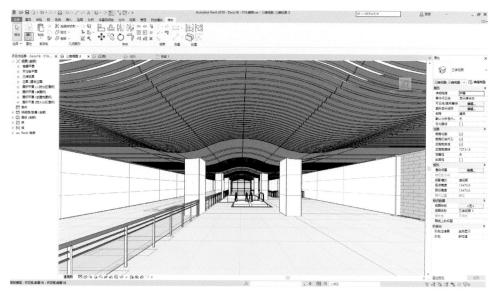

图 6.19-4　杭州地铁 5 号线曲面顶棚模型

图 6.19-5　杭州地铁 5 号线打铁关站站厅层机电模型（局部）

计工作任务，实现分专业模型与总体模型协同一致的总体模型，见图 6.19-6。

（2）机电管线综合：

通过 Revit 软件对整合模型进行碰撞检查，对碰撞点位进行甄别、判断、分析并提出优化方案，形成问题或者优化报告。在深化过程中，除考虑管线排布错落有序、层次分明、走向合理外，还应着重考虑安装美观、设备阀门等安装空间及维修操作空间，见图 6.19-7。

（3）机电装配式：

本工程全线采用 Revit＋Fabrication 的预制构件设计模式，采用 100％预制构件设计，BIM 机电管线按工厂自动化生产设备定尺分段，精确排版深化。通过 Fabrication 与 Revit 融合设计，输出数控信息（G 代码），直接对接数控生产设备，实现装配式施工，见图 6.19-8。

（4）BIM 成本数据提取：

利用 Dynamo＋Python 组合的数据处理优势，快捷导出管道、管件工程量（管件、管道的详细数

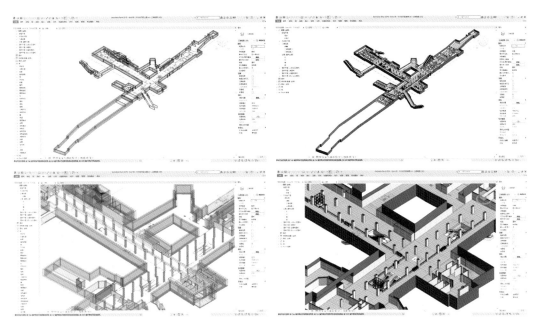

图 6.19-6　杭州地铁 5 号线二次砌筑与一次结构模型（局部）

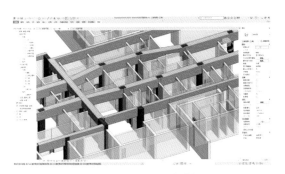

右端区域：大尺寸梁柱纵横

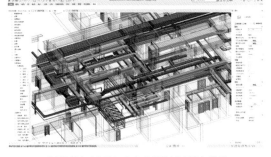

右端区域对应的机电专业管综精确排布设计

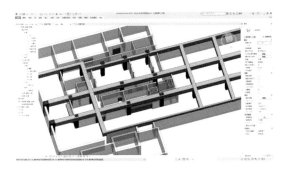

左端区域：大尺寸梁柱纵横

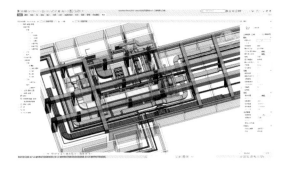

左端区域对应的机电专业管综精确排布设计

图 6.19-7　杭州地铁 5 号线建国北路站模型

据），解决了 Revit 明细表的功能不足，Dynamo 输出的数据报表更具灵活性。

Dynamo 从 Revit 模型中获取数据，通过千丝万缕的数据流计算（编程曲线），在预先定义的计算模块中流动，计算出各部门（生产、物资、库存、结算）的各类工程量结果，见图 6.19-9。

利用 Dynamo 二次开发接口，构建造价计算模型，导出"净量"用于物资计划和内部生产控制；导出"预算量"用于造价管理。

（5）施工样板模型：

质量标准数字化、可视化。利用 BIM 技术，建立虚拟样板模型，发挥 BIM 技术的可视化优势，进

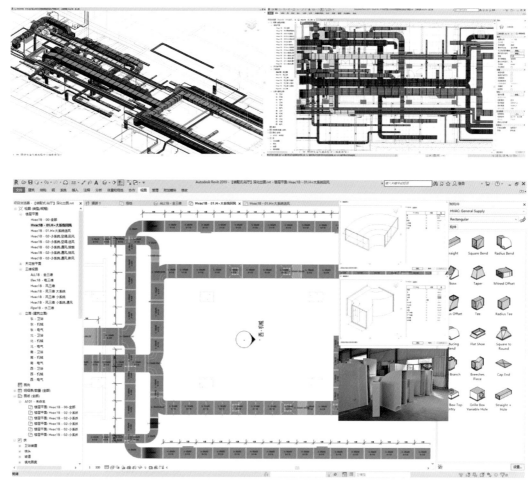

图 6.19-8　杭州地铁 5 号线风管预制构件

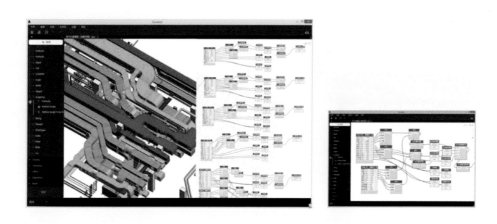

图 6.19-9　Dynamo 代码数据流获取成本数据

行三维可视化技术交底。应用 BIM 三维模型进行展现，形成直观、简洁的视频或图片，并将施工中的关键点在视频或图片中标出，由专业工程师对现场施工班组进行技术交底，易于让交底人理解设计意图，提高交底的针对性和有效性，见图 6.19-10。

（6）Revit 与 3D 打印技术融合设计：

装配式施工预演是一个关键环节，利用 3D 打印技术，输出等比缩小的预装配组合模块，像乐高一

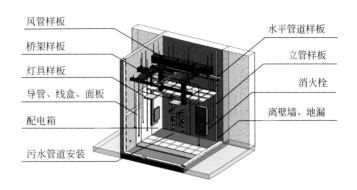

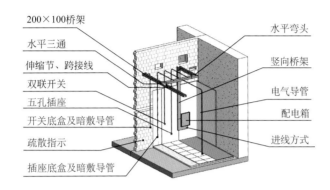

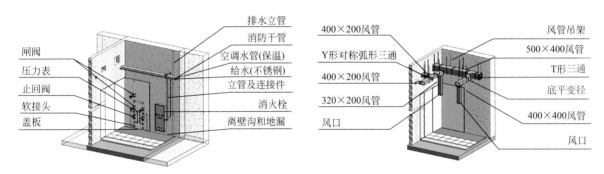

图 6.19-10 各专业施工样板模型

样，在深化设计阶段开展全面"装配式预演"和"预装配交底"，可以有效地发现和解决装配式构件的设计问题，提高装配质量和装配进度。

基于 Revit SDK 二次开发接口，我们自主开发的 3D Printing Toolkit 插件工具集，实现了不同精度等级的 BIM 模型，可靠输出为 3D 打印实体，创建针对机电安装工程 3D 打印的专用族库模型，探索有针对性的 BIM 设计方法流程。在 BIM 设计流程中，融入 3D 打印技术，实体打印对深化设计的精准验证，提高深化质量，见图 6.19-11、图 6.19-12。

3. BIM 应用总结

杭州地铁 5 号线工程 BIM 技术综合应用，是在多座城市地铁工程建设经验的基础上，针对地铁工期紧、任务重、机电管线繁多、节点复杂等特点，开展的 BIM 专项工程应用案例。通过 BIM＋CAM 软件，实现了 LOD400 产品级建模，利用 Revit＋Fabrication 完成机电预制构件（机电装配式）深化设计；BIM 开发团队利用 Revit SDK 二次开发插件，实现了风管、管道的 NC 数控代码输出，实现了"工厂化预制、自动化生产、模块化安装"理论及方法流程的创新；利用 3D 打印技术（3D 打印的实体模型预装配）开展 BIM 装配式设计的数字化验证，提高了施工精度、质量和效率，形成地铁工程 BIM 深化设计的示范性指引案例，为我公司承建更多、更复杂的基础设施建设工程积累了宝贵的经验。

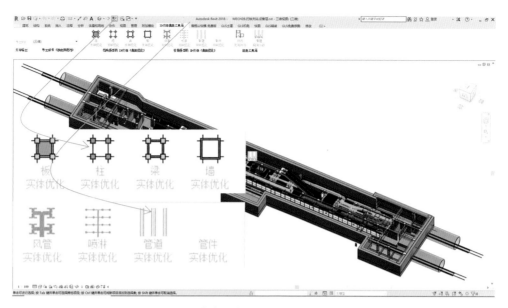

图 6.19-11　自主研发 3D Printing Toolkit 插件

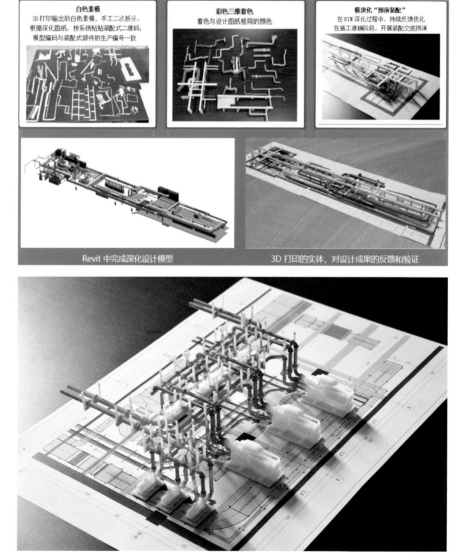

图 6.19-12　3D 打印模型

6.20 郑州市轨道交通 3 号线项目数字化建造应用

1. 工程概况

项目名称：郑州市轨道交通 3 号线一期工程 PPP 项目

项目地址：郑州市

建设时间：2019 年 8 月至 2020 年 12 月

建设单位：郑州中建深铁轨道交通有限公司

设计单位：北京城建设计发展集团股份有限公司

           中铁第四勘察设计院集团有限公司

郑州市轨道交通 3 号线一期工程为新柳路站至航海东路站（含）段，线路长约 25.2km，设车站 21 座。3 号线一期工程北起于惠济片区的省体育中心，沿长兴路、南阳路、铭功路、解放路、西大街、东大街、郑汴路、商都路和经开第十七大街走行，南止于陇海铁路圃田站以南的航海东路站，见图 6.20-1。

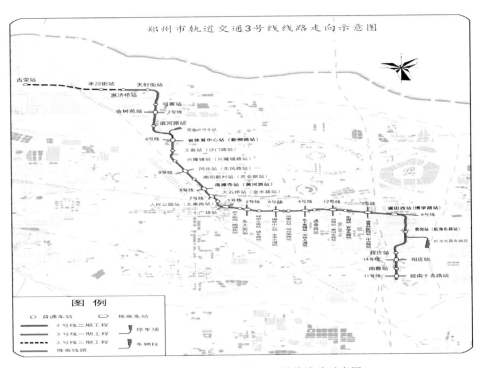

图 6.20-1 郑州市轨道交通 3 号线线路示意图

线路里程范围为 CK5＋220～CK30＋707.306，均为地下线，线路长 25.488km，设车站 21 座，其中换乘站 11 座；最大站间距为 2901.126m，位于博学路站～航海东路站区间；最小站间距 627.819m，位于顺城街站～东大街站区间，平均站间距 1.248km。一期工程按一段一场设置，在起点连霍高速以北设停车场，在终点京珠高速以东设车辆段。

工程范围包括综合监控、环境与设备监控、安防及门禁设备的采购、安装及调试，以及供电系统、通信系统、信号系统、自动售检票等系统设备的安装及调试。

郑州轨道交通 3 号线站后工程于 2019 年 8 月 10 日开始施工，于 2020 年 12 月 30 日通车试运营，总工期 17 个月。

项目重点难点：区间施工涉及专业多、时间紧、任务量大，各专业存在大量交叉施工。铺轨专业在施工时长期占用区间，系统机电各专业施工时间零散。

2. 关键技术应用情况

通过三维扫描获取隧道区间点云数据，使用 Dynamo 模块化建模软件进行区间隧道、设备支架建模。Dynamo 是一款模块化的建模软件，能够建立更加复杂的三维模型。同时通过三维扫描建立的模型，能够计算转换出区间任何设备支架安装位置的绝对坐标，在施工图设计阶段预判区间设备支架。借助模型可以提取物料清单，制作二维码发往厂家预制加工，加工完成后运至现场，扫描二维码获取绝对安装坐标，借助全站仪实现精确安装。

在现场施工过程中，技术管理人员可以在模型上直接获取设备支架相对于轨面的安装净空高度，使现场质量控制更加便捷有效，减少安装高度错误问题的产生。施工完成后再次组织扫描，得到新的模型，通过前后两个阶段的两个模型对比，提取有差异部分的设备支架，核实是否因为现场安装误差导致偏差从而造成侵限现象的发生并及时组织整改。

借助 BIM 模型，不但能实现区间系统机电设备支架工厂预制化生产，还能在施工图设计阶段进行设备支架安装净空预判，辅助完成区间限界检测，缩短限界检测次数，加快区间施工进度，提高施工质量。通过 BIM 技术可以整合建筑结构及机电模型，有针对性地进行综合管线排布，提前发现问题并进行优化，减少不必要的返工，保证管线排布美观。

（1）地铁三维扫描与建模技术：

扫描时为了确保数据的准确性，每隔 10m 为一栈，扫描过程中需要确保前后 3 个呈锐角的三角形的铝合金球体不被移动，且扫描仪在转动时镜头中杂物越少越好，确保数据的洁净度，减少数据处理难度。

在隧道扫描过程中使用棱镜每隔 50m 进行对点，并记录棱镜中心点到地面的距离，在数据处理时减去扫描仪镜头的高度，得到模型在基标控制点处的绝对坐标。

本项目采用 Dynamo＋Revit 建模的方式进行建模。建模前将扫描点云数据导入 Scene 软件中进行处理，完成点云数据的拼接。通过大量的点云数据提取隧道的 CAD 三维中心线，使用 Dynamo 软件进行建模，见图 6.20-2、图 6.20-3。

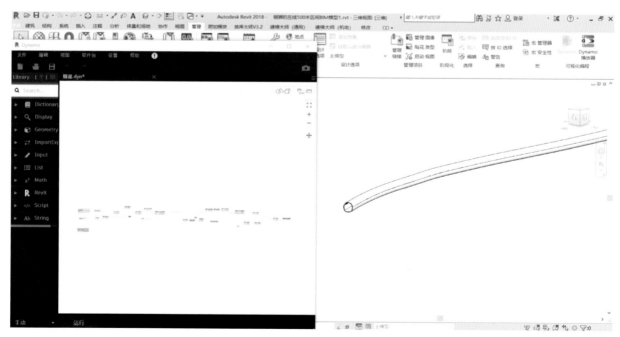

图 6.20-2　Dynamo＋Revit 模型搭建

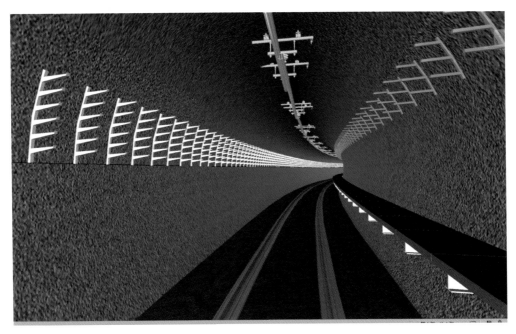

图 6.20-3　区间模型效果图

（2）标准化建造技术：

建模完成后，通过 Revit 软件中的物料统计功能提取材料清单（图 6.20-4），同时通过对材料信息的预先录入，使每个区间设备支架均有一个独立的安装信息，记录了相关的名称、专业、安装坐标、材质等。涉及专业包括不同型号的接触网吊柱、底座、疏散平台支架、弱电支架、强电支架。制作生成物料信息二维码，经过工厂预制的施工材料均粘贴二维码，返回现场后扫码获取支架的绝对安装位置。

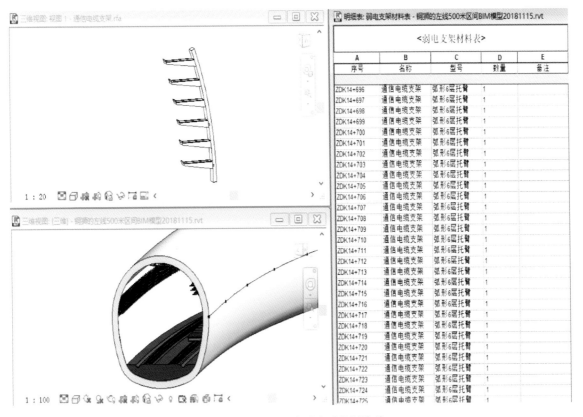

图 6.20-4　Revit 自动生成物料清单

（3）模块化建造技术：

本项目应用了模块化建造技术中的多项技术，从进场开始即组建 BIM 管理实施团队，编制 BIM 实施策划，确定数字化建造 BIM 全过程管理的目标，利用公司资源和厂家资源，建立 BIM 族库，用于本项目机电系统的建模。在模型中完成综合支吊架深化布置时，可同时生成相应的三维、平面及剖面图和明细表，可有效地缩短综合支吊架深化周期。利用模型中生成的平面、剖面图及明细表可作为相应综合支吊架的预制加工图及料单。基于 BIM 的综合支吊架深化设计，加深 BIM 应用的实施落地性，有效地保证走道及公共区域等设置了综合支吊架区域的管线及桥架布置（走向、标高）与模型的一致性。利用 BIM 技术完成项目近 6 万 m^2 的综合管线及桥架排布、深化设计，通过对系统的计算和分析，对全线的走道及公共区桥架进行优化，增加走道及公共区使用面积约 $125m^2$，见图 6.20-5。

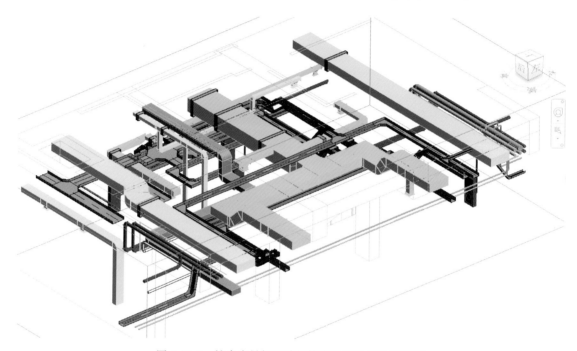

图 6.20-5 综合支吊架区域的管线及桥架布置模型图

（4）智慧化管理：

在施工过程中结合本工程的特点、重点难点，本项目部充分发挥中建安装华北公司的优势，为此项目投入智慧工地建设。有效地将现场设备、物资、人员、环境等资源进行数据整合，构建一个实时高效的智慧工地平台，为调度管理人员提供技术手段及决策依据。基于本系统平台，指挥中心可以实时掌控施工现场状态，与现场管理人员实时沟通，进行合理化调度和远程指挥，有效提升城市轨道交通工程施工的管理效率，提高管理水平。同时进行施工作业区的智能化、自动化管控，形成人员管理、技术管理、物资管理、联网管理、安全管理五管合一的立体化管控格局，确保安全生产，见图 6.20-6。

3. BIM 应用总结

通过三维扫描获取隧道区间点云数据，使用 Dynamo 模块化建模软件进行区间隧道、设备支架建模。同时通过三维扫描建立的模型能够计算转换出区间任何设备支架安装位置的绝对坐标，在施工图设计阶段预判区间设备支架。借助模型可以提取物料清单，制作二维码发往厂家预制加工，扫描二维码获取绝对安装坐标，借助全站仪实现精确安装。

在现场施工过程中，技术管理人员可以在模型上直接获取设备支架相对于轨面的安装净空高度，使现场质量控制更加便捷有效，减少安装高度错误问题的产生。施工完成后再次组织扫描，得到新的模型，通过前后两个阶段的两个模型对比，提取有差异部分的设备支架，核实是否存在偏差并及时组织

图 6.20-6　智慧工地管理平台控制中心

整改。

借助 BIM 模型不但能实现区间系统机电设备支架工厂预制化生产，还能在施工图设计阶段进行设备支架安装净空预判，辅助完成区间限界检测，缩短限界检测次数，加快区间施工进度，提高施工质量。通过 BIM 技术可以整合建筑结构及机电模型，有针对性地进行综合管线排布，提前发现问题并进行优化，减少不必要的返工，保证管线排布美观。

在过去的 20 多年，CAD 技术的普及和推广使得建筑师、工程师们甩掉图板，从传统的手工绘图、设计和计算中解放出来，可以说是工程设计领域的第一次数字革命。而现在建筑信息模型（BIM）的出现将引发工程建设领域的第二次数字革命。BM 不仅带来现有技术的进步和更新换代，也会影响生产组织模式和管理方式的变革，并将推动人们思维模式的转变。

参考文献

［1］马智亮．我国建筑业信息化的历史回顾及启示［J］．中国建设信息，2009，（18）：22-23.

［2］杨宝明．数字建造技术应用现状与展望［J］．建筑施工，2006，（10）：840-844.